教育部高等学校化工类专业教学指导委员会推荐教材

能源化学工程概论

第二版

李文翠　胡浩权　郝广平　等编

化学工业出版社

·北京·

内 容 简 介

　　能源问题是当今社会发展遇到的重要问题，以物质为载体的能量转化与转移过程，多以化学化工知识为基础。《能源化学工程概论》（第二版）从化学与化工学科的视角对能源转化为动力燃料和电能的开发与利用做了较全面的介绍，介绍了化学与化工在现代能源中的交叉渗透情况。全书共9章，包括绪论、新型煤化工、石油化工、天然气、生物质能、锂离子电池、燃料电池、超级电容器、CO_2 的捕集与资源化利用。本书在内容的取舍和深度的把握上做了一定的工作，使之达到深化基础、更新内容和增加信息等多重目的。

　　《能源化学工程概论》（第二版）可作为高等院校能源化学工程、化学工程与工艺、制药工程、生物工程、应用化学等专业能源化工课程的教材，也是一本普及性的能源化学工业读物，可供化工、能源、材料、环保、电力等部门从事科研、设计和生产的技术人员参考。

图书在版编目（CIP）数据

　　能源化学工程概论/李文翠等编 . —2 版 . —北京：化学
工业出版社，2021.3（2023.9重印）
　　教育部高等学校化工类专业教学指导委员会推荐教材
　　ISBN 978-7-122-38366-2

　　Ⅰ.①能…　Ⅱ.①李…　Ⅲ.①能源-化学工程-高等学
校-教材　Ⅳ.①TK01

　　中国版本图书馆 CIP 数据核字（2021）第 017598 号

责任编辑：杜进祥　徐雅妮　孙凤英　　　　　　　　装帧设计：关　飞
责任校对：宋　夏

出版发行：化学工业出版社（北京市东城区青年湖南街 13 号　邮政编码 100011）
印　　　刷：三河市航远印刷有限公司
装　　　订：三河市宇新装订厂
787mm×1092mm　1/16　印张 13¾　字数 344 千字　2023 年 9 月北京第 2 版第 4 次印刷

购书咨询：010-64518888　　　　　　　　　　　　售后服务：010-64518899
网　　址：http://www.cip.com.cn
凡购买本书，如有缺损质量问题，本社销售中心负责调换。

定　　价：36.00 元

>>> 序

化学工业是国民经济的基础和支柱性产业，主要包括无机化工、有机化工、精细化工、生物化工、能源化工、化工新材料等，遍及国民经济建设与发展的重要领域。化学工业在世界各国国民经济中占据重要位置，自 2010 年起，中国化学工业经济总量居全球第一。

高等教育是推动社会经济发展的重要力量。当前，中国正处在加快转变经济发展方式、推动产业转型升级的关键时期。 化学工业要以加快转变发展方式为主线，加快产业转型升级，增强科技创新能力，进一步加大节能减排、联合重组、技术改造、安全生产、两化融合力度，提高资源能源综合利用效率，大力发展循环经济，实现化学工业集约发展、清洁发展、低碳发展、安全发展和可持续发展。 化学工业转型迫切需要大批高素质创新人才，培养适应经济社会发展需要的高层次人才正是大学最重要的历史使命和战略任务。

教育部高等学校化工类专业教学指导委员会（简称"化工教指委"）是教育部聘请并领导的专家组织，其主要职责是以人才培养为本，开展高等学校本科化工类专业教学的研究、咨询、指导、评估、服务等工作。高等学校本科化工类专业包括化学工程与工艺、资源循环科学与工程、能源化学工程、化学工程与工业生物工程等，培养化工、能源、信息、材料、环保、生物工程、轻工、制药、食品、冶金和军工等领域从事工程设计、技术开发、生产技术管理和科学研究等方面工作的工程技术人才，对国民经济的发展具有重要的支撑作用。

为了适应新形势下教育观念和教育模式的变革，2008 年，"化工教指委"与化学工业出版社组织编写和出版了 10 种适合应用型本科教育、突出工程特色的"教育部高等学校化学工程与工艺专业教学指导分委员会推荐教材"（简称"教指委推荐教材"），部分品种为国家级精品课程、省级精品课程的配套教材。本套"教指委推荐教材"出版后被 100 多所高校选用，并获得中国石油和化学工业优秀教材等奖项，其中《化工工艺学》还被评选为"十二五"普通高等教育本科国家级规划教材。

党的十八大报告明确提出，要着力提高教育质量，培养学生社会责任感、创新精神和实践能力。高等教育的改革要以更加适应经济社会发展需要为着力点，以培养多规格、多样化的应用型、复合型人才为重点，积极稳步推进卓越工程师教育培养计划实施。为提高化工类专业本科生的创新能力和工程实践能力，满足化工学科知识与技术不断更新以及人才培养多样化的需求，2014 年 6 月，"化工教指委"和化学工业出版社共同在太原召开了"教育部高等学校化工类专业教学指导委员会推荐教材编审会"，在组织修订第一批 10 种推荐教材的同时，增补专业必修课、专业选修课与实验实践课配套教材品种，以期为中国化工类专业人才的培养提供更丰富的教学支持。

本套"教指委推荐教材"反映了化工类学科的新理论、新技术、新应用，强化安全环保意识；以"实例—原理—模型—应用"的方式进行教材内容的组织，便于学生学以致用；加强教育界与产业界的联系，联合行业专家参与教材内容的设计，增加培养学生实践能力的内容；讲述方式更多地采用实景式、案例式、讨论式，激发学生的学习兴趣，培养学生的创新能力；强调现代信息技术在化工中的应用，增加计算机辅助化工计算、模拟、设计与优化等内容；提供配套的数字化教学资源，如电子课件、课程知识要点、习题解答等，方便师生使用。

希望"教育部高等学校化工类专业教学指导委员会推荐教材"的出版能够为培养理论基础扎实、工程意识完备、综合素质高、创新能力强的化工类人才提供系统的、优质的、新颖的教学内容。

教育部高等学校化工类专业教学指导委员会

人类利用能源经历了从木柴向煤炭、煤炭向油气、油气向新能源的三次重大转换。近年来，曾支撑 20 世纪人类文明高速发展的以石油、煤炭和天然气为主的化石能源出现了前所未有的危机，除其储藏量不断减少外，化石能源在使用后产生的二氧化碳气体作为温室效应气体排放到大气中后，导致了全球变暖，引发了人们对未来社会发展动力来源的广泛关注和思考。随着世界经济对能源需求的持续增长、国际油价的高位运行和低碳社会的逐渐到来，化石能源的清洁利用和新型清洁能源的大力开发逐渐成为能源领域的重要热点和方向。能源的开发和利用需要化工科学和技术的支撑，化工过程在能源开发和转化中起到了不可或缺的作用，随着越来越多的化工过程应用于能源的开发和利用，能源化工的概念就此产生。国家亟需一批能源化工人才，集中力量研究能源安全、能源发展、能源清洁利用、清洁能源开发等能源问题。

2010 年经教育部批准，首次在包括大连理工大学在内 10 所高校设立"能源化学工程"专业，并被确定为国家战略性新兴产业相关的高等学校特色专业。目前国内已有近 30 所院校开设了"能源化学工程"专业。该专业是建立在化学、化工、环境和能源基础上的多学科交叉专业，为战略性新兴产业培养专门人才，主要涉及煤、石油、天然气、生物质、氢能等规模化加工、生产过程中的工艺与工程技术问题。

2015 年笔者编写出版了《能源化学工程概论》。本书编写的主要目的是为"能源化学工程"专业的本科生和相关专业读者介绍三方面的内容：一是基于传统化石能源制备动力燃料的新工艺和新方法，即能源的清洁利用；二是获取清洁能源，主要是电能的新型工艺和新技术，即清洁能源开发；三是能源使用过程中产生的二氧化碳的捕集及资源化利用。本书出版之后，受到各学校的师生的高度认可，已经多次重印。

能源化工是一个快速发展的行业，新的工艺技术不断涌现，为更好地帮助大家及时了解能源化工领域的新方法、新技术、新应用，本书于 2020 年进行了修订，修订过程中对本书涉及的所有数据进行更新；每章新增本章学习重点及本章思考题；第 2 章新增 2.2.4 介绍直接间接液化耦合技术；新增 2.3 节来介绍煤制合成气；新增 2.4.3、2.4.4 和 2.4.5 依次介绍煤制乙醇、煤制乙二醇、煤制烯烃；第 4 章新增 4.2.3 介绍天然气制合成油；第 5 章删掉 5.8 节生物质制沼气；第 6 章更新 6.3.5 其他正极材料，如：三元共混材料；新增 6.4.4 介绍镍基负极材料；更新 6.4.5 其他负极材料；新增 6.5.3～6.5.7 依次介绍其他新型电池：钠离子电池、钾离子电池、镁离子电池、锌离子电池、双离子电池；第 8 章新增 8.2.4 介绍微型超级电容器。本书写作团队来自大连理工大学化工学院，全书共分 9 章，李文翠教授确定了本书的大纲，并负责编写了第 1、6～8 章，胡浩权教授负责编写了第 2 章，鲁金明副教授负责组织编写了第 3、4 章，陆安慧教授和郝广平教授负责编写了第 5、9 章，李文翠教授和郝广平教授负责全书书稿的校对、图表的编排等工作。 张向倩博士、张玲硕士协助资料的收集工作。 本书在编写过程中，广泛参阅了国内外出版的相关图书和论文，在此向这些资料的作者表示衷心感谢。

　　本书旨在提供一本本科生学习能源化工的教材，并兼顾化工、化学等技术人员的学习参考。 由于编者水平有限，时间仓促，书中论述不当和不妥之处在所难免，恳请广大读者批评指正，并提出宝贵意见，我们共同努力，促进我国的能源化工技术及产业的发展。

编者

2020 年 10 月于大连

→ 目　录

第5章 生物质能 101

第6章 锂离子电池 119

第 7 章　燃料电池　　142

第 8 章 超级电容器   156

第 9 章 CO_2 的捕集与资源化利用   182

第1章

绪 论

本章学习重点

◇ 掌握能源的定义与分类。
◇ 了解能源发展利用的趋势。
◇ 理解化工过程在能源利用中的作用。

能源是人类赖以生存和发展的物质基础，人类社会的发展离不开优质能源的出现和先进能源技术的使用，能源的开发和利用始终贯穿于社会文明发展的全过程。能源的发展，能源与环境，是全世界、全人类共同关心的问题。

能源是整个世界发展和经济增长最基本的驱动力，能源技术的每次进步都带动了人类社会的发展，尤其是以蒸汽机发明为代表的工业革命以来，能源技术推动了经济和社会的高速发展。但是，人类在享受能源带来的经济发展、科技进步等利益的同时，也越来越认识到大规模使用化石燃料带来的严重后果，例如资源日益枯竭，环境不断恶化。所以，由高碳能源向低碳能源、由不可再生能源逐渐向新能源和可再生能源过渡，是当代能源利用的一个重要特点。

能源的开发和利用需要化工科学和技术的支撑，化石燃料及其衍生的化工产品不仅是能源，还是化学工业的重要原料，能源转化利用与化工过程密不可分。能源化工是多学科交叉、多种新技术综合应用所形成的学科体系。围绕能源开发和利用过程的化学和化工问题，从化学和化工学科的角度对能源的开发与利用展开研究和剖析，对能源化工的发展具有重要的作用。新能源的开发也将促进全球能源结构的转变，新能源化工技术的日臻成熟将带来能源和化工产业领域的革命性变化。

1.1 能源及能源利用

1.1.1 能源的概念及分类

关于能源，常常有不同的表述，目前对于能源的定义有20多种。例如，《科学技术百科全书》中将能源解释为"能源是可从其获得热、光和动力之类能量的资源"；《大英百科全书》对能源的注释是"能源是一个包括着所有燃料、流水、阳光和风的术语，人类采用适当的转换手段，给自己提供所需的能量"；我国的《现代汉语词典》中认为"能源是能产生能量的物质，如燃料、水力、风力等"；而《能源百科全书》中说："能源是可以直接或经转换提供人类所需的光、热、动力等任一形式能量的载能体资源"。

总之，不论何种表述，其内涵基本相同，即能源是能量的来源，是可产生各种能量（如电能、光能、机械能、热量等）的物质的统称，是能够直接取得或者通过加工、转换而取得有用能的各种资源。由于能源的形式多样、种类繁多，而且随着科学技术水平的提高，还不断地开发出新型的能源，所以，对于能源的分类方式也多种多样，或按能源的产生和再生分类，或从成熟程度和环保角度分类，但不同的分类方法都从不同的侧面反映出各种能源的不同特征。

(1) 按能源的产生方式分类

根据能源产生的方式可将能源分为一次能源（天然能源）和二次能源（人工能源）。

一次能源，即自然界中以天然形式存在，未经过人为加工或转换的，可供直接利用的能量资源。主要包括煤炭、石油、天然气、水力资源，以及风能、太阳能、生物质能、地热能和核能等，它们是全球能源的基础。

二次能源，即由一次能源直接或间接转换而来的其他种类和形式的能量资源，如电、蒸汽、焦炭、汽油、柴油、煤气、洁净煤、沼气和氢能等，它们使用方便，易于利用，是高品质的能源。

(2) 按能源能否再生分类

根据能源的循环方式及能否再生，一次能源又可进一步分为可再生能源和非再生能源。

可再生能源，即可以不断得到补充或能在较短周期内再产生的能源，如水能、太阳能、风能、地热能、潮汐能、生物质能等都是可再生能源。

反之，随着人类的利用会越来越少的能源称为非再生能源，如煤、石油、天然气、油页岩、核能等。

(3) 按现阶段的成熟程度分类

根据能源开发利用的程度及现阶段生产技术的成熟程度，可将能源分为常规能源和新型能源。

常规能源指在现有的科学技术水平下，已经能够大规模生产和长期广泛利用的、技术比较成熟的能源，主要包括一次能源中的可再生的水力资源及不可再生的煤炭、石油、天然气等，以及焦炭、汽油、煤气、蒸汽、电力等二次能源。

新型能源是相对于常规能源而言的，指那些采用新技术和新材料获得的，目前正在研究和开发、尚未大规模应用的能源，包括太阳能、风能、生物质能、地热能、氢能以及核能等能源。

(4) 按地球上的能量来源分类

根据能源地球上能源成因，可将能源分为以下三类：

地球本身蕴藏的能源，如核能、地热能等。

来自地球外天体的能源，如宇宙射线及太阳能，以及由太阳能引发的水能、风能、波浪能、海洋温差能、生物质能、光合作用、化石燃料（如煤、石油、天然气等，它们是一亿年前由积存下来的生物质能转化而来的）等。

地球与其他天体相互作用的能源，如潮汐能。

(5) 按是否作为燃料分类

从是否可以作为燃料的角度，又可将能源分为燃料能源和非燃料能源两类。

燃料能源,可以作为燃料使用,如各种矿物燃料,生物质燃料以及二次能源中的汽油、柴油、煤气等。

非燃料能源,不可以作为燃料使用的能源,其含义仅指其不能燃烧,而非不能起燃料的某些作用,如加热等。

能源的分类方式多种多样,没有固定统一的标准。世界能源委员会推荐将能源类型分为:固体燃料、液体燃料、气体燃料、水能、电能、太阳能、生物质能、风能、核能、海洋能和地热能。表1.1将各类能源按不同分类方式进行了归纳。

表 1.1 能源的分类

按成熟程度分类	按产生方式分类		
	一次能源		二次能源
	非再生能源	可再生能源	
常规能源	煤炭、石油、天然气、油页岩、油砂	生物质能、水能	电、蒸汽、焦炭、汽油、煤油、柴油
新型能源	核能	太阳能、风能、地热能、潮汐能	沼气、氢能、激光

1.1.2 能源利用的发展历程

回顾人类社会发展的历史,可以清楚地看到能源与社会发展间的密切关系。人类社会已经经历了三个能源时期——薪柴时期、煤炭时期和石油时期,人类的能源消费结构经历了两次完美的大转变,并正在经历着第三次大转变。

追溯历史可以发现,人类有意识地利用能源是从发现和利用火开始。在18世纪前,人类主要以薪柴和秸秆等生物质燃料来生火、取暖和照明,同时,以人力、畜力和部分简单的风力和水力机械作为动力来从事简单的生产活动,这样的生产方式延续了很长一段时间。由于木材在这一时期的世界能源消费结构中长期占居首位,所以这个时期也被称为薪柴时期。这一时期的生产和生活水平都很低,社会发展迟缓。

直到18世纪60年代,产业革命的兴起推动了人类历史上第一次能源大转变。蒸汽机的发明和使用,大大提高了劳动生产力,工业得到了迅速发展,同时也促进了煤炭勘探、开采和运输业的大发展。19世纪末,蒸汽机逐渐被电动机取代,油灯、蜡烛被电灯取代,电力逐渐成为工矿企业的主要动力,成为生产动力和生活照明的主要来源,这时的电力工业主要是依靠煤炭作为主要燃料。1860~1920年,世界煤炭产量增加了近8.2倍,到1920年,煤炭占世界能源构成的87%,至此,煤炭已取代薪柴,成为世界能源消费结构的主体,完成了从薪柴时期到煤炭时期的转变。这一时期,不仅社会生产力有了大幅度的增长,人类的生活水平也得到了极大的提高,从根本上改变了人类社会的面貌。

随着石油、天然气资源的开发和利用,世界又进入了能源利用的新时期——石油时期。特别是从20世纪20年代开始,石油、天然气资源的消费量逐渐上升。到20世纪50年代,由于石油勘探和开采技术的改进,中东、美国和非洲相继发现了大型油气田,再加上石油炼制技术的提高,致使各种成品油供应充足、价格低廉,促使其消费量的大幅提升,最终引发了人类的能源消费结构发生了第二次大转变,即从以煤炭为主逐步转变为以石油、天然气为主。到1959年,石油和天然气在世界能源构成中的比重由1920年的11%上升到50%,而煤炭的比重则由87%下降到48%,至此,石油和天然气首次超过煤炭占据第一位。这次转变极大地促进了世界经济的繁荣发展,创造了历史上空前的物质文明,也使人类社会进入了高速发展的快车道。

煤、石油和天然气等化石能源的大规模使用,虽然创造了人类社会发展史上的空前繁荣,但也给全球环境带来了严重的污染,温室效应、化石能源枯竭、生态环境破坏等,已成为威胁人类生存和发展的严重问题。为了解决这一系列的问题，人类不得不大力开发和发展太阳能、地热能、海洋能、风能、生物质能和核能等新能源。随着新能源的开发和利用，从20世纪70年代开始，人类能源消费结构进入了一个新的转变期，即从以石油、天然气为主转向以清洁的、可再生的新能源为主，这次转变将经历一个漫长的过程，至少需要上百年的时间。与常规能源相比，新能源普遍具有污染少、储量丰富、可再生的特点。如果新能源能够取代传统的常规能源，那么也就意味着人们的生活将发生根本性的变革。

纵观人类利用能源的历史，从化学化工的角度讲，就是一个脱碳的过程（如图1.1所示），即氢/碳比不断提高，能源利用逐步走向清洁、高效、可持续的发展状态。

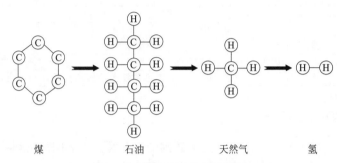

煤　　　　　　　　石油　　　　　　　天然气　　　　　氢

图 1.1　能源利用的发展历程

1.2　能源的重要性与能源危机

能源是国民经济发展不可或缺的重要基础，是现代化生产的主要动力来源，现代工业和现代农业生产都是以能源为直接或间接动力。

在现代工业生产中，各种锅炉都要用油、煤或天然气作为燃料；钢铁的冶炼更要用到焦炭和电力；机械加工、气动液压机械、各种电机、生产过程的控制和管理也都要用电力；交通运输需要以油或电为动力；国防工业同样需要大量的电力和石油。除此之外，能源也是重要的化工原料，从石油中可以提炼生产出五千多种有机合成的原料，包括重要的化工原料"三烯三苯"（乙烯、丙烯、丁二烯、苯、甲苯、二甲苯），由这些原料加工就可以得到三大合成材料（合成塑料、合成纤维和合成橡胶）等各种工业制品。现代化农业生产更是离不开能源，农产品产量的大幅度提高，也是与使用大量能源联系在一起的。例如，耕种、收割、烘干、冷藏、运输等都需要直接消耗能源；而使用的化肥、农药、除草剂又都要间接消费能源。

世界经济发展历史证明，国民经济需要以能源为基石，人民生活也与能源休戚相关。人们的衣、食、住、行处处离不开能源。合成纤维的布料需要间接地以能源为原料；做饭、取暖都需要消耗煤气、天然气等能源；汽车、火车、飞机等各种交通工具都要以能源为动力。不仅如此，文化娱乐、医疗卫生等都与能源有着密切的关系。随着人们生活水平的提高，对能源的需求也越来越多。现代社会生产和生活，究竟需要多少能源？按目前世界生产、生活情况，大致有以下三种水平：维持生存所必需的能源消费，每人每年需约400kg标准煤；现代化生产和生活的能源消费，每人每年需1200~1600kg标准煤；以及更高级的现代化生活所需的能源消费，至少需2000~3000kg标准煤（2004年数据）。据BP能源统计年鉴，2019年的人均能源消费量全球为2583.6kg标准煤当量；我国达到了3372.0kg标准煤当量。

能源是国民经济的命脉，与人民生活和人类的生存环境息息相关，在社会可持续发展中起着举足轻重的作用。从 20 世纪 70 年代以来，能源与人口、粮食、环境、资源一起被列为世界上的五大问题。世界性的能源问题主要反映在能源短缺及供需矛盾所造成的能源危机。世界能源危机是人为造成的能源短缺。

当前世界能源消费以化石能源为主，其中中国等少数国家是以煤炭为主，其他大部分国家则是以石油、天然气为主。石油资源的蕴藏量不是无限的，其中易开采和利用的储量已经不多，而剩余储量的开采难度越来越大，当开采难度达到一定限度时，就会失去继续开采的价值。根据专家预测，按目前的消耗量，石油、天然气资源最多只能维持不到半个世纪。煤炭资源的储量虽然比石油多，但也不是取之不尽的。根据预测，目前已知的煤炭资源也只能维持一二百年。目前，能够代替石油的其他能源，除了煤炭之外，能够大规模利用的还很少。太阳能虽然用之不竭，但目前技术不成熟、代价太高，并且在一代人的时间里也不可能迅速发展和广泛使用起来，其他新能源也如此。因此，人类必须估计到非再生能源枯竭可能带来的危机，尤其是石油资源枯竭。所以，必须要改善能源结构，提高能源利用效率，开发和推广节能新工艺、新设备和新材料，探求新的制油发电过程，如煤制油、天然气制油等；在可再生能源的开发上进行积极的探索和实践，尽早开发利用新能源；并进一步制定并实施节能经济政策、调整高耗能工业的产品结构、节约商业用能、重视能源开发和利用过程的环境保护。否则，就可能因为向大自然索取过多而造成严重的后果，以致使人类自身的生存受到威胁。

中国是一个能源生产和消费大国，能源生产和消费量均居世界第一位；基本能源消费占世界总消费量接近 1/4。中国又是一个以煤炭为主要能源的国家，发展经济与环境污染的矛盾比较突出。自 1993 年起，中国由石油净出口国变成石油净进口国，能源总消费大于供给，能源需求的对外依存度迅速增大。煤炭、石油和天然气等能源在中国都存在缺口，其中，石油需求量的大增以及由其引起的结构性矛盾日益成为中国能源安全所面临的最大难题。

目前可再生能源在一次能源中的比例总体上偏低，一方面是与不同国家的重视程度与政策有关，另一方面与可再生能源技术的成本有关，尤其是技术含量较高的太阳能、生物质能、风能等。据 IEA 的预测，随着科学技术的发展，可再生能源发电的成本将大大地降低，从而增加它的竞争力。可再生能源利用的成本与多种因素有关，因而成本预测的结果具有一定的不确定性。但这些预测结果表明了可再生能源利用技术将呈现不断上升的趋势。当今科技研究与开发的重点主要有以下三方面：提高能源系统总效率，包括采集、转化、终端利用效率；能源结构多样化；可再生能源由辅助走向主流。

中国能源领域的实际情况是：能源消费随经济发展而迅猛发展；以煤为主的能源结构短期难以改变；生态环境压力明显增大所带来的一系列问题。我国政府高度重视可再生能源的研究与开发。2001 年，国家经贸委便制定了新能源和可再生能源产业发展的十五规划，2005 年又制定颁布了《中华人民共和国可再生能源法》，重点发展太阳能光热利用、风力发电、生物质能高效利用和地热能的利用。在国家的大力扶植下，我国在风力发电、太阳能利用、海洋能及潮汐能发电等领域已经取得了很大的进展。这些年来发展新能源和可再生能源一直是国家科学技术发展规划纲要中的重点部分。

在全球范围内，化石燃料仍将占能源的重要地位。随着时间的推移，由于化石燃料资源的限制，除常规能源外，非常规能源的发展也已经越来越受到重视。非常规能源指核能和新能源，包括太阳能、风能、地热能、潮汐能、波浪能、海洋能和生物能等。在各种新能源利用的开发和大规模应用的过程中，新能源化工生产技术将得到进一步的发展。

1.3 能源转化中的化工过程

化工过程在能源开发和转化中起到了不可或缺的作用，随着越来越多的化工过程应用于能源的开发和利用，能源化工的概念就此产生。能源化工主要指利用石油、天然气和煤炭等一次能源，通过化学化工过程对其加以利用，或制备成二次能源和化工产品的过程。能源化工的产品应用广泛，涉及人民生活和国民经济的各个领域，也关系人们衣食住行的各个方面。

能源与化工的关系非常密切，主要表现在三个方面：

① 在能源的转换过程中，通常都离不开化学化工科学和技术的支持。人类利用能源的方式很多，但往往不是直接利用能源本身，而是利用由煤炭、石油、天然气、风能等初级能源直接或通过各种转换过程而产生的各种可用能量。如图1.2所示，化石燃料的化学能可以通过燃烧而转变成热能，然后通过汽轮机将热能转换成机械能，再通过发电机将机械能转换成人们可用的电能等。

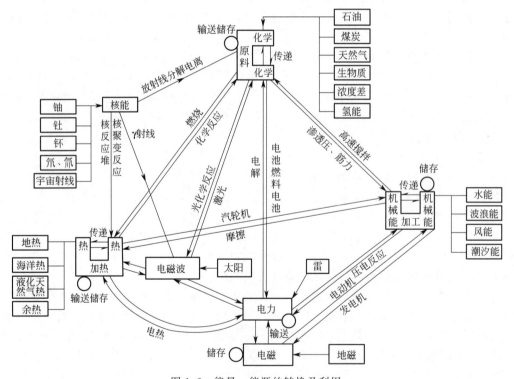

图 1.2 能量、能源的转换及利用

上述的能量转换方式都是形态上的转变，从广义上讲，能量转换还应当包括能量的转移。能量在空间上的转移，即能量的传输；能量在时间上的转移，即能量的储存。而能量的传输和储存过程往往都需要特定的物质载体。如：石油、天然气等能源通过输油输气管道可以实现能量的传输过程；而铅电池、新型电池等可以实现化学能的储存。而这些以管道、电池等物质为载体的能量转换过程，很多都是以化学化工知识为基础。化学化工所研究的内容不仅仅局限于物质的组成、结构、性质以及变化规律等化学方面的内容，还包括物质的组成和位置的变化、反应、传质、传热和动量传递等在内的化工过程工程方面的内容。

② 化石能源等一次能源及其衍生的产品不仅是能源，而且还是化学工业的重要原料。在化工生产中，有些物质既是某种加工过程（如合成气生产）中的能源，同时又是原料。能源的转换离不开化工，化工过程也需要能源。例如，以石油为基础，已经形成了现代化的、强大的石油化学工业，生产出成千上万种石油化工产品，广泛地应用于人民生活和国民经济的各个领域。随着大规模石油炼制工业和石油化工的蓬勃发展，以化学、物理学、数学、计算机控制为基础并结合其他工程技术研究化工生产过程的规律，解决生产规模放大和大型化中出现的诸多工程技术问题的化工过程和能源化工产业发展迅速。

③ 石油和石油化工产品已经对世界经济产生了举足轻重的影响，随着石油的广泛应用，石油资源的匮乏问题也突显出来。为了解决这个问题，人们又转向化工过程寻求出路，各种煤制油、天然气制油过程应运而生。例如费-托合成（Fischer-Tropsch synthesis），它是一种煤间接液化技术，以合成气（CO 和 H_2）为原料，在催化剂（主要是铁系）和适当反应条件下合成以石蜡烃为主的液体燃料。费-托合成于 1923 年由德国 Kaiser Wilhelm 研究院（现为德国马普学会煤化学所）的化学家 Franz Fischer 和 Hans Tropsch 开发，并在第二次世界大战期间将此工艺投入大规模生产。目前，以煤为原料通过费-托合成法制取的轻质发动机燃料，由于工艺较复杂、成本较高，在经济上尚不能与石油产品相竞争，但对煤炭资源丰富且廉价、石油资源贫缺的国家或地区来说，采用费-托合成法来解决发动机燃料供应不足的问题，也是一种可行的方法。

1.4　能源化工过程的污染与防治

由能源化工过程产生的对自然环境污染问题，还需要通过化工手段来解决。化石能源既是主要能源和工业原材料的来源，又是一个重要的污染源。化石能源的大量消耗造成了人类生存的自然环境的不断恶化，严重破坏了生态系统的自然平衡状态。这里所说的自然环境，包括有生命的部分——动物、植物和微生物；无生命的部分——物理环境，包括空气、水、土壤等；生物群落和物理环境的综合体称为生态系统。自然环境污染已成为世界范围的公害，早已超出国家和地区的范畴。各种污染造成的损失逐年上升，发展能源化工产业，必须同时解决由此而产生的污染问题。从总体讲，保护环境、防治污染工作已经得到了世界范围内的广泛重视，但随着工农业生产的发展也出现了不少薄弱环节，形势不容乐观。在诸多环境污染问题中，由温室气体引起的温室效应已引起全球的广泛关注。

随着化石能源的大量开采和利用，大气中温室气体的浓度不断提高，尤其是 CO_2 排放量快速增加，产生的温室效应已经影响到人类环境的各个方面。目前，全球每年的 CO_2 排放量超过 330×10^8 t，危及人类生存环境，以 CO_2 为主的温室气体引发的厄尔尼诺、拉尼娜等全球气候异常，以及由此引发的世界粮食减产、沙漠化等对人类的生存和发展造成了极大的威胁。化石燃料燃烧产生的 CO_2 占全球 CO_2 总排量的 75% 以上，其中火力发电厂排放的 CO_2 占 40% 左右。能源化工业同时也是甲烷气体的一个重要的产生源，占总量的 20% 以上。因此，能源化工产业就成为减少温室气体排放行动的焦点。当今世界要发展，就需要消耗更多的化石燃料，也就要求有一个安全和成本效益好的方式来对煤、石油和天然气利用过程中产生的 CO_2 进行减排和资源化利用，否则就不可能达到二者求全。

能源化工产业的 CO_2 排放控制，包括采取 CO_2 的减排措施和回收及利用。近年来，国内外 CO_2 减排的研究工作可归纳为以下几个方面：①调整能源结构与提高能源利用效率以实现 CO_2 减排，例如，用天然气替代固体燃料和液体燃料有利于减少 CO_2 的排放。因为天

然气的 CO_2 排放量仅为固体燃料的 55%。天然气替代石油作为运输燃料可使 CO_2 排放量减少 15% 到 25%。②CO_2 的分离、储存和利用技术。目前，CO_2 的捕集主要是利用吸附、吸收、低温及膜系统等现已较为成熟的工艺技术将排放气中的 CO_2 进行富集，并进行储存。储存的 CO_2 可以作为产品出售，目前，全球每年商品 CO_2 的产量约为 800 万吨，占每年 CO_2 总消耗量的 20%。③CO_2 资源化利用技术。所谓资源化，就是通过各种化学化工方法，如加氢催化还原法等，将 CO_2 转换成有用的有机物质。CO_2 在工业、农业、食品、医药和消防等领域都有着极其广泛的用途，其下游产品的开发也日益受到重视，建立以 CO_2 为原料的独立工业体系的前景广阔。④其他正在研发和应用的新技术。如各种 CO_2 封存技术。此外，CO_2 还具有较高的民用和工业价值，在许多领域有着广泛的应用，是一种非常宝贵的资源。不仅广泛应用在冶金、焊接、低温冷媒、机械制造、人工降雨、消防、化工、造纸、农业、食品业、医疗卫生等方面，在超临界溶剂、生物工程、激光技术、核工业等尖端高科技领域也有着广泛的应用。

能源是制约国民经济发展的一个重要因素，能源问题是当今社会发展遇到的重要问题，节能减排已成为当前工业生产企业的重要任务。能源开发与应用过程导致的自然环境污染的防治也依赖于多种化工技术的应用。改进化工生产工艺，减少能耗，既能降低生产成本，提高经济效益，也有利于缓解能源危机。随着全球经济发展对能源需求的日益增加，可再生能源、绿色能源以及新型能源的开发与应用中的化工过程研究与发展意义重大。

本章思考题

[1] 什么是能源？能源按产生方式分为哪几个类型？
[2] 中国的能源特点（资源、生产、消费等）是什么？
[3] 简述现代能源利用的发展趋势。
[4] 新能源和可再生能源有哪些？

参考文献

[1] 中国大百科全书总编辑委员会. 中国大百科全书：化工卷. 北京：中国大百科出版社，1987：444-456.
[2] 国家统计局. 分行业煤炭消费总量. [2020-01-02]. http：//data. stats. gov. cn/easyquery. htm? cn=C01&zb=A070E&sj=2019，2019.
[3] BP 世界能源统计年鉴. [2020-02-02]. http：//bp. com/statisticalreview. 2019.
[4] 黄素逸. 能源概论. 北京：高等教育出版社，2013.
[5] 李为民，王龙耀，许娟. 现代能源化工技术. 北京：化学工业出版社，2011.
[6] 谢克昌. 煤的结构与反应性. 北京：科学出版社，2002.
[7] Amundson N R, et al. Frontiers in chemical engineering. Washington D. C.：National Academy Press，1988.
[8] 国家能源局. 能源发展"十三五"规划. [2020-03-02]. http：//www. nea. gov. cn/135989417_14846217874961n. pdf，2016.
[9] Juntgen H，Heek K H. Kohlevergasung. Munchen：Verlag Karl Thiemig，1981.
[10] Wu Youqing，Wu Shiyong，Gao Jinsheng. A study on the applicability of kinetic models for Shenfu coal char gasification with CO_2 at elevated temperatures. Energies，2009，2 (3)：545-555.
[11] Elliott M A. Chemistry of coal utilization：second supplementary vol. New York：John Wiely & Sons，1981.
[12] Whitehurst D D. Coal liquefaction fundamentals. Washington D. C.：ACS，1980.
[13] Mangold E C. Coal liquefaction and gasification technologies. Michigan：Ann Arbor Science，1982.
[14] Speight James G. The chemsitry and technology of coal. New York：Marcel Dekker，Inc.，1994.

［15］ Schultz H，CronJe' J H． Ullmanns encyclopadje der tech chemi． Weinheim：Verlag Chemie，1977：621-633．

［16］ Anderson R A． The Fischer-Tropsch synthesis． New York：Academic Press，1984．

［17］ Cooper B R，Ellingson W A． The science and technology of coal and coal utilization． New York：Plenum Press，1984．

［18］ 吴指南． 基本有机化工工艺学：第三章． 北京：化学工业出版社，1991．

［19］ Berry R I． Chemical Engineering，1980，87：86-88 ．

［20］ Romey I，et al． Synthetic Fuels from coal． London：Graham & Trotman，1987．

［21］ Meyers R A． Handbook of synfuels technology． New York：McGraw-Hill，1984．

［22］ Hooper R J，Jones K W． Energy Exploration and Exploitation，1988，3：89-200．

［23］ 拉佐林，巴波科夫，等． 焦化厂三废治理． 李哲浩译． 北京：冶金工业出版社，1984．

［24］ 贺永德． 现代煤化工技术手册． 北京：化学工业出版社，2011．

［25］ Melikoglu M． Current status and future of ocean energy sources：a global review． Ocean Engineering，2018，148：563-573．

［26］ Koroneos C，Xydis G，Polyzakis A． The optimal use of renewable energy sources—the case of the new international "Makedonia" airport of Thessaloniki，Greece． Renewable and Sustainable Energy Reviews，2010，14（6）：1622-1628．

［27］ Arutyunov V S，Lisichkin G V． Energy resources of the 21st century：problems and forecasts． can renewable energy sources replace fossil fuels?． Russian Chemical Reviews，2017，86（8）：777-804．

［28］ Lincoln S F． Fossil fuels in the 21st century． AMBIO，2005，34（8）：621-627．

［29］ Crawley Gerard M． Energy storage． Singapore：World Scientific Publishing，2017．

［30］ John Andrews，Nick Jelly． Energy science． Oxford ：Oxford University Press，2007．

第2章
新型煤化工

本章学习重点

◇ 掌握煤的基本特征，重点包括煤的组成、化学结构。

◇ 了解几种新型煤化工技术（包括煤炭直接液化、煤炭间接液化、煤制甲醇、煤制乙醇、煤制二甲醚、煤制乙二醇以及煤制烯烃等）的原理及工艺特点。

2.1 煤化工概述

煤炭是一种不可再生的宝贵资源，必须加以高效、经济和合理地利用。煤化学工业主要是指以煤炭为原料经过化学加工，使煤炭转化为气体、液体和固体燃料化学品等化工、能源产品的工业，包括煤的一次化学加工、二次化学加工和深度化学加工，简称煤化工。煤化工包括炼焦化学工业、煤气工业、煤制人造石油工业、煤制化学品工业以及其他煤加工制品工业等。

新型煤化工是以煤炭为基本原料，以碳一化工技术为基础，以国家经济发展和市场需求为导向，采用先进技术、先进工艺路线，充分注重环境友好、经济效益良好的新型产业，它包括煤炭液化、煤炭气化、煤制甲醇、煤制乙醇、煤制乙二醇、煤制烯烃等技术，以及集煤转化、发电、冶金、建材等工艺为一体的煤基多联产和洁净煤技术。

目前，化学工业中石油化工占据主导地位，煤化工的工业生产所占比重不大。

但是基于中国油气资源相对匮乏、煤炭相对丰富的资源禀赋特点，由煤生产气体燃料、液体燃料和化学品成为必然。煤化工成为中国近十几年科学研究和技术发展的热点。自1993年成为石油净进口国以来，石油进口量逐年增加，2004年中国已成为世界第二大原油进口国，原油进口量达到 $1.2 \times 10^8 t$。2019年中国的原油生产量为 $1.91 \times 10^8 t$，原油进口量达到 $5.06 \times 10^8 t$，对外依存度超过70%，发展包括煤制油在内的煤化工技术已成当务之急。

煤化工在中国化学工业中占有十分重要的地位，特别是新型煤化工，依靠技术革新，可实现石油和天然气资源的补充和部分替代。根据国家统计局公布的数据，2017年中国煤炭消费 $38.57 \times 10^8 t$，中国所产煤炭用于火力发电 $19.00 \times 10^8 t$，约占49.3%，用于炼焦5.89亿吨，约占15.3%，生产冶金焦炭 $4.37 \times 10^8 t$，居世界首位；化学工业 $2.47 \times 10^8 t$，约占6.4%；煤炭成为化肥工业生产的主要原料，以煤为原料生产的甲醇和以电石为原料生产的氯乙烯占很高比例，煤制烯烃得到很大的发展，萘、蒽等产品则几乎全部来自炼焦化学工业。发电、工业锅炉和民用煤占全部煤炭用量近 80%，多为直接燃烧，大多利用效率较低，污染严重。

近年来，我国煤化工发展出现了前所未有的兴旺局面，新型煤化工项目在中国掀起了投资热潮，新工艺发展迅速。2009 年，煤制油、煤制烯烃、煤制天然气和煤制乙二醇等被国家发改委确定为煤化工重点示范发展方向。2009～2010 年间，国内新型煤化工示范装置陆续建成或试车成功，开始先后进入商业化运行或长周期稳定运行。但与其他先进行业相比，我国煤化工行业存在产业结构单一、生产资源附加值低、企业核心竞争力不足等问题，在工艺技术成熟度、水资源消耗、二氧化碳排放、环境承载力和能源效率等方面仍然有进一步提升的空间。

作为世界上最大的发展中国家，为了缓解我国的能源需求、满足国民经济的发展，同时为了有效、经济和合理地利用煤，中国需要大力研究和开发煤转化技术，实现煤的高效、洁净和综合利用。充分利用好我国丰富的煤炭资源，对于我国的能源安全和经济发展具有重大的现实和战略意义。在发展煤化学工业的过程中，必须以市场为导向，立足可持续发展战略，优化产业结构，在保留传统产业的同时积极开发高附加值的新型煤化工产品，加大先进技术的研发力度；紧抓世界煤化工产业发展的脉搏，以保护生态环境、发展循环经济以及能源化工结合全周期能效评价为指导方针，探索煤炭高效清洁利用的新途径，使得煤化学工业真正为我国的经济发展和社会的长治久安注入更强的动力。同时，注意煤化工所带来的诸如环境、资源等方面的负面效应，尽量降其所带来的风险，学习发达国家的先进技术，取长补短，并从我国实际国情出发，理性定位，在科学的发展观指导下有序发展。

本章在认识煤的基本特征的基础上，重点介绍几种新型煤化工技术，包括煤炭经过化学过程转化为液体（煤制油）、气体（煤制代用天然气）以及化学品（煤制甲醇、煤制乙醇、煤制乙二醇、煤制烯烃）等。煤制油、煤制甲醇、煤制乙醇、煤制乙二醇、煤制烯烃等煤化工产品都是作为石油能源的替代方案，具有发展的紧迫性和必要性。

2.1.1　煤的储量、生产及消费

（1）煤炭资源的储量及分布概况

煤炭是世界上储量最多、分布最广的化石燃料。截至 2018 年底，世界煤炭资源探明储量为 10547 亿吨，根据 2018 年煤炭的剩余储量及年度的产量预测，世界煤炭资源剩余储量还可供开采 132 年。根据《BP 世界能源统计年鉴 2019》公布的数据，2018 年底世界煤炭资源探明储量见表 2.1。

表 2.1　2018 年底世界煤炭探明储量

国家	无烟煤和烟煤/Mt	亚烟煤和褐煤/Mt	总计/Mt	占总量比例/%	储采比
美国	220167	30052	250219	23.7	365
俄罗斯	69634	90730	160364	15.2	364
中国	130851	7968	138819	13.2	38
澳大利亚	70927	76508	147435	14.0	304
印度	96468	4895	101363	9.6	132
德国	3	36100	36103	3.4	214
世界	734903	319879	1054782	100	132

近年来，煤炭资源总量呈现上升趋势，但区域分布不均衡。其中，亚太地区探明储量最多，占 42.2%，较 2008 年增长了 6 个百分点；欧洲及欧亚大陆占 30.7%，较 2008 年增加

0.1 个百分点；北美地区占 24.4%，较 2008 年下降 3.2 个百分点；而中东加非洲以及中南美洲的储量分别只占 1.4% 和 1.3%。

相较于石油和天然气资源，我国煤炭资源的储量丰富，煤种齐全，且分布广。我国大部分省、市、自治区都有不同数量的煤炭资源。根据第三次全国煤炭资源预测与评估的统计结果，在全国 2100 多个县中，1200 多个有预测储量，已有煤矿并进行开采的县就有 1100 多个，占 60% 左右。从煤炭资源的分布区域看，我国煤炭区域分布极不均衡：华北地区储量最多，占全国总储量的 55.67%，储量最少的东北地区，仅占 2.45%；山西、内蒙古、陕西、新疆、贵州和宁夏 6 省区的保有储量约占全国的 82.8%。我国煤炭资源区域分布总体特征是北多南少、西多东少：从南北看，我国煤炭资源主要分布于昆仑山-秦岭-大别山一线以北地区，煤炭资源量占全国的 90.3%，其中，太行山-贺兰山以北地区探明保有资源量占全国探明保有资源量的 90% 以上；从东西看，以大兴安岭-太行山-雪峰山为分界线，主要分布于这一线以西地区，其探明保有资源量占全国探明保有资源量的 89%，而这一线以东地区仅占全国探明保有资源量的 11%。我国煤炭资源地域分布上的北多南少、西多东少的特点，也就决定了我国西煤东运、北煤南运的基本生产格局。我国各大区煤炭储量分布概况见表 2.2。

表 2.2　我国各大区煤炭储量分布概况　　　　　　　　单位：%

地区名称	占全国煤炭总储量	占全国炼焦煤总储量	占全国无烟煤总储量	占全国褐煤总储量
华北	55.67	62.49	49.83	72.00
东北	2.45	4.05	0.33	3.15
华东	5.34	15.08	2.35	0.87
中南	3.08	2.75	10.72	0.85
西南	8.92	6.61	35.47	11.28
西北	24.54	9.02	1.30	11.85

从煤炭种类及分布情况看，我国煤种齐全，但分布不均衡。褐煤资源量占全国煤炭资源总量的 5.74%，主要分布于内蒙古东部、黑龙江东部和云南东部；低变质烟煤（长焰煤、不黏煤、弱黏煤）占 51.24%，主要分布于新疆、陕西、内蒙古、宁夏等省区；中变质烟煤（气煤、肥煤、焦煤和瘦煤）占 28.71%，主要分布于华北和华南地区，其中，气煤资源量占全国煤炭资源总量的 19.23%，焦煤资源占 4.74%；高变质煤资源量占 14.31%，主要分布于山西、贵州和四川南部。

（2）煤炭资源的生产与消费

2018 年，世界煤炭年生产量为 3916.8Mt 油当量，比 2017 年增长了 4.3%，是继 2015 年和 2016 年煤炭产量下降后的连续第二个增长年。2018 年世界煤炭年消费量为 3772.1Mt 油当量，比 2017 年消费增长 1.4%。煤炭资源的消费量现在占全球能源消费的 27.2%，为仅次于原油的第二大消费能源。世界煤炭产量及消费量见表 2.3。

表 2.3　世界煤炭产量及消费量

项目	国家	2001 年/Mt	2008 年/Mt	2013 年/Mt	2017 年/Mt	2018 年/Mt	2018 年占总量比例/%
产量	中国	809.5	1491.8	1894.6	1746.6	1828.8	46.7
	美国	590.3	566.9	475.8	371.3	364.5	9.3
	印度尼西亚	56.9	141.6	279.7	271.8	323.3	8.3
	印度	133.6	227.5	255.7	286.6	308.0	7.9
	澳大利亚	180.2	233.9	285.8	299.0	301.1	7.7
	俄罗斯	122.6	149.0	173.1	205.8	220.2	5.6
	世界	2460.2	3410.0	3909.1	3755.0	3916.8	100

续表

项目	国家	2001 年/Mt	2008 年/Mt	2013 年/Mt	2017 年/Mt	2018 年/Mt	2018 年占总量比例/%
消费量	中国	720.8	1609.3	1969.1	1890.4	1906.7	50.5
	美国	552.2	535.9	431.8	331.3	317.0	8.4
	印度	145.2	259.3	352.8	415.9	452.2	12.0
	日本	—	120.3	121.2	119.9	117.5	3.1
	俄罗斯	102.4	100.7	90.5	83.9	88.0	2.3
	南非	73.4	93.3	88.4	84.3	86.0	2.3
	澳大利亚	48.2	58.2	45.4	45.1	44.3	1.2
	世界	2381.1	3503.4	3867.0	3718.4	3772.1	100

　　世界煤炭产量及消费量也呈现出明显的区域不平衡特征,其中,亚太地区产量和消费量都居首位,占世界煤炭总产量的 72.8%,占总消费量的 75.3%;而中东地区产量几乎为零,消费量仅占总消费量的 0.2%。2018 年全球煤炭产量较 2017 年增长了 4.3%,主要来自亚太地区的煤炭生产量的增长。中国作为世界最大的煤炭生产国,增长 4.7%,而印度尼西亚以 18.9% 的增量居于前列。世界煤炭总消费量增长了 1.4%,净增长几乎均来自亚太地区,同时,北美消费量连续多年下降,2018 年较前一年下降了 6.0%。

　　自 1990 年以来,中国就成了世界上产煤最多的国家,煤炭产量从 1990 到 2012 年增长了 5.3 倍。我国的煤炭资源消费总体呈逐年递增趋势,在 2008~2018 十年间,煤炭消费增长 18.5%,这些增长主要来源于工业消费。由于煤炭消费的不断增加,中国煤炭进口量也不断增加,2019 年中国进口煤炭 29967 万吨,位列世界第一。

2.1.2　煤的基本特征

(1) 成煤过程

　　煤炭是地球上蕴藏量最丰富、分布地域最广的化石燃料。煤炭被人们誉为“黑色的金子”“工业的粮食”,是 18 世纪以来人类使用的主要能源之一、世界经济发展的重要支柱。

　　通俗地说,煤是天然的可以燃烧的石头。从科学角度讲,煤是由远古死亡的植物残骸,沉没在水中保存下来,经过物理化学变化和生物化学作用(泥炭化作用),然后被地层覆盖,并经过漫长的地质作用(煤化作用)所形成的固体有机可燃沉积岩。按成煤植物可以将煤分为“腐殖煤”和“腐泥煤”两大类,前者由高等植物生成,后者由低等植物形成。我国乃至世界上的煤主要为腐殖煤,通常所说的煤也指腐殖煤。

　　成煤过程大体可分为三个阶段。第一阶段为泥炭化阶段(或菌解阶段),死亡的植物转变成泥炭。枯死的植物堆积在充满水的沼泽中,因水中氧气不足,在水面下隔绝空气,并在细菌的作用下,植物各部分不断分解,相互作用,最后植物遗体变成了褐色或黑褐色的淤泥物质,即为泥炭。泥炭化阶段需要漫长的地质历史时期,可达千百万年。泥炭质地疏松、无光泽、密度小,可看出有机质的残体,用火种可引燃,烟浓灰多。第二阶段为煤化作用阶段,发生成岩作用,泥炭转变成褐煤。在大陆的低洼地带,由水的冲刷带来的大量砂、石使泥炭层上逐渐形成岩层(称为顶板)。被埋在顶板下的原本疏松多水的泥炭层在顶板岩石层的压力作用下,发生了压紧、失水、胶体老化、硬结等一系列变化,同时其化学组成也发生缓慢的变化,逐步变成密度较大、水分较少的褐煤。褐煤层一般离地表不深,厚度较大,适宜露天开采。褐煤颜色为褐色或接近黑色,光泽暗淡,基本看不到有机物残体,用火种可引燃,有烟。第三阶段为变质阶段,褐煤发生变质作用,形成烟煤和无烟煤。当顶板逐渐加厚,顶板的静压力逐渐增高,煤层中温度也逐渐升高后,煤质便发生变化,逐渐由成岩作用变成了以温度影响为主的变质作用。褐煤中的有机物分子积累,含氧量降低,碳含量增加,外观、色泽、硬度均发生变化，形成烟煤。烟煤因燃烧时有烟而得名，一般为黑色、有光泽、致密、用蜡烛可以引燃、火焰明亮。当烟煤层受到更高温度和压力的影响时，可以进一步形成无烟煤。无烟煤为黑色、坚硬、有光泽、蜡烛不能引燃、燃烧时无烟。如果有更高的温度，最终可能变成石墨。不同地质条件下，由于温度和压力的差异，变质作用程度不同，煤化程度越高，煤中碳含量越高，氢和氧的含量越低，密度越大。由上可知，成煤必须具备四个先决条件：①植物条件；②气候条件；③地理条件；④地壳运动条件。

（2）煤的基本化学特征

煤的组成极其复杂，是由有机组分和无机组分构成的混合物。无机组分主要包括黏土矿物、石英、方解石、石膏、黄铁矿等矿物质和吸附在煤中的水；有机组分主要是碳、氢、氧、氮、硫等元素构成的高分子有机化合物的混合物。通常，无机组分对煤的加工利用有害，有机组分则是煤的重要组成部分，也是煤炭加工利用的主要对象。

① 煤的元素组成。煤的元素组成是研究煤的变质程度的基础。煤中存在的元素有数十种之多，但通常所指的元素主要有 5 种，即碳、氢、氧、氮和硫，总量接近 100%。其中，碳、氢、氧占有机质的 95% 以上。此外，还有极少量的磷和其他元素。煤中有机质的元素组成，随煤化程度的变化而有规律地变化，煤的变质程度不同，结构单元不同，元素组成不同。

a. 碳。煤主要由带脂肪侧链的芳香环和稠环组成，稠环的骨架由碳元素组成，故碳元素是组成煤的有机高分子的主要元素，也是煤燃烧过程中放出热能最主要的元素之一。同时煤中还含有少量无机碳，主要来自碳酸盐类矿物，如石灰岩等。一般来讲，煤化程度越高，碳的含量越高。如泥煤（干燥无灰基）含碳量为 55%～66%；烟煤为 77%～92.7%；高变质的无烟煤为 88%～98%。因此整个成煤过程可认为是增碳过程。

b. 氢。氢是煤中第二个重要元素，分为有机氢和无机氢，无机氢主要存在于矿物质的结晶水中。氢元素发热量为碳元素的 4 倍。随着煤化程度的加深，氢含量逐渐降低。

c. 氧。煤中的氧以有机和无机两种状态存在。有机氧主要存在于官能团中，无机氧主要存在于煤中的水分、硅酸盐、碳酸盐、硫酸盐和其他氧化物中。

煤燃烧时，碳和氢是主要的产热元素，而氧则是助燃元素，但是氧在煤液化时还要消耗氢，对煤的利用不利。三者构成了煤有机质的主体。随煤化程度的提高，煤中的有机氧减少，并逐渐趋于消失。

d. 氮。煤中的氮含量很少，氮是煤中唯一的完全以有机状态存在的元素。煤中有机氮化物是比较稳定的杂环和复杂的非环结构的化合物，其原生物可能是动、植物脂肪。植物中的植物碱、叶绿素和其他组织的环状结构中都含有氮，且相当稳定，氮元素在煤化作用过程中不发生变化，是煤中保留的氮化物。以蛋白质形态存在的氮，仅存在泥炭和褐煤中，烟煤中很少，无烟煤中几乎没有发现。这也表明氮元素含量随着煤化程度的提高而减少。煤中的氮在煤燃烧时不产生热量，主要以 N_2 的形式进入废气，少量形成氮氧化物。

e. 硫。煤中硫元素是有害杂质，含硫多的煤在燃烧时生成硫化物气体，不仅腐蚀金属设备，还与空气中的水反应形成酸雨，污染环境，危害植物生长。煤中硫含量的多少与煤化度高低无明显关系，而与成煤时的古地理环境密切相关。

此外，氟、氯、汞、砷等也是煤中的有害元素。将含有硫和磷的煤用于炼焦时，煤中的硫和磷大部分转入焦炭中，冶炼时又转入钢铁中，严重影响焦炭和钢铁质量，不利于钢铁的铸造和机械加工。将含有砷的煤用于酿造和食品工业作燃料，砷含量过高，会增加产品毒性，危及人们身体健康。

另外，还有一些稀有的放射性元素，如锗、镓、铟、钍、钒、钛、铀等，它们分别以有机或无机化合物的形态存在于煤中。其中某些元素的含量，如果达到工业品位或可以综合利用时，就成为重要的矿产资源。

煤中的无机质主要是水分和矿物质。按照存在状态，煤中的水分，可分为外在水分、内在水分和化合水。外在水分以机械方式与煤结合，较易蒸发。内在水分指煤在一定条件下达到空气干燥状态时所保持的水分，以吸附或凝聚方式存在于煤内部直径小于 10^{-5} cm 的毛细孔中，较难蒸发。外在水分、内在水分总称为煤的全水分，全水分测定时遗留下来的水分即为化合水，化合水以化学方式与矿物质结合，即通常所说的结晶水和结合水。矿物质主要成分有黏土、高岭土、黄铁矿和方解石等。水分和矿物质的存在降低了煤的质量和利用价值，其中绝大多数是煤中的有害成分。

② 煤的工业分析。煤的工业分析指标是评价煤质量的主要指标，一般指水分、灰分、挥发分和固定碳四项。除水分外，其他三项不是煤中固有的组分，而是煤在一定测试条件下的转化产物。灰分表明煤中矿物质含量，挥发分产率和固定碳则可以反映煤中的有机质成分。故由煤的工业分析数据可以初步判断煤的性质、种类、加工利用效果以及工业应用。

a. 水分。水分是指单位质量的煤中水的含量，水分会降低煤的发热量。一般以内在水分作为煤质评价指标。煤化程度越低，煤的内表面积越大，水分含量越高。

b. 灰分。灰分是煤在固定条件下完全燃烧后剩下的残渣，它是煤中的矿物质经过氧化、分解转化而来。煤灰成分组成复杂，不同产地、不同煤种的灰分组成差别很大，与煤化程度的关系无规律可循，但其有助于了解矿物组成，推测成煤环境。一般用主要元素的氧化物形式表示，如 SiO_2、Al_2O_3、CaO、MgO、Fe_2O_3、TiO_2、K_2O、Na_2O、MnO_2、P_2O_5、SO_3。其中，最主要的是 SiO_2、Al_2O_3、CaO、MgO、Fe_2O_3 等几种，可达 95% 以上。我国煤中矿物质组分大多以黏土类矿物为主，因此煤灰中 SiO_2 含量最大，其次是 Al_2O_3。灰分对煤的加工利用不利，也影响煤的发热量。

c. 挥发分。煤隔绝空气加热到 910℃，停留一段时间，煤的有机质发生热解反应，形成部分小分子化合物，在测定条件下呈气态逸出，其余有机质以固体形式残留下来。由有机质热解形成并呈气态析出的化合物称为挥发分。通常煤隔绝空气加热后形成的挥发物中有 CH_4、C_2H_6、H_2、CO、H_2S、NH_3、COS、H_2O、C_nH_{2n}、C_nH_{2n-2} 和苯、萘、酚等芳香族化合物以及 $C_5 \sim C_{16}$ 的烃类、吡啶、吡咯、噻吩等化合物。按照 GB/T 3715—2007《煤质及煤分析有关术语》，挥发分是指煤隔绝空气加热时，从逸出的挥发性物质中扣除煤样中吸附水分后的所有物质。这样，挥发分包含了煤中矿物质热解形成的挥发性气体，如 CO_2、热解水等。挥发分随着煤化程度的加深而降低。根据挥发分能够大致判断煤的大部分性质，几乎所有研究或利用煤的场合都需要煤的挥发分数据。

d. 固定碳。测定煤的挥发分时，剩下的不挥发物为焦渣，焦渣减去灰分即为固定碳，它是煤中不挥发的固体可燃物。固定碳与煤中的碳元素是两个不同的概念，固定碳实际上是高分子化合物的混合物，含有碳、氢、氧、氮、硫等元素。

为了提高煤的综合利用价值，还需了解煤的工艺性质，以满足各方面对煤质的要求。煤的工艺性质主要包括：黏结性和结焦性、发热量、化学反应性、热稳定性、透光率、机械强度和可选性等。这里不作介绍。

③ 煤质分析指标的基准及其相互换算。基准是指煤所处的状态或者按需要而规定的成分组合。有时为了某种目的或研究的需要，在计算煤的成分的百分含量时，可将某种成分不计算在内，这样，按不同的"成分组合"计算出来的成分百分含量就有较大的差别，这种根据煤存在的条件或根据需要而规定的"成分组合"称为基准。

煤质分析时煤炭组成可以划分为可燃质（挥发分 V，固定碳 FC 或 C、H、O、N 和 S_o）和不可燃质（水分 M 和灰分 A）。煤质分析中常用的基准有：

a. 空气干燥基：以与空气湿度达到平衡状态下的煤样为基准（air dried，简写 ad）。表达式为：$M_{ad}+A_{ad}+V_{ad}+FC_{ad}$（或 $M_{ad}+A_{ad}+C_{ad}+H_{ad}+O_{ad}+N_{ad}+S_{o,ad}$）$=100\%$。

b. 干燥基：以假想无水状态的煤为基准（dry，简写 d）。表达式为：$A_d+V_d+FC_d=100\%$。

c. 干燥无灰基：以假想无水无灰状态为基准（dry and ash free，简写 daf）。表达式为：$V_{daf}+FC_{daf}=100\%$。

d. 收到基：以收到状态的煤为基准（As received，简写 ar）。各基准之间的换算见表 2.4。

表 2.4　煤质分析基准之间的换算

项目	收到基	空气干燥基	干燥基	干燥无灰基
收到基	1	$\dfrac{100-M_{ad}}{100-M_{ar}}$	$\dfrac{100}{100-M_{ar}}$	$\dfrac{100}{100-M_{ar}-A_{ar}}$
空气干燥基	$\dfrac{100-M_{ar}}{100-M_{ad}}$	1	$\dfrac{100}{100-M_{ad}}$	$\dfrac{100}{100-M_{ad}-A_{ad}}$
干燥基	$\dfrac{100-M_{ar}}{100}$	$\dfrac{100-M_{ad}}{100}$	1	$\dfrac{100}{100-A_d}$
干燥无灰基	$\dfrac{100-M_{ar}-A_{ar}}{100}$	$\dfrac{100-M_{ad}-A_{ad}}{100}$	$\dfrac{100-A_d}{100}$	1

④ 我国煤的分类。根据变质程度由浅到深，煤炭可分为三大类共十四小类。三大类分别为褐煤、烟煤和无烟煤。其中，烟煤又分为 12 类：长焰煤、不黏煤、弱黏煤、1/2 中黏煤、气煤、气肥煤、肥煤、1/3 焦煤、焦煤、瘦煤、贫瘦煤和贫煤。下面简要介绍几个煤种的特性及用途。

无烟煤是煤化程度最高的煤，年代长，燃点最高（360～420℃左右），火焰短，燃烧时不冒烟，发热量最高，燃尽时间长，没有胶质物，分布广，资源少。无烟煤固定碳含量高，挥发分低，无黏结性，纯煤真密度为 $1.35～1.90\mathrm{g/cm^3}$。无烟煤抗粉碎性能高，燃烧时不易着火，化学反应性弱，储存时不发生自燃。无烟煤主要用作民用燃料和合成氨造气原料；低灰、低硫、质软易磨的无烟煤可用作高炉喷吹和烧结铁矿石的还原剂与燃料，还可以作为制造各种炭素材料（炭电极、炭块、活性炭等）的原料；某些无烟煤制成的航空用型煤可作飞机发动机和车辆发动机的保温材料。

贫煤是烟煤中变质程度最高的一类煤，不黏结或微弱黏结，发热量高于无烟煤。贫煤着火温度高，燃烧时火焰短，但发热量高，燃烧持续时间长。贫煤主要作为电厂燃料，尤其与高挥发分煤配合燃烧更能充分发挥其热值高而又耐烧的特点。

褐煤是煤化程度最低的煤，经历了成岩作用，但没有或很少经过变质作用。其特点是水分大，孔隙率大，挥发分高，不黏结，热值低，化学反应性强，热稳定性差，风干时易爆裂成碎煤。褐煤主要用作发电燃料，年轻褐煤也适用于做腐殖酸铵等有机肥料，用于农田和果园，起到增产作用。

(3) 煤的化学结构模型

煤炭不同于一般的高分子化合物，具有复杂性、多样性和非均一性。即使在同一小块煤中，也不存在统一的化学结构，以致有"世界上没有组成、结构和性质上完全相同的两块煤"之说。迄今为止仍无法分离或鉴定出构成煤的全部化合物。为了形象地描述煤的分子结构,许多学者相继提出了各种煤的分子结构模型。建立煤的结构模型是研究煤的化学结构的重要方法,下面介绍几种具有影响力的煤的化学结构模型。

表2.5列出了一组得到广泛认可和使用的表示不同煤阶煤的结构单元的模型。表中的结构式大致反映了各种煤的结构单元的化学特点,缺点是没有包括 N、S 等杂原子,各种可能存在的官能团以及侧链,也没有强调立体化学结构特点。

表 2.5 不同煤阶煤的结构单元

煤种	结构单元	分子式及元素含量
褐煤		$C_{44}H_{42}O_{13}$(氢饱和) C:66.66%,H:5.86%,O:27.48%
次烟煤		$C_{18}H_{26}O_2$(甲基饱和) C:78.79%,H:9.55%,O:11.66%
高挥发分烟煤		$C_{18}H_{22}O$(甲基饱和) C:84.99%,H:8.72%,O:6.29%
低挥发分烟煤		$C_{26}H_{24}O$(甲基饱和) C:88.60%,H:6.86%,O:4.54%
无烟煤		$C_{42}H_{20}O_2$ (氢饱和) C:90.63% H:3.62% O:5.75%　　$C_{44}H_{24}O_2$ (甲基饱和) C:90.39% H:4.14% O:5.47%

① Fuchs 模型(经 Van Krevelen 修改)。该模型如图2.1所示,表明煤是由大量的环状芳烃通过各种桥键相连缩合在一起的,夹杂着含 S 和含 N 的杂环,包含的缩合芳香环数平均9个,缩合芳环数很高,这也是20世纪60年代以前经典结构模型的主要特点。

② Given 模型。Given 模型于20世纪60年代初提出,图2.2是一种低煤化程度烟煤(碳含量为82%)的结构,主要由环数不多的芳香核(主要是萘环)组成,这些环之间由氢化芳香环连接,构成无序的三维空间大分子。有氢键和含氮杂环等存在,含氧官能团有羟基、醌基,结构单元之间交联键的主要形式是邻位亚甲基。但模型中没有硫的结构,也没有醚键和两个碳原子以上的次甲基桥键。

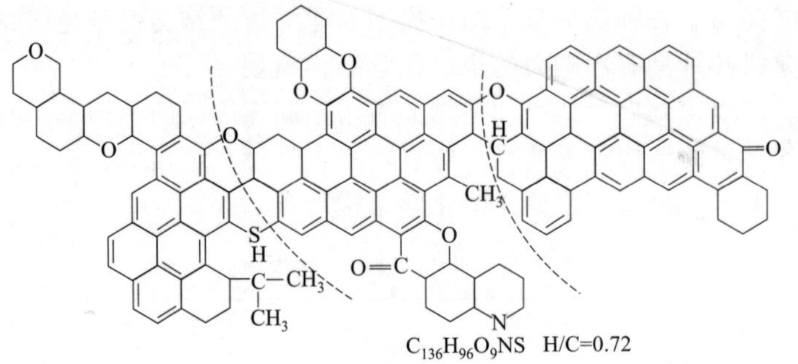

$C_{136}H_{96}O_9NS$ H/C=0.72

图 2.1 Fuchs 模型（经 Van Krevelen 修改）

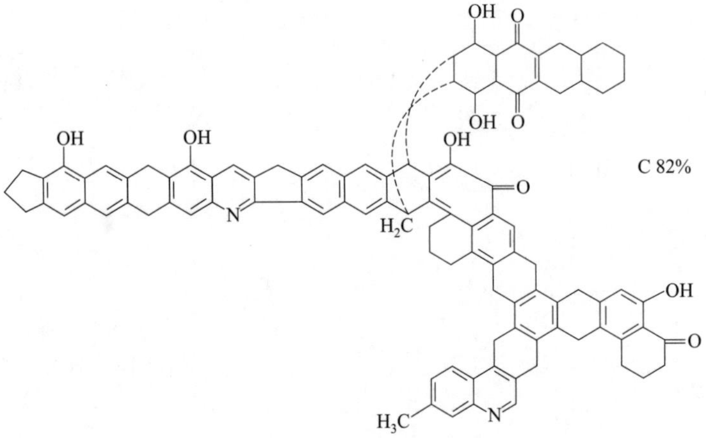

C 82%

图 2.2 Given 模型

③ Wiser 化学结构模型。Wiser 化学结构模型如图 2.3 所示，该模型产生于 20 世纪 70 年代，能较全面合理地反映煤分子结构的概念，可以解释煤的热解、加氢、氧化以及其他化学反应性质，为煤化工技术发展提供了理论依据。

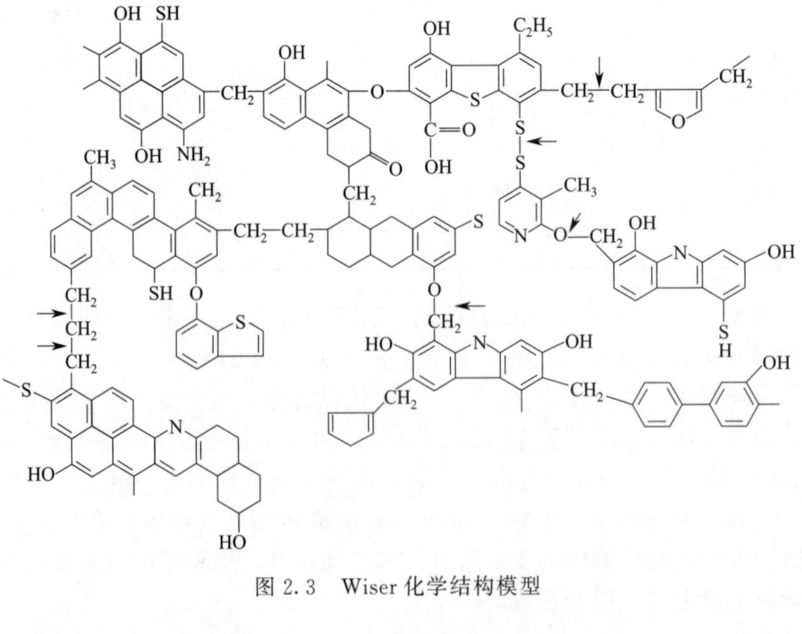

图 2.3 Wiser 化学结构模型

④ Shinn 模型。Shinn 模型如图 2.4 所示，产生于 20 世纪 80 年代，是根据煤在一段和二段液化产物的分布提出的，又称为反应结构模型，是人们广为接受的煤的大分子结构模型。它以烟煤为对象，以分子量 10000 为基准，将考察的结构单元扩充至 C＝661，通过数据处理和优化，得出分子式为 $C_{661}H_{561}O_{74}N_{11}S_6$。由图可知，煤是由通过 C—C 键直接连在一起的带有脂肪侧链的大的芳环和杂环的核所构成，其中有含氧官能团和醚键。该结构假设：芳环或氢化芳环单元结构由较短的脂肪链或醚键相连，形成大分子聚集体，小分子镶嵌于聚集体孔洞或空穴中，可通过溶剂抽提溶解。

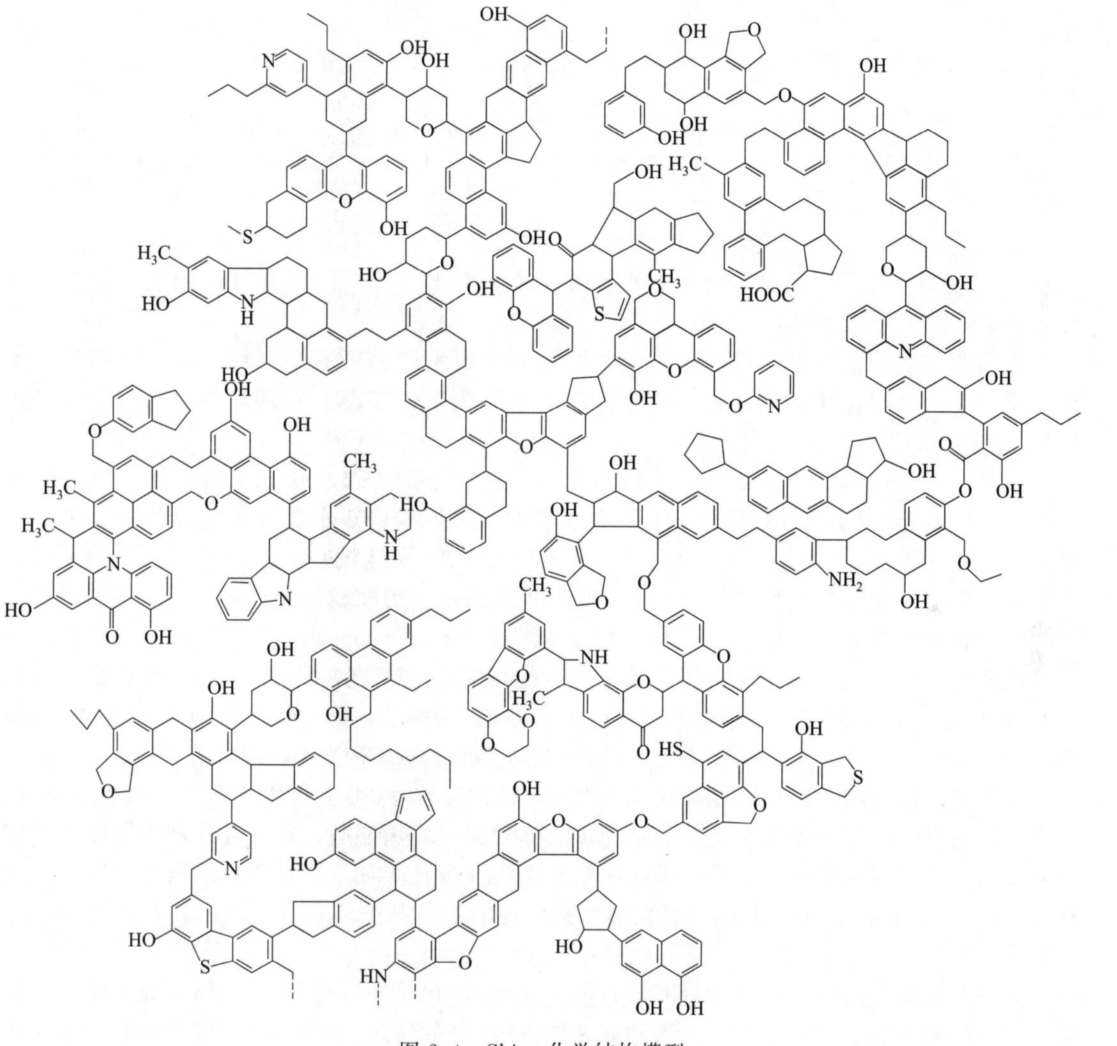

图 2.4　Shinn 化学结构模型

上述这些模型基本上代表了人们在各个时期对煤大分子结构的认识。普遍接受的煤化学结构的概念可以表述如下：

① 煤是由高分子化合物组成的复杂混合物。每个高分子化合物的缩合程度各不相同，构成煤的高分子化合物的基本结构单元彼此也不相同，这不仅明显地表现在不同成煤阶段的煤中以及同一成煤阶段不同显微组分上，即使是同一成煤阶段的煤或同一显微组分的分子间，其缩合程度和基本结构单元也不尽相同。

② 煤分子中的基本结构单元由芳香族结构、脂肪族结构以及脂环族结构组成。此外，

还有醚型的氧在基本结构单元之间以氧桥的形式存在。也可以说，煤分子的基本结构单元由两部分组成，规则部分的缩合环结构称为核，在核的周围有各种侧链和官能团，为不规则部分。

③ 煤的基本结构单元中的芳香环结构有单环的苯环、双环的萘环、三环的菲和蒽环，还有四环和五环以上的缩合环的形式；脂环结构既有与芳香环一起缩合的结构存在，也有单独存在的；而脂肪族结构是指结合在芳香环或脂环上的那些以侧链存在的烷基。

通过元素分析可以了解煤的化学组成及其含量，通过工业分析可以初步了解煤的性质，从而可以大致判断煤的种类和用途。

2.1.3 煤化工发展简史

煤化工的发展由来已久，始于18世纪后半叶，19世纪形成了完整的煤化学工业体系。20世纪开始，许多有机化学品多以煤为原料生产，煤化学工业成为化学工业的重要组成部分。

18世纪中叶，工业革命的发展使炼铁用焦炭需求量大增，炼焦化学工业应运而生。1881年，在德国建成了第一座有化学产品回收的炼焦化工厂。1925年在石家庄建成了中国第一座炼焦化工厂。

18世纪末，出现了煤生产民用煤气。烟煤干馏法生产的干馏煤气首先用于欧洲城市的街道照明。1840年由焦炭制备发生炉煤气，用于炼铁。1875年，使用增热水煤气作为城市煤气。

1920～1930年间，煤的低温干馏技术发展迅速，半焦可用于民用无烟燃料，低温干馏焦油进一步加氢生产液体燃料。1934年上海建成立式炉和增热水煤气炉的煤气厂，生产城市煤气。

第二次世界大战前夕和战期，煤化工获得了全面迅速的发展。德国开展了由煤制取液体燃料的研究和工业生产。1923年，德国科学家Fischer和Tropsch发明了用Fe催化剂进行一氧化碳加氢反应得到液态烃燃料产品技术，简称费-托（F-T）合成，1934年F-T合成技术实现工业生产。到1944年，年产量已达到57万吨。1913年，德国化学家柏吉斯（F. Bergius）发明了煤炭在高温高压下加氢转化成液体油品的技术，因此在1931年获得诺贝尔化学奖。在此期间，德国建成了大型低温干馏工厂，所得半焦用于造气，经费-托合成制取液体燃料；低温干馏焦油经过简单处理后作为海军船用燃料，或经高压加氢制取汽油或柴油。第二次世界大战末期，德国采用加氢液化法由煤及焦油生产的液体燃料总量已经达到480万吨。与此同时，工业上还从煤焦油中提取各种芳烃及杂环有机化学品，作为染料、炸药等的原料。

第二次世界大战后，由于大量廉价石油、天然气的开采，除了炼焦化学工业随钢铁工业的发展而不断发展以外，工业上由煤制取液体燃料的生产暂时中断，兴起的是以石油和天然气为原料的石油化工。煤在世界能源结构中的比重大大降低。但是南非却例外，由于其所处的特殊地理和政治环境以及资源条件，以煤为原料合成液体燃料的工业一直在发展。1955年建成了萨索尔一厂（SASOL-Ⅰ）。1982年又相继建成了二厂和三厂。SASOL的三座工厂的综合产能大约为760万吨。

1973年，由于中东战争以及随之而来的石油危机，使得由煤生产液体燃料及化学品的方法重新得到重视，欧美等国加强了煤化工的研究工作，开发了多种新型的煤直接液化方法，间接液化中除了SASOL法已经工业化外，还成功实现了由合成气制造甲醇，再由甲醇转化成汽油的工业生产技术。

　　20 世纪 80 年代后期，煤化工有了新的突破，实现了由煤制乙酸酐；煤气化制合成气，再合成乙酸甲酯，进一步羰化得到乙酸酐。这是煤制化学品的一个范例，从化学和能量利用来看，效率都很高，并具有经济效益。

　　进入 21 世纪以来，中国的煤化工得到很大的发展。尤其是新型煤化工技术的发展，可实现石油和天然气资源的补充及部分替代。2009 年，煤制油、煤制烯烃、煤制天然气和煤制乙二醇等被国家发改委确定为煤化工重点示范发展方向。2009～2010 年间，中国新型煤化工示范装置陆续建成或试车成功，先后进入商业化运行或长周期稳定运行。

　　煤化工以煤为原料，经过化学过程转化为液体（煤制油）、气体（煤制合成天然气）以及化学品（煤制甲醇、二甲醚、乙醇、乙二醇、烯烃等）。煤制油、煤制合成气、煤制甲醇、煤制乙醇、煤制乙二醇大都是石油能源的部分替代方案，具有发展的紧迫性和必要性，为本章着重介绍的煤化工技术。

2.2　煤炭液化

　　煤炭液化也称煤制油或煤变油，被称为绿色的煤炭深加工技术，是指将煤中有机物质转化为液态产物，目的是获得和利用液态的碳氢化合物替代石油及其制品，从而生产发动机用燃料和化学品，主要产物包括柴油（或汽油）、石脑油和液化石油气（LPG）。煤液化是提高煤炭资源利用率、减轻燃煤污染的有效途径之一，属于洁净能源技术。由于煤炭资源远多于石油，认为煤液化产品是石油最理想的替代能源。按照其技术路线的不同，煤炭液化可以分为两类：直接液化和间接液化。

2.2.1　煤炭直接液化

（1）煤炭直接液化技术的发展

　　煤炭直接液化经历了漫长的发展历程，大致可分为三个阶段。

　　第一阶段为煤炭液化的发展期，处于第二次世界大战前至 20 世纪 50 年代初。德国科学家 F. Bergius 于 1913 发明了在高温高压下可将煤加氢液化生产液体燃料并获得了专利，为煤的加氢液化技术奠定了基础。随后，德国燃料公司成功开发了耐硫的钨钼催化剂，并把加氢过程分为糊相和气相两段，从而使这一技术走向工业化。1921 年在 ManheimReinan 建立了 5t/d 的中试厂，1927 年 I. G. Farben 公司在 Leuna 建成第一个工业厂。至 1943 年德国共建了 12 个煤和焦油加氢液化工厂，生产能力达到 400 万吨/年，加上近 60 万吨间接合成油，提供了战时所需航空用油的 98%。期间英国利用德国技术建立了一座 15 万吨的煤加氢厂，法国、意大利、中国和朝鲜等也建有类似的煤或煤焦油加氢工厂。20 世纪 50 年代初期，苏联利用德国煤直接液化技术和设备于 1952 年在安加尔斯克石油化工厂建成投产了 11 套煤直接液化和煤焦油加氢装置，操作压力分别为 70.0MPa 和 32.5MPa，温度 450～500℃，使用铁系催化剂，单台生产能力为（4～5）万吨/年，总生产能力为 110 万吨/年油品，运行 7 年后停止生产油品而改作他用。

　　第二阶段为 20 世纪 50 年代到 70 年代后期，为煤液化新工艺的开发期。50 年代中东发现大量油田，致使石油生产迅猛发展，大量廉价石油的开发使煤炭直接液化失去了竞争能力和继续存在的必要，煤炭液化处于停滞状态。

　　20 世纪 70 年代，中东战争引发石油危机，导致国际市场石油价格飙升，提醒人们石油并非取之不尽、用之不竭。1973 年后，以美国为代表的主要发达国家又重新关注煤炭直接液化新技术的开发工作，其中研究工作重点是降低反应条件的苛刻度，达到降低液化油生产成本的目的，先后开发了溶剂精制煤（solvent refine coal）SRC-Ⅰ和SRC-Ⅱ、氢煤法（H-Coal）、供氢溶剂法（EDS）、两段液化工艺（CTSL）、德国液化新工艺（NewIG）、英国的超临界抽提法（SCE）等。该阶段在煤液化的实验室研究和新技术开发研究方面做了许多工作，并建立了多种类型大中型示范液化厂。

第三阶段为煤液化新工艺的研究，从1982年至今。由于石油市场供大于求，石油价格不断下跌，各发达国家的实验室研究工作及理论研究工作大量进行。世界上有代表性的煤直接液化工艺是德国的新液化（IGOR）工艺、美国的HTI工艺和日本的NEDOL工艺。这些新液化工艺的共同特点是煤炭液化的反应条件比老液化工艺大为缓和，生产成本有所降低，中间放大试验已经完成。中国在煤炭直接液化工艺技术的研究和开发也开展了大量的工作，通过国际合作，开发出中国煤直接液化工艺，并实现了百万吨级煤直接液化制油工业化示范。

在石油资源短缺时，煤的液化产品可部分替代目前的天然石油，对于国民经济的可持续和稳定发展将发挥重要作用。

(2) 煤炭直接液化过程及原理

煤炭直接液化是指将煤磨成细粉后与溶剂油制成煤浆，然后在高温、高压和催化剂存在的条件下，通过加氢裂化使煤中复杂的有机高分子化学结构直接转化为低分子的清洁液体燃料（汽油、柴油、航空煤油等）和其他化工产品。脱除煤中氮、氧、硫等杂原子的深度煤加工过程，又称加氢液化，包含煤的热解和加氢裂解两个过程。煤炭直接液化过程见图2.5。

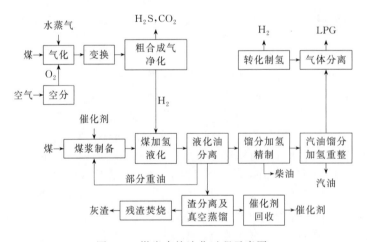

图2.5　煤炭直接液化过程示意图

① 煤炭液化的原理。煤是由彼此相似的"结构单元"通过各种桥键连接而成的立体网状大分子，化学结构复杂，分子量大，一般>5000，而石油约为200，汽油为110。"结构单元"主要由缩合芳环组成，外围有烷基侧链和官能团，此外还存在一定量的非化学键结合的低分子化合物。尽管生成的地质年代不同，造成煤的组成不同，但基本元素为碳、氢、氧、氮、硫。还包括一些成灰元素，如硅、铝、铁、钙、镁、碱金属以及一些微量重金属，如汞、砷、硒等。石油也称原油，是从地下深处开采的棕黑色可燃黏稠液体，主要成分是各种烷烃、环烷烃、芳香烃的混合物。它是古代海洋或湖泊中的生物经过漫长的演化形成的混合物，与煤一样同属化石燃料。石油性质因产地而异，密度为 $0.8 \sim 1.0 \mathrm{g/cm}^3$，黏度范围宽，

凝固点差别大（30~60℃），沸点为常温到 500℃ 以上，可溶于多种有机溶剂，不溶于水，与水形成乳状液。组成石油的化学元素主要是碳（83%~87%）、氢（11%~14%），其余为硫（0.06%~0.8%）、氮（0.02%~1.7%）、氧（0.08%~1.82%）及微量金属元素（镍、钒、铁等）。煤是由缩合芳香环为结构单元通过桥键连在一起的大分子固体物，而石油是不同大小分子组成的液体混合物；煤以缩合芳香环为主，石油以饱和烃为主。煤的主体是高分子聚合物，而石油的主体是低分子化合物。石油的 H/C 原子比高于煤，原油为 1.76 左右，而煤为 0.3~0.8，煤的氧含量显著高于石油。煤中含有较多的矿物质，而石油很少。因此，要把煤转化为油，需要加氢，裂解，同时必须除矿物质。

要将煤转化为液体产物，首先要将煤的大分子裂解为小分子；要提高 H/C 原子比，降低 O/C 原子比，就必须增加 H 原子或减少 C 原子。总之，煤液化的实质就是在适当的温度、氢压、溶剂和催化剂条件下，提高 H/C 原子比，使固体煤转化为液态油。在反应温度下，煤分子中的一些键能较小的化学键发生热断裂，变成较小分子的自由基。在加氢反应中所使用的循环油通常具有较高的 H/C 原子比，在加压时又有相当量的气相氢溶于循环油中，两者均提供了使自由基稳定的氢源。由于 C—H 键比 H—H 键活泼而易于断裂，通常认为循环油是主要的供氢载体。通过加氢，改变了煤的分子结构和 H/C 原子比，同时脱除杂原子，使煤液化成油。煤的液化不仅可以生产汽油、柴油、LPG（液化石油气）、喷气燃料，还可以得到 BTX（苯、甲苯、二甲苯）等化工产品。

把固体的煤转化成液体油的煤液化工艺必须具备以下四大功能：a. 将煤结构中的大分子分解成小分子；b. 提高煤的 H/C 原子比，使其达到石油的 H/C 原子比水平；c. 脱除煤中氧、氮、硫等杂原子，使液化油的质量达到石油产品的标准；d. 脱除煤中的无机矿物质。

② 煤炭加氢液化中的反应。

a. 热裂解反应。直接液化过程中，煤分子结构的裂解是通过加热实现的，煤结构单元之间的桥键加热到 300℃ 以上时就有一些弱键开始断裂，随着温度升高，键能较高的键也会断裂，产生以结构单元为基础的自由基碎片。

b. 加氢反应。在高压氢气环境和有溶剂分子存在的条件下，不稳定的自由基与氢结合生成稳定的低分子产物（液体的油和水以及少量气体）。此外，煤结构中的某些 C=C 双键也可能被加氢。加氢反应关系着煤热解自由基的稳定和油收率的高低。加氢效果不好时，自由基碎片可能会缩合成半焦，油收率降低。煤本身的稠环芳烃结构影响煤加氢的难易程度，稠环芳烃结构越大，分子量越大，越难加氢。

c. 杂原子脱除反应。加氢液化过程中，煤结构中的一些含氧、硫和氮等杂原子的键也发生断裂，分别生成 H_2O（或 CO、CO_2）、H_2S 和 NH_3 而被脱除。煤中杂原子脱除的难易程度与其存在形式有关，一般侧链上的杂原子比芳环上的杂原子易脱除。煤分子中的氧主要以官能团形式（如—COOH、—OH、—CO 和醌基等）、醚键和杂环（如呋喃类）等形式存在。研究表明，脱氧率<60% 时，煤炭转化率随脱氧率增加而线性增加；脱氧率为 60% 时，煤炭转化率为 90%，可见煤中有 40% 左右的氧较稳定而不易脱除。煤中的硫以硫醚、硫醇和噻吩等形式存在，由于硫的电负性较弱，脱硫反应易进行。煤中的氮大多存在于杂环中，少数为氨基，脱氮相对比较困难，一般脱氮需要剧烈的反应条件和催化剂存在才能进行，而且是先被氢化后再进行脱氮，耗氢量大。

d. 缩合反应。加氢液化中，当温度过高或氢供应不足时，煤的自由基碎片或反应物分子及产物分子会发生缩合反应，生成半焦和焦炭。缩合反应使煤的液化产率降低，应设法抑制其发生。

③ 煤炭加氢液化对煤质的要求。从技术经济角度考虑，加氢液化对原料煤的要求主

要有以下几个方面：a. 挥发分大于 35%（无水无灰基），灰分小于 10%（干燥基），因此要对煤进行洗选，得到精煤再进行液化。煤的灰分高，影响油产率和系统的正常操作，当灰分含量过高，会降低液化效率、磨损设备等。此外，灰组成对液化过程也有影响，灰分中的 Fe、Co、Mo 等能催化液化，而 Si、Al、Ca、Mg 等元素易产生结垢、沉积，影响传热，也易堵塞磨损管道，应越低越好。b. 煤的可磨性要好。液化前需将煤磨成 200 目左右的煤粉，并干燥至水分小于 2%，配制成油煤浆，故可磨性不好会增加能耗，磨损设备，增加生产成本。c. 氢含量高。氢含量大于 5%，碳含量 82%～85%，H/C 原子比越高越好（氧含量则越低越好），这样可减少加氢时的供气量，也可减少废水的产生，提高经济效益。此外，杂原子要少。硫、氮等杂原子含量应尽可能低，以降低油品加工提质的费用。

研究发现，含碳量低于 85% 的煤大都可以直接液化，煤化程度越低，液化反应速率越快；通常认为挥发分高的煤易于直接液化，一般选取煤挥发分大于 35%。煤炭加氢液化难易顺序为低挥发分烟煤、中等挥发分烟煤、高挥发分烟煤、褐煤、泥炭。无烟煤很难液化，一般不作为加氢液化原料。适宜液化的煤通常是年轻烟煤和年老褐煤，并尽量选用新煤，因为煤的风化与氧化对加氢液化不利。煤岩组成也是液化的一个重要影响因素。镜质组含量越高，煤的液化性越好，丝质组含量高，则煤的液化性差。

④ 煤炭加氢液化中的催化剂。为了加快液化反应速度，提高转化率、油收率以及设备的处理能力，降低反应压力，改善油品性质，煤炭液化一般选择催化加氢。很多金属氧化物对煤加氢液化都有催化作用，常见的可以分为三类：

a. 金属卤化物催化剂。较常见的是 $ZnCl_2$，因其具有适于煤液化的活性，价格较其他卤化物低、易得且几乎可完全回收。$AlCl_3$ 活性太高，产物主要是轻质烃类气体，液体很少。卤化物催化剂的缺点是腐蚀性严重且添加量大。

b. 过渡金属催化剂。很多金属氧化物和还原态金属对煤加氢液化都有催化效果。如 SnO_2、ZnO_2、GeO_2、MoO_3 等。其中 Sn 无论是氧化物还是盐类或其他形式，其活性都很高，煤的转化率均在 90% 以上。

c. 铁系催化剂。铁系催化剂因价格便宜，在液化过程中一般只使用一次，在煤浆中催化剂与煤和溶剂一起进入反应系统，再随反应产物排出，经固液分离后与未转化的煤和矿物质一起以残渣的形式排出装置。最常见的铁系催化剂是含有硫化铁或氧化铁的矿物或冶金矿渣，如天然的黄铁矿主要含有 FeS_2，高炉飞灰主要含有 Fe_2O_3，炼铝工业排出的赤泥中主要含有 Fe_2O_3。有工业价值的煤加氢催化剂一般选用铁系催化剂或镍钼钴类催化剂。

⑤ 煤直接液化的特点。煤直接液化工艺具有以下特点：a. 液化油收率较高，可达 63%～68%；b. 煤耗低，约 3～4t 原料生产 1t 液化油；c. 馏分油以汽油、柴油为主，目标产品的选择性相对较高。此外，油煤浆进料，设备体积小，投资低，运行费用低。但也有不足之处，如反应条件苛刻，液化压力（>15MPa）、温度要求过高（>400℃）；从液化反应器中出来的产物组成复杂，液固两相混合物由于黏度较高，分离困难；煤炭液化对煤种依赖性大，煤质要求高，部分褐煤和长焰煤适用；氢消耗量大；工业化装置可靠性有待进一步提高；技术难度大、设备要求高、维修难度大。

（3）煤炭直接液化的典型工艺

20 世纪 70 年代后，世界几大工业国相继开发出一批新的煤直接液化工艺，如德国 IG-OR（integrated gross oil refining）、美国碳氢化合物研究公司 HTI 两段催化液化工艺和日本 NEDOL 工艺等。中国煤炭科学研究总院从 70 年代末开始开展煤炭直接液化技术的研究。

2008 年 12 月 30 日，我国神华集团煤炭直接液化百万吨级示范工程开始投煤试车，并成功生产出合格的石脑油和柴油等目标产品。

国内外最具代表性的工艺主要有以下几种：

① 德国 IGOR$^+$ 工艺（煤液化粗油精制联合工艺）。该工艺的流程图如图 2.6 所示。煤与循环溶剂及可弃性铁系催化剂（赤泥）配成煤浆，与氢气混合后预热，预热后的混合物进入液化反应器。典型液化操作温度为 470℃，压力 30.0MPa，空速 0.5t/(m^3·h)。产物进入高温分离器，分离器底部液化粗油进入减压蒸馏塔，塔底产物为液化残渣，顶部闪蒸油与高温分离器的顶部产物一起进入第一固定床加氢反应器，反应温度 350～420℃，压力与液化反应器相同，液体空速 0.5h^{-1}。第一固定床反应器产物进入中温分离器。中温分离器底部重油为循环溶剂，用于煤浆制备。中温分离器顶部产物进入第二固定床反应器，反应温度、压力、液体空速均同第一固定床反应器。两个反应器内均装有 Mo-Ni 负载催化剂。第二固定床反应器产物进入低温分离器，分离器顶部富氢气经水洗、油洗后循环使用。低温分离器底部产物进入常压蒸馏塔，在塔中分馏为汽油和柴油馏分。

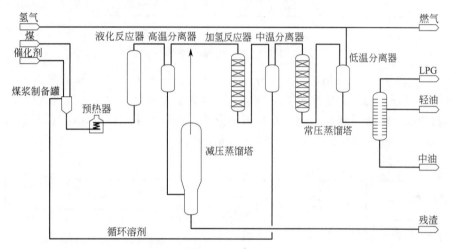

图 2.6　德国 IGOR$^+$ 工艺流程图

该工艺的主要特点是：a. 反应条件较苛刻，温度 470℃，压力 30MPa；b. 催化剂使用炼铝工业的废渣（赤泥）；c. 液化反应和液化油加氢精制在一个高压系统内进行，可一次得到杂原子含量极低的液化精制油，该液化油经过蒸馏就可以得到十六烷值大于 45％ 的柴油，汽油馏分再经重整即可得到高辛烷值汽油；d. 循环溶剂加氢，使其供氢性能好，煤液化转化率高。

② 美国 HTI 工艺。美国 HTI 工艺是在 H-Coal 工艺和两段催化液化法基础上发展起来的，采用悬浮床反应器和 HTI 拥有专利的铁基催化剂。工艺流程如图 2.7。其主要工艺特点是：a. 反应条件比较缓和，反应温度 420～450℃，反应压力 17MPa；b. 采用特殊的液体循环沸腾床（悬浮床）反应器，达到全返混反应器模式；c. 催化剂是采用 HTI 专利技术制备的铁系胶状催化剂，此催化剂活性高，用量少；d. 在高温分离器后面串联在线加氢固定床反应器，对液化油进行加氢精制；e. 固液分离采用超临界溶剂萃取的方法，从液化残渣中最大程度回收重质油，从而大幅度提高了液化油的收率；f. 液化油含可作为催化裂化原料大于 350℃的馏分。

③ 日本 NEDOL 工艺。20 世纪 80 年代，日本开发了 NEDOL 烟煤液化工艺，如图 2.8 所示。NEDOL 工艺以黄铁矿为催化剂，催化剂加入量为 4％，不进行催化剂回收。反应压

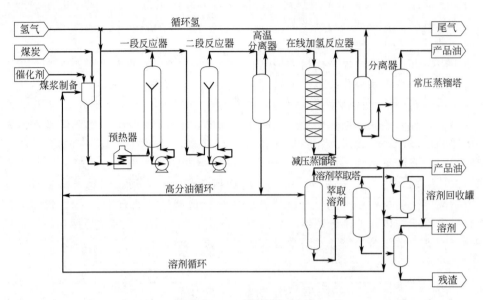

图 2.7　HTI 工艺流程图

力为 19MPa，反应温度为 460℃。主要特点是循环溶剂全部在一个单独的固定床反应器中，用高活性催化剂预先加氢，使之变为供氢溶剂。液化粗油经过冷却后再进行提质加工。液化残渣连同其中所含的重质油即可进一步进行油回收，也可直接用作气化制氢的原料。已完成0.01t/d、0.1t/d、1t/d 以及 150t/d 规模的试验研究。

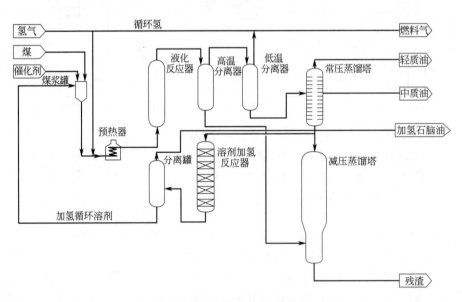

图 2.8　日本 NEDOL 工艺流程

④ 中国神华煤直接液化工艺。我国的神华集团在吸收近几年煤炭液化研究成果的基础上，根据煤液化单项技术的成熟程度，对 HTI 工艺进行优化，提出了中国的煤炭直接液化工艺。目前已建成世界上第一套大型现代煤直接液化工业示范装置，项目选址在内蒙古鄂尔多斯市马家塔，规划年产液化油 500 万吨，先期建设一条每天处理 6000t 干煤的煤直接液化生产线，年产液化油 100 万吨。其工艺流程如图 2.9 所示。

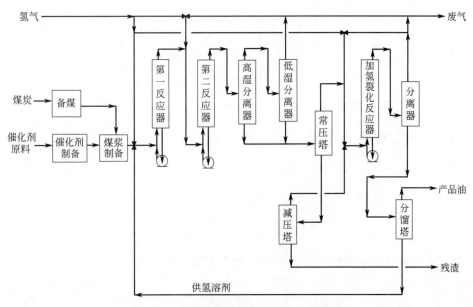

图 2.9　中国神华煤直接液化工艺流程图

该工艺特点如下：a. 采用两个强制循环的悬浮床反应器，反应温度 455℃、压力 19MPa。由于强制循环悬浮床反应器内为全返混流，轴向温度分布均匀，反应温度控制容易，不需要侧线加入急冷氢控温，反应器内气体滞留系数低，液速高，反应器内没有矿物质沉积，产品性质稳定。b. 采用合成的超细水合氧化铁（FeOOH）基催化剂，催化剂用量相对较少［质量分数为 1.0%(Fe/干煤)］，同时避免了 H-Coal 工艺使用贵金属催化剂和 HTI 工艺的胶体铁催化剂加入煤浆的难题。c. 煤浆制备全部采用经过加氢的循环溶剂。由于循环溶剂采用预加氢，溶剂性质稳定、成浆性好，可以制备成含固体浓度 45%~50%、煤浆黏度低、流动性好的高浓度煤浆；循环溶剂预加氢后，供氢性能好，能阻止煤热分解过程中自由基碎片的缩合，防止结焦，延长了加热炉的操作周期，提高了热利用率。d. 采用减压蒸馏的方法进行沥青固体物的脱除。减压蒸馏的馏出物中不含沥青，为循环溶剂的催化加氢提供合格的原料，减压蒸馏的残渣含固体约为 50%；使用高活性的液化催化剂，添加量少，残渣中含油量少。e. 油收率高，采用神华煤可达 55% 以上，液化粗油精制采用离线加氢方案。

2.2.2　煤炭间接液化

（1）煤炭间接液化的原理和发展概况

① 煤炭间接液化的原理。煤炭间接液化是先将煤气化生成一氧化碳和氢气合成气，然后在一定压力下，合成气通过催化定向合成以液态烃为主要产品的技术。典型工艺流程如图 2.10 所示。与煤炭直接液化不同，只要适合于煤气化的煤，如高硫煤、高灰煤，均可以作为间接液化的原料。

煤炭间接液化技术的核心是费-托（Fischer-Tropsch）合成，又称 F-T 合成。它是以合成气为原料，生产各种烃类以及含氧化合物的方法。F-T 合成得到的产品除了气体和液体燃料、石蜡以外，还可得到重要的基本有机化工原料，如乙烯、丙烯、丁烯、乙醇以及其他醇类等。

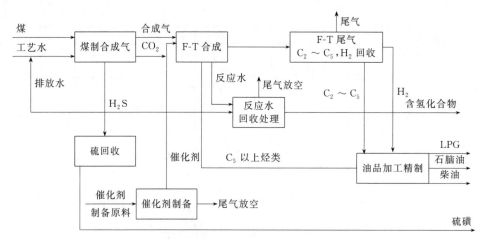

图 2.10　煤炭间接液化流程图

② 煤炭间接液化的发展概况。1923 年，德国煤炭研究所的 F. Fischer 和 H. Tropsch 发现在铁催化剂的作用下，CO 和 H₂ 可以在常压下反应生成脂肪烃。其后，通过 F. Fischer 等的研究开发，使用铁和钴催化剂，于 1936 年在鲁尔化学公司实现了 F-T 合成的工业化生产，年产量达到 7 万吨。1945 年，德国生产能力达到年产 57 万吨，有 9 套装置在生产。当时，日本有 4 套装置，法国有 1 套，中国锦州有 1 套，总的 F-T 合成年产量超过 100 万吨。到 20 世纪 50 年代中期，由于廉价的石油和天然气大量供应，F-T 合成的研究势头减弱。例外的是南非，由于其富煤缺油的资源特点和特殊的政治经济条件，于 1955 年建成煤制合成气的 F-T 合成厂 SASOL-Ⅰ厂，该厂采用铁催化剂，分别使用固定床（Arge）和气流床（Synthol）反应器合成工艺。1980 年又建成 SASOL-Ⅱ厂，1982 年建成 SASOL-Ⅲ厂。目前，SASOL 年生产油品和化学品约 700 万吨，其中油品近 600 万吨，消耗低质原煤 4000 多万吨。自 20 世纪 50 年代建厂以来，南非的萨索尔公司逐步发展成为目前世界上最大的煤间接液化企业，实现了煤合成液体燃料的大型工业化生产。目前，除了已经运行的商业化间接液化装置外，埃克森-美孚公司（Exxon-Mobil）、英国石油公司（BP-Amoco）、美国康菲石油公司（Conoco Philips）和合成油公司（Syntroleum）等也在开发各自的费-托合成工艺。

煤炭间接液化技术在我国的研究源于 20 世纪 50 年代，在国家大力支持下，至今获得了很大的发展。我国在 2006～2009 年期间先后完成了内蒙古伊泰间接液化煤制油项目、山西潞安间接液化煤制油项目、神华鄂尔多斯间接液化煤制油项目等。近年来又先后完成了神华宁煤 400 万吨/年和榆林百万吨级的煤间接液化厂的建设和运行。这些项目的成功运行将对我国的煤间接液化技术的发展积累宝贵经验，为未来发展注入强劲动力。

(2) 间接液化反应影响因素

影响费-托合成反应速度、转化率和产品分布的因素很多，主要有催化剂、反应器、原料气 H₂/CO 比、反应温度、反应压力、原料气空速等。

① 催化剂。费-托合成催化剂，以 Fe（铁）、Co（钴）、Ni（镍）、Ru（钌）和 Rh（铑）最为活跃。通常认为，Fe 和 Co 具有工业价值，Ni 有利于生成甲烷，Ru 易于合成大分子烃，Rh 则易于生成含氧化合物。反应过程中，这些元素以金属、氧化物或者碳化物状态存在，目前研究较多的是已工业化的铁和钴催化剂。

a. 主催化剂：间接液化中，铁系催化剂应用最广。铁系催化剂可分为沉淀类和熔融类。前者主要应用于固定床反应器中，反应温度为 220～240℃。后者主要应用于流化床反应器中，反应温度为 320～340℃。

　　b. 载体：常用的载体有 Al_2O_3、CaO、MgO、SiO_2（硅胶）等。载体应具有一定的机械强度和多孔性，对主金属起到骨架作用。载体不仅可以分散活性组分、提高其比表面积，而且可以增强催化剂的选择性。

　　c. 助催化剂：助催化剂本身没有催化作用或作用很小，但加入后可大大提高主催化剂的活性。助剂主要是一些碱金属、稀土金属及其化合物、非金属及其化合物。

　　② 反应器。费-托合成反应为强放热反应。目前，应用于费-托合成的反应器主要有固定床、流化床、气流床和浆态床等。不同反应器因所用的催化剂和反应条件不同，反应传热、传质和停留时间等工艺条件不同，结果差别很大。总体来说，与气流床相比，固定床由于反应温度较低等，重质油和石蜡产率高，甲烷和烯烃产率低，气流床则刚好相反。浆态床的明显特点是中间馏分产率最高。

　　③ 反应温度。反应温度的提高有利于反应物转化率的增加。反应温度影响 CO 加成反应速度，且影响产物分布。一般规律是低温时 CH_4 生成少、高沸点烃类多；高温时液态烃减少、CH_4 增加，低压下这种温度效应尤为明显。如果选用 Fe-Mn 系列催化剂，目的产物以低级烯烃为主，应选择较高的反应温度，从而利于低级烯烃的生成。随反应温度的升高，烯烃明显增加，且 C_3 和 C_4 烯烃增加更为显著。对于 Fe-Cu-K 催化剂，目的产物为液态烃和固体蜡，保证一定转化率的同时应选择尽量低的反应温度。

　　④ 反应压力。费-托合成反应需要在一定压力下进行，不同催化剂和目的产物对系统压力要求不同。通常，沉淀铁系催化剂合成烃类需要中压，如 Fe-Mn 系列催化剂，若希望目标产物为 $C_2 \sim C_4$ 烃类，可选用较低压力。总体来讲，反应压力的提高有利于费-托合成催化剂活性的提高和高级烃的生成。

　　⑤ 原料气空速。原料气空速增加，（CO+H_2）的转化率逐渐降低，烃分布向低分子量方向移动，CH_4 比例明显增加，低级烃中烯烃比例也会增加，即空速的提高有利于低碳烯烃的生成。

　　⑥ 原料气 H_2/CO 比。原料气中 H_2/CO 比高，有利于饱和烃和含氧化合物生成，有利于低碳烃以及支链烃的生成；而 H_2/CO 比低，有利于生成烯烃。

（3）煤炭间接液化工艺

　　南非煤油气公司（South African Coal，Oil and Gas Corp，简称"SASOL"）成立于 1950 年，已相继建成了 SASOL-Ⅰ 厂、SASOL-Ⅱ 厂和 SASOL-Ⅲ 厂。目前三个厂年处理煤炭总计达 4590 万吨，是世界上规模最大的以煤为原料生产合成油及化工产品的化工厂。主要产品为汽油、柴油、蜡、氨、乙烯、丙烯、聚合物、醇、醛、酮等 113 种，总产量达 760 万吨/年，其中油品约 600 万吨左右。

　　目前，工业上应用的间接液化工艺包括：低温 F-T 合成的管式固定床（Arge）反应器和浆态床（SP）反应器工艺；高温 F-T 合成的循环流化床（CFB）反应器和 SASOL 固定流化床（Sasol Advanced Synthol，SAS）反应器工艺。

　　煤炭间接液化的特点：①工艺成熟可靠；②煤种适应广，根据不同煤种选用不同的气化工艺；③合成条件较温和，转化率高；④液化油通过精制合成气制得，有害杂原子 S、N 等都在油品合成前被处理干净，油加工提质工艺简单；⑤合成反应中各类化学反应复杂，废水生成量大；⑥煤消耗量大，一般情况下，约 4.5～5.5t 原煤产 1t 成品油；⑦气化、净化规模大，占地面积大。

2.2.3　煤炭直接液化和间接液化的对比

　　煤炭直接液化和间接液化的对比如图 2.11 所示。二者的区别主要有：

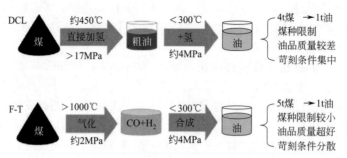

图 2.11　煤炭直接液化和间接液化的对比示意图

（1）对煤种的要求不同

煤间接液化工艺对煤的适应性广。原则上所有煤都能气化制合成气，考虑到最佳经济效益问题，应根据不同的煤选择不同的煤气化方法。煤直接液化工艺对煤质的要求十分苛刻，能用于直接液化的煤一般为褐煤、长焰煤等年轻煤，即使属于这两类煤，也并非都能用于直接液化，需要满足以下条件：易磨或中等难磨，否则机械磨损严重、维修频繁、消耗大、能耗高；H 含量高，O 含量低，以节省外供氢，减少废水生成量，提高经济效益；S、N 等杂原子含量要低，以降低油品加工提质费用；灰分＜5%，因为灰分严重影响油的收率和系统的正常操作，容易堵塞管道，磨损设备。

（2）液化产品的市场适应性有所区别

煤直接液化工艺的主要产品是柴油和汽油。柴油收率为 70% 左右，LPG 和汽油约占 20%，其余是以多环芳烃为主的中间产品。由于直接液化产物具有富含环烷烃的特点，因此，经提质处理及馏分切割得到的汽油及航空煤油属于高质量终端产品。另外，直接液化产物也是生产芳烃化合物的重要原料。煤间接液化产物分布较广，固定床反应工艺主要产品是汽油和重质柴油；循环流化床反应工艺主要产品是汽油、烯烃（乙烯、丙烯、丁烯）；浆态床反应工艺主要产品是柴油和蜡。

随着社会的发展，环保对油品的要求愈来愈高。直接液化和间接液化相结合，可以提高热效率，得到高品质的油品。

2.2.4　直接间接液化耦合技术

煤直接液化技术具有原料煤消耗低、能量转化效率高的优点，过程能效可高达 55%～60%。但存在煤种适应范围窄，操作压力高达 18～20MPa，设备要求苛刻，运行成本高，技术工程化难度较大，"溶剂自平衡困难" 的工艺缺陷，需添加一定量的煤焦油等替代溶剂来弥补循环加氢溶剂的不足；液化油以芳烃和环烷烃为主，柴油十六烷值较低，一般在 50 以下，油品调和后才能满足国标要求。国内自主开发的煤间接液化技术中的关键步骤费-托合成操作条件相对温和，反应温度为 260～290℃，反应压力为 2.5～3.0MPa；大型浆态床合成反应器单台产能可达（50～80）万吨油品/年；合成柴油主要为直链烃，具有超低硫（≤0.5×10^{-6}）、低芳烃［＜0.1%（质量分数）］、高十六烷值（≥70）的特点，是优质的超清洁液体燃料。煤炭间接液化工艺流程较长，尽管过程能效已经提升到了 43%～45%，但仍存在过程能效偏低、油品体积热值偏低等问题。

针对煤直接液化和间接液化的技术特点，中科合成油技术有限公司提出了一种兼具煤直接液化和间接液化技术优点的煤液化耦合的新技术（新型煤炭液化耦合技术），该技术被称为煤炭分级液化（图 2.12）。该技术先将煤在较温和条件（4.0～6.0MPa、400～440℃）下部分加氢液化，获取一部分液化油；液化残渣经气化后制得合成气，合成气再经费-托合成制取合成油；液化油与合成油经联合油品加工后即可生产出高品质柴油、汽油等产品。因此，分级液化是集成了温和加氢液化、残渣高效利用、费-托合成及油品加工等单元技术的新型煤炭液化技术。分级液化技术优势有：①温和加氢液化与传统直接液化技术的工艺流程相近，但操作压力由直接液化的 18～20MPa 大幅度降至 4.0～6.0MPa，工程化难度大幅降低，设备投资低，利于国产化，操作更安全。②通过耦合残渣焦化-气化、费-托合成等技术，形成液化残渣高效利用方案，降低了煤炭液化过程原料消耗，提高了全过程的能量转化效率，技术经济性好。③分级液化工艺可同时获取温和加氢液化油和费-托合成油，两种油品化学组成和理化性质具有很强的互补性，适于生产超清洁、高品质的汽柴油产品，丰富了煤炭液化产品方案。④分级液化以低阶煤为主要原料，有利于解决我国低阶煤储量丰富但难以有效利用的难题。

近年来中科合成油技术有限公司建成了一套投煤量为 1 万吨/年的煤温和加氢中试试验装置，研制了性能优异的高分散型铁基催化剂，以新疆哈密煤为原料实现了连续稳定的试验运行，并于 2019 年 9 月 27～29 日进行了 72h 连续运行考核。在 4.0～6.0MPa、400～440℃的温和加氢条件下，煤转化率达到 88.5%（质量分数），蒸馏油收率达到 42.1%（质量分数），循环加氢溶剂油可以实现过程自平衡。结合液化残渣气化和先进的高温浆态床费-托合成油工艺技术，已经形成了新疆哈密煤 200 万吨/年分级液化技术方案，推算该技术整体能量利用效率可达到 53%～55%，显示出明显的技术优势。目前煤炭分级液化产业化应用工作正在积极推进中。

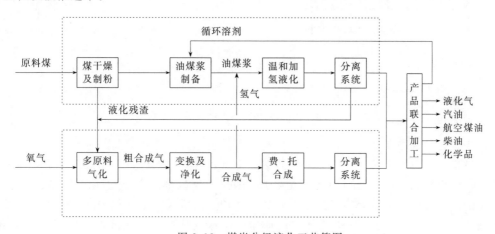

图 2.12 煤炭分级液化工艺简图

2.3 煤制合成气

2.3.1 煤气化技术

煤的间接液化原料是合成气，而合成气的生产依赖于煤的气化。因此，没有大规模气化便没有煤的间接液化，煤气化是煤炭高效清洁利用的重要途径。煤的气化是以煤或煤焦为原料，以氧气（空气、富氧或纯氧）、水蒸气或氢气等做气化剂（或称气化介质），在高温条件下通过化学反应将煤或煤焦中的可燃部分转化为气体燃料的过程。气化煤气中的有效成分包括 CO、H_2 及甲烷等。气化反应一般可简化为氧化（放热）反应（如 $C+O_2$），还原（吸热）反应（如 $C+H_2O$、$C+CO_2$），甲烷生成（裂解）反应和水煤气变换反应（$CO+$

H_2O）等。煤气组成取决于反应条件和反应深度。煤气化工艺主要有：固定床、流化床、气流床等技术。

（1）固定床（移动床）气化

一般采用块煤或型煤为原料，煤在气化炉内由上而下缓慢移动，与上升的气化剂逆流接触，用反应残渣和生成气的显热分别预热入炉的气化剂和煤，经过一系列的物理化学变化，温度约230～700℃的含尘煤气与床层上部的热解产物从气化炉上部离开，温度为350～450℃的灰渣从气化炉下部排出。相对于气体的上升速度而言，煤料下降速度很慢，甚至可视为固定不动，因此称之为固定床气化；而实际上，煤料在气化过程中是以很慢的速度向下移动的，比较准确地称其为移动床气化。一般根据煤在固定床内不同高度进行的主要反应，将其自下而上分为灰渣层、燃烧层、气化层、甲烷生成层、干馏（热解）层和干燥层。图2.13为固定床内原料和产物的温度变化示意图。

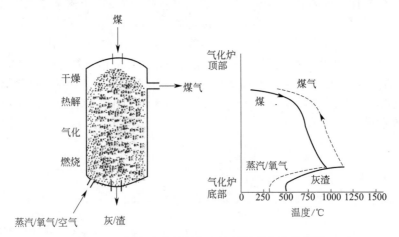

图 2.13　固定床内原料和产物的温度变化示意图

固定床气化炉的主要特点：需要块状原料；可处理水分大、灰分高的劣质煤；当固态排渣时耗用过量的水蒸气，污水量大，并导致热效率低和气化强度低；采用液态排渣时提高炉温和压力，可以提高生产能力。固定床气化炉一般热效率较高。主要的固定床气化炉包括：煤气发生炉、水煤气（间歇和富氧连续气化）发生炉、两段式完全气化炉（两段式煤气发生炉、两段式水煤气发生炉）、加压气化炉（加压固定床气化炉、加压液态排渣气化炉）等。煤化工中应用较广的固定床气化技术是鲁齐加压气化。

（2）流化床气化

流化床气化是以粒度为0～10mm的小颗粒煤为气化原料，在气化炉内使其悬浮分散在垂直上升的气流中，煤粒在沸腾状态进行气化反应。流化床气化过程中，气固之间的传热、传质速率较高，床层中气固两相的混合接近于理想混合反应器，其床层颗粒分布和温度分布比较均匀（图2.14）。

流化床气化的主要特点：床层温度较均匀，气化温度低于灰的软化点；煤气中不含焦油；气流速度较高，携带焦粒较多；活性低的煤的碳转化率低；活性高的褐煤生成的煤气中甲烷含量增加；按炉身单位容积计的气化强度不高；煤的预处理、进料、焦粉回收、循环系统较复杂庞大；煤气中粉尘含量高，后处理系统磨损和腐蚀较重。主要的流化床气化工艺包括：常压流化床（温克勒炉）气化法、高温温克勒（HTW）气化法、循环流化床气化法、灰熔聚气化法等。

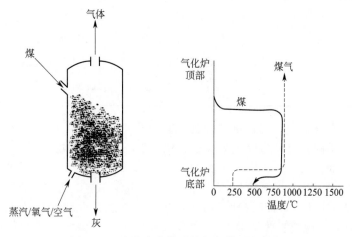

图 2.14　流化床中煤颗粒与气体温度分布

(3) 气流床气化

气流床气化是一种并流气化技术，是利用流体力学中射流卷吸的原理，用气化剂将粒度为 $100\mu m$ 以下的煤粉颗粒带入气化炉内，也可将煤粉先制成水煤浆，然后用泵打入气化炉内。煤料在高于其灰熔点的温度下与气化剂发生燃烧反应和气化反应，灰渣以液态形式排出气化炉。气流床气化过程中气固两相高度混合，有利于气化反应的充分进行。

气流床的主要特点：气化温度高，碳的转化率高，单炉生产能力大；煤种适应性强，煤气中不含焦油，污水问题小；液态排渣，氧耗量随灰的含量和熔点的增高而增加；除尘系统庞大；废热回收系统昂贵；煤处理系统庞大和耗电大等。主要的气流床技术包括：Koppers-Totzek（K-T）气化法、Shell 煤气化法、GSP 粉煤气化法、德士古（Texaco）气化（又称为 GE 气化）法等。近年来，国内开发了多种气流床气化技术，主要包括：多喷嘴对置水煤浆气化法、TPRI 两段干粉气化法、航天粉煤加压气化法等。

煤气化技术从固定床到流化床，再到气流床，一方面是适应大型化的要求，更重要的是为了拓展气化技术对煤种的适应性。中国大型煤化工项目引进的煤气化技术大都是加压气流床气化技术，主要有 Texaco 气化工艺、Shell 气化工艺和 GSP 气化工艺。表 2.6 为几种已经工业化的先进煤气化工艺的技术参数对比。

表 2.6　煤气化工艺及其技术参数

煤气化工艺	Lurgi 工艺	HTW 工艺	Texaco 工艺	Shell 工艺
床层类型	固定床	流化床	气流床	气流床
原料煤适应范围	褐煤、次烟煤及无烟煤	次烟煤等	次烟煤、烟煤及无烟煤等	次烟煤、烟煤及无烟煤等
原料煤形态	块煤	碎煤	水煤浆	干煤粉
原料煤入炉部位	炉顶	底部侧面	炉顶	炉底侧面
排渣方式	固态排渣	固态排渣	液态排渣	液态排渣
气化压力/MPa	2.0～3.0	1.0～2.5	4.0～6.5	2.0～4.0
气化温度/℃	900～1100	950～1100	1300～1400	1400～1600
最大耗煤量/(t/d)	1000～1300	2000	2000	2600
1000m³(H_2+CO)氧耗(标准状态)/m³	267～350	260～340	380～430	330～360
煤气中(H_2+CO)含量/%	65	70～80	80	90～94
碳转化率/%	88～95	90～95	96～98	≥99
冷煤气效率/%	65～75	68～75	70～76	80～85

煤气化工艺	Lurgi 工艺	HTW 工艺	Texaco 工艺	Shell 工艺
总热效率/%	80～90	95	90～95	98
操作弹性/%	30～110	70～110	70～110	50～130
技术成熟性	成熟	成熟	成熟	成熟
建厂投资	较低	较低	较高	较高

由于煤制气具有气量大、硫含量高等特点，过程中的 H_2S、CO_2 与有机硫需要加以脱除。依据作用机理不同，可分为物理吸收法、化学吸收法和物理化学吸收法三类。物理吸收法是当今比较常用的方法，广泛应用于高 CO_2 分压原料气的处理，其代表工艺有低温甲醇洗法和聚乙二醇二甲醚法（以下简称 NHD 法）等。低温甲醇洗法是依据甲醇在低温条件下对酸性气体有较大溶解度的物理特性，用冷甲醇吸收、脱除原料气中的 H_2S、CO_2 等酸性气体；NHD 法采用的物理吸收剂是聚乙二醇二甲醚。其以吸收速率快、脱硫精度高等优点，在近几十年得到了广泛的研究和应用，发展迅速。相比之下，低温甲醇洗技术虽然投资高，但是其能耗和物耗均比 NHD 法低，所以更符合当今清洁生产的要求。

2.3.2 合成气的调变

从合成气出发可以制备甲醇、代用天然气以及通过 F-T 合成得到油品等。对于不同的目标产品的合成，存在合适的 H_2 与 CO 和 CO_2 的比例（称为氢碳比）。如对于甲醇的合成，合适的氢碳比 $n(H_2-CO)_2/n(CO+CO_2)$ 控制为 （2.05～2.15)/1。氢碳比过高，会造成氢气累积，即轻组分过多，合成压力升高，弛放气量大，产量下降并造成净化压力波动。氢碳比过低，容易产生副反应，造成合成循环量增加，压缩机负荷增加，提高生产成本，催化剂床层反应剧烈，加速催化剂活性的衰退，缩短其寿命。对合成气生产代用天然气（甲烷），通常要求 $n(H_2)/n(CO)$ 值大于 3；而对于合成气生产乙醇以及 F-T 合成，通常要求 $n(H_2)/n(CO)$ 在 2 以下。

工业上不同气化技术得到的合成气氢碳比不同，所得粗煤气中 $n(H_2)/n(CO)$ 一般小于 1。如壳牌煤气化炉，粗煤气中有效气成分（CO＋H_2）在 85% 以上，其中 CO 所占比例高达 65%；对于多喷嘴对置水煤浆气化炉，粗煤气中有效气成分（CO＋H_2）在 80%～85%，其中 CO 所占比例接近 50%，H_2 所占比例在 35% 左右。要想达到合适的氢碳比，必须对煤气化产生的粗合成气进行变换调整。此反应通过变换炉在催化剂的作用下进行。粗煤气中 CO 含量可通过调节变换炉的蒸汽加入量和进入变换炉的粗煤气量来实现。

变换反应为 CO 与水蒸气在一定温度、压力和催化剂作用下反应生成 H_2 和 CO_2 的反应。该反应为可逆放热反应，其标准反应热为 41.16kcal/mol（1cal＝4.18J，下同），反应热随着反应温度的升高而降低。较低的反应温度有利于化学平衡，但反应温度过低，则会影响反应速率，因此，催化剂在变换反应中发挥重要作用。采用高活性催化剂可在低温下进行，而低活性催化剂需要在高（中）温下进行反应。按照操作温度不同，也就是催化剂不同，工业上 CO 变换工艺可分为高（中）温变换（300～450℃）流程、中变串低变流程和低温变换（180～320℃）流程。

中温变换工艺是最早发展的 CO 变换工艺，主要用于合成氨生产，使用铁铬系催化剂，由于其活性较低，必须在高温下进行操作，造成变换率降低。对于一定的 CO 平衡变换率，反应温度越高，所需要的水蒸气与 CO（汽-气）比越大。为达到一定的变换率，高温下进行变换反应需要高的汽-气比，造成水蒸气消耗量大、能耗高。

中变串低变流程是 20 世纪 80 年代中期开发的，在铁铬系催化剂之后串联钴钼系耐硫变换催化剂，水煤气先经中变催化剂使 90％CO 转化，随后通过低变催化剂使 CO 的转化率达到 99％，可实现在较低的水蒸气消耗量下提高 CO 变换率的目的。

低温变换是在上述两种工艺基础上发展的新变换工艺，采用铜系变换催化剂或钴钼系耐硫变换催化剂。变换温度降低，有利于提高 CO 变换率。低温有利于降低汽-气比，使能耗降低；同时由于低温使气体换热的负荷降低，可提高生产能力并降低设备投资。

CO 变换借助于催化剂进行。工业上应用的主要有铁铬系高（中）温变换催化剂，铜系低温变换催化剂，多以 CuO、ZnO、Al$_2$O$_3$ 为主要组分，以及钴钼系耐硫变换催化剂。这些催化剂经过长期研究开发和工业应用，基本可以满足现有工业生产的要求。目前在研究开发的变换催化剂主要是为满足一些新领域，如燃料电池原料气对变换催化剂的要求。主要包括整体式（构件型）蜂窝状变换催化剂与负载型催化剂，尤其是负载金超微粒子催化剂。负载型金催化剂的突出特点是具有较高的低温催化活性、较好的抗中毒性和稳定性，同时作为一种贵金属催化剂，金催化剂的价格要远低于铂和钯。

2.3.3 合成气精制技术

煤气化过程中，煤中硫会以有机硫和无机硫的形式随粗煤气进入后续工艺系统，煤气中硫含量的高低与原料煤和气化工艺条件有关。合成气中硫会造成后续合成催化剂中毒失活。因此，在合成气进入反应器前必须通过净化工艺将硫含量降到催化剂允许的要求。此外，粗煤气经变换后变换气中含有大量 CO$_2$，会影响合成气在后续反应中的分压，对反应不利。因此，理想的合成气净化方案是将硫和 CO$_2$ 同时脱除。

工业上可同时脱除粗合成气中硫和 CO$_2$ 的方法很多，按照脱除温度可分为冷法和热法。冷法的代表为低温甲醇洗技术，而热法的代表是聚乙二醇二甲醚法（NHD）。该两种方法在脱除粗合成气中 H$_2$S 和 COS 等含硫杂质的同时，可以脱除 CO$_2$ 等酸性组分，即同时脱硫脱碳。

(1) 低温甲醇洗工艺

低温甲醇洗技术（Rectisol）是在 20 世纪 50 年代初由林德公司和鲁齐公司联合开发，用于高浓度酸性气体的净化，早期用于煤加压气化后的粗煤气及城市煤气的净化，随后随着大型合成氨厂的出现，也应用于对渣油以及煤等重碳质燃料进行气化时的净化。近年来，随着中国现代煤化工的发展，低温甲醇洗技术广泛应用于各种气化技术生产粗合成气的净化中。

低温甲醇洗技术使用甲醇为洗涤剂，主要利用其在低温下对酸性气体具有较强的吸收能力，而且使用中具有较小的损失量。通常吸收工作温度范围为 $-75\sim-34℃$，工作压力在 $3\sim5MPa$ 左右，进行溶剂再生所采用的方法主要为减压闪蒸和汽提等方法。而且由于酸性气体中的 CO$_2$、H$_2$S 等组分在甲醇溶剂中具有不同的溶解度，因此可以采用此技术来对上述气体进行分离和脱除，经过净化之后就会得到不含硫元素的气体。

① 过程原理。低温甲醇洗技术的主要原理就是通过多段吸收和解吸的组合方式起到合成气的净化作用，而且需要在较高的压力以及较低的温度下进行上述吸收过程，在解吸时需要在较低的压力以及较高的温度下进行。除了吸收和解吸的过程，还包含溶剂回收的过程，上述三个部分根据工艺特点的不同，分别需要 $1\sim3$ 个塔（每个塔中有 $1\sim4$ 个分离段）来完成。

a. 吸收。粗合成气中除了 CO、H$_2$、CO$_2$、H$_2$S 等气体外，通常还含有 N$_2$、Ar、COS、CH$_4$、H$_2$O 等物质，这就要求在采用低温甲醇洗工艺之前去除原料气体中的水分，避免在低温环境中出现水冻结的问题。通常采用喷入冷甲醇溶液的方式来对其进行洗涤去除原料气体中的杂质，同时能将其中微量的焦油等杂质去除。吸收过程的主要目的是吸收 CO_2 和 H_2S，也会对其中少量的 H_2、COS、CH_4 等进行吸收，但在吸收 H_2、CH_4 之后会增加后续解吸的难度。吸收是放热的过程，因此需要在比较低的温度和较高的压力进行，通常的温度为 $-75 \sim -25℃$，压力为 $2.15 \sim 8.10MPa$。

b. 解吸。解吸过程是将冷甲醇中溶解的 CO_2、H_2S 和 H_2 等物质进行释放。解吸通常是在较低的压力范围（$0.1 \sim 3.0MPa$）和较高的温度（$0 \sim 100℃$）下进行。通过闪蒸可以得到 H_2，并作为原料气回收；闪蒸可以释放出一部分 CO_2，剩余的部分则需要通过 N_2 吹出；释放出的 H_2S 送往硫回收装置进行回收。上述解吸过程需要至少 3 个塔内的 10 个分离段来完成。

c. 溶剂回收。在低温甲醇洗工艺中所用的甲醇经过上述吸收过程后含有较多的杂质，为了回收此溶液，需要通过精馏提纯的方式得到吸收贫液。此外，在此工艺中吹出 N_2 和 CO_2 时带出少量的甲醇，采用纯水进行吸收，并对微量的甲醇水溶液中的甲醇进行回收。整个溶剂回收的过程需要至少 2 个塔来进行。

② 低温甲醇洗工艺特点。低温甲醇洗工艺具有技术成熟、脱除率较高、消耗成本较低、安全性和可靠性较高等特点。但该工艺需要在较低的温度以及较高的压力下进行，对所用的低温高压材料具有较高的要求，使初期投资成本较高。甲醇作为溶剂与其他类型的溶剂相比，其在低温下的吸收能力成倍增加，大约是常温下水吸收能力的 50 倍，且是化学吸收方法的 $5 \sim 6$ 倍。低温甲醇洗工艺技术的具体优点：a. 有较强的吸收能力。甲醇对 CO_2、H_2S、COS 等物质有较高的溶解度，在低温和高压下使用甲醇可以将原料气体中的总硫含量降低到 $0.1 \mu L/L$ 以下，同时将其中的 CO_2 降低到 $10 \mu L/L$ 以下。b. 有较好的选择性。采用甲醇溶剂可以很好地选择吸收 CO_2、H_2S、COS 等物质，而且可以在 2 个吸收塔或者同一个塔内分段选择性地进行脱硫脱碳。c. 有较高的溶剂回收率。甲醇的沸点为 $64.7℃$，有利于甲醇吸收剂的再生，系统放空尾气中甲醇含量 $<20\mu L/L$。d. 有较好的热稳定性和化学稳定性。甲醇不容易被降解，对设备的腐蚀性较小，可节省设备投资。

(2) NHD 脱硫技术

① 过程原理。NHD 脱硫技术，相当于 Selexol 技术，是利用聚乙二醇二甲醚为吸收剂。NHD 的化学分子式为：$CH_3O(C_2H_4O)_nCH_3$，其中 $n=2 \sim 8$，分子量为 $250 \sim 280$。NHD 溶剂对酸性气体 CO_2、H_2S、COS 有较强的吸收溶解能力，是一种优良的物理吸收溶剂。H_2S 在 NHD 溶液中的溶解度服从亨利定律，其溶解度随压力升高和温度降低而增大。因此，吸收过程可在高压低温下进行。当系统温度升高或压力降低，溶液中溶解的气体可释放处理，实现溶剂的再生。

② 工艺流程。NHD 气体净化工艺的基本流程由吸收塔、闪蒸槽和再生塔组成。在吸收塔中，在高压低温条件下，用 HND 贫液吸收粗合成气中的硫，得到 NHD 富液和脱硫后的合成气。NHD 富液经减压进入闪蒸槽，使溶解度较低的气体和部分 CO_2 闪蒸脱出，闪蒸气返回系统，而闪蒸后的溶液进入再生塔。在再生塔中，利用底部鼓入的惰性气体（空气和氮气）降低气相中 CO_2 和含硫气体分压，使溶液中气体得到有效解吸。在再生过程中常采用热再生以防止 H_2S 氧化而析出单质硫，可利用变换气的热量提高溶液温度，降低再生能耗。

③ NHD 脱硫工艺特点。NHD 工艺具有气体净化度高、稳定性好、运行费用低以及对环境无害等特点。

a. 气体净化度高。NHD 对 CO_2、H_2S 和 COS 等气体的吸收能力强，并能选择性吸收 H_2S 和 COS 等气体。在正常操作条件下，净化合成气中 CO_2 含量低于 0.3%，总硫含量低于 $0.1\mu L/L$。

b. 稳定性好。NHD 溶剂不氧化、不降解，具有良好的化学和热稳定性。此外，NHD

溶剂蒸气压低，使用过程溶剂回收率高，挥发损失少。

c. 设备投资和运行费用低。NHD 无腐蚀性，设备可使用碳钢制造，成本较低，设备运转周期长，维修费用低，而且吸收和再生过程蒸汽和冷却水消耗低，降低了运行费用。

d. 对环境无害。NHD 无毒无味，挥发少，在自然界中可被微生物分解，对人畜无毒害作用。

2.4 煤基醇醚燃料

煤基醇醚燃料是由煤（包括原煤、煤层气、焦炉煤气和生物质等）通过气化合成低碳含氧燃料——甲醇、二甲醚、乙醇（简称醇醚燃料）等车用清洁替代汽油、柴油的燃料。甲醇作为燃料始于 20 世纪 70 年代的两次石油危机之后，其特点是完全的可替代性、清洁环保、成本低廉。发展甲醇、乙醇和二甲醚等煤基醇醚燃料有利于缓解石油供应短缺矛盾。

20 世纪五六十年代，世界石油工业发展迅速，廉价的石油大量供应，国际石油价格最低时每桶仅 3 美元，甲醇燃料的生产及消费因价格因素无法推动。因受到 70 年代两次石油危机的冲击，许多国家为了减少对进口石油的信赖，开始积极寻求替代燃料。甲醇既可利用矿物质资源生产，也可用生物质资源生产，而且甲醇燃料可以利用汽柴油已有的储存、运输及分配的设施，投资少，见效快，受到国际社会的重视，因此确立了甲醇燃料可替代汽柴油的重要地位。美国、德国、日本、法国等国家都先后进行了试验和推广。

20 世纪 80 年代，虽然石油供需矛盾逐渐缓和，价格回落，但环保呼声却日益高涨，排放法规日趋严格。许多国家通过试验研究确认，甲醇燃料可明显降低有害气体排放，德国、法国、意大利、瑞典、挪威、澳大利亚、新西兰、巴西等国家也大量掺烧，德国大众和美国福特分别推出灵活燃料（汽油和甲醇燃料均可）汽车投放市场。

我国有相对丰富的煤炭资源，我国的煤炭资源和煤化产业为煤基醇醚燃料的大量生产提供了基础条件。能源战略、环境战略和可持续发展战略是我国的基本发展战略。实施能源战略离不开以煤为主的一次能源，实现环保战略回避不了治理煤直接燃烧这个主要污染源，而实施以煤清洁转化为主线的资源综合利用的循环经济是三大战略的最优组合。煤-煤气化-甲醇、二甲醚-车用清洁燃料将是一个重要的循环产业链。

2.4.1 煤制甲醇

甲醇是极为重要的有机化工原料和清洁液体燃料。最早由木材干馏而来，故又称木醇，是最简单的饱和醇。常温常压下，甲醇是易挥发、易燃烧的无色透明液体，毒性强。甲醇含有一个羟基和一个甲基，具有醇类的典型反应，同时可进行甲基化反应，在工业上应用广泛，是重要的化工原料。甲醇可作代用燃料或进一步合成汽油、二甲醚、聚甲醚；也可从甲醇出发合成乙烯和丙烯，代替石油生产乙烯和丙烯的原料路线。

甲醇具有良好的燃料性能，无烟且辛烷值高，抗爆性能好，因此其作为发动机替代燃料的可行性受到人们的广泛重视。甲醇与汽油互溶性差，受温度影响较大，需要加入助溶剂。助溶剂可用乙醇、异丁醇、甲基叔丁基醚（MTBE）等。

煤炭是国内生产甲醇的主要原料，煤基甲醇产量占总产量的 70% 以上。以煤、煤层气、焦炉气为原料可以制得合成气，后者经催化合成得到甲醇。煤制甲醇技术属于煤间接液化技术的范围，其工序主要有造气（煤气化）、压缩、合成与粗甲醇精制等。

甲醇的工业合成最早是由 BASF 公司于 1923 年开发，其合成方法按压力大小可分为高压合成法和低压合成法两种。高压合成法要求 320～400℃ 的温度和 25～30MPa 的压力；低压合成法有两种，首先是对合成气脱硫后，使用高活性铜作催化剂使合成压力降低至 5MPa，温度降至 230～280℃。由于此法压力低，使得反应器太大、不易制造，从而又发展了 10MPa 的低压合成法（也称中压合成法）。与高压合成法相比，低压合成法的压缩动力消耗大大降低，经济性较高，因此得到了快速发展，成为当前合成甲醇的主流技术（用此方法生产的甲醇量占世界甲醇总产量的 80% 左右）。

甲醇的合成是强放热反应过程，现在广泛采用低压法合成工艺，最典型的工艺为 ICI 与 Lurgi 技术。从清洁生产的角度看，后者优于前者并已实现国产化。这两种技术的比较如表 2.7 所示。

表 2.7　ICI 技术与 Lurgi 技术对比

项目	ICI 技术（基准）	Lurgi 技术
合成工段投资	1	1.13
反应器形式	绝热床受多段原料气冷击	列管式等温床内部冷却
循环压缩能耗	1	0.67
冷却水消耗	1	0.38
反应床层温差	40℃ 左右	与冷侧温差在 7℃ 左右
开工操作	专门设置开工炉，开工时间长，先进行循环气预热，后进行催化床加热	开工方便、时间短，直接通往反应器，催化床利用蒸汽加热
循环比	约为 6	约为 5
反应温控	依据原料气冷激的方式进行温度调节，其有滞后性，且在低负荷或负荷有波动时更明显	依据水进汽出、蒸汽压力变化进行温控，其滞后较 ICI 小

由于甲醇用途广泛，属于大吨位产品，近年来发展势头迅猛，最大的单系列合成甲醇装置年产量可达百万吨，随着甲醇制烯烃技术与车用甲醇燃料技术的发展，对甲醇的需求量也急剧增加。中国 2018 年甲醇产量 4756 万吨，同比增长 5.0%，消费量达到 5467 万吨。通过合理规划甲醇下游产品路线，今后仍将有较大发展。预计 2025 年中国的甲醇消费量将达到 6724 万吨。

2.4.2　煤制二甲醚

(1) 二甲醚的理化性质及用途

二甲醚（DME）又称甲醚，是重要的甲醇下游产品，是一种重要的绿色工业产品。常温常压下为无色气体，具有轻微的醚香味，无毒，是一种比较惰性的无腐蚀性有机物。因其特有的分子结构和理化性质，用途十分广泛，可以作为清洁燃料、气雾剂、制冷剂、发泡剂、有机合成原料等。因其具有环保性能好、性价比合理等优点，被誉为"21 世纪的新清洁能源"。煤制二甲醚既可以作为液化石油气（LPG）的替代品，也有可能作为车用柴油的替代品，因此是一种有望在我国得到大力发展的替代燃料。

二甲醚的主要用途包括以下几个方面：

① 城镇燃气。用作城镇燃气常见的方法有 3 种，即与液化石油气混合后装瓶；生产代用天然气；用于小区管道气。低压下二甲醚为液体，与石油液化气类似，但是二甲醚储存、运输、使用较液化气安全。

② 柴油发动机的燃料。"甲醇替代汽油，二甲醚替代柴油"，这是有关专家就目前石油短缺提出的燃料替代思路。二甲醚易燃，燃烧无黑烟，几乎无污染，具有较高的十六烷值和优良的压缩性，非常适合压燃式发动机；尾气无需催化转化处理，其氮氧化物及黑烟微粒排放就能满足美国加利福尼亚燃料汽车超低排放尾气的要求，并可降低发动机噪声。研究也表

明，现有的汽车发动机只需略加改造就能使用二甲醚燃料。我国西安交通大学采用二甲醚代替柴油，进行了柴油发动机的试验研究，并与一汽集团合作开发了我国第一辆改用二甲醚的柴油发动机汽车。但二甲醚做燃料也存在许多问题，由于其热值低且密度小，发动机所需的空间较大，同时易泄漏。二甲醚黏度低，设备润滑问题突出。

③ 化工原料。用于制造喷雾油漆、杀虫剂、空气清香剂、发胶、防锈剂和润滑剂等。

④ 替代氟利昂制冷剂、用作溶剂等。以二甲醚为基础原料配制的环保制冷剂，具有无毒无害、安全可靠、化学性能稳定、单位容积制冷量大、流动阻力小、在常温和低温范围内压力适中、热效率高等一系列优点，可以替代氟利昂等非环保制冷剂。

（2）二甲醚的制备工艺

在二甲醚的生产过程中，目前主流的生产工艺主要有两类：一类是合成气一步法，合成甲醇和甲醇脱水两个反应组合在一个反应器内完成；另一类是两步法，即先合成甲醇，再由甲醇脱水制二甲醚。

在以煤为原料一步法制取二甲醚的生产过程中，第一步是煤气化过程，目前煤气生产的技术和装置已经普遍成熟和广泛应用，大规模的煤化工生产线已经在各地多处兴建。将煤气化得到的合成气在 $3.5\sim5.0\text{MPa}$ 和 $230\sim250℃$ 条件下，扩散到淤浆床悬浮于惰性溶液中的催化剂表面进行反应，在双功能催化剂（催化甲醇合成的金属催化剂和甲醇脱水生成二甲醚的固体酸催化剂）的作用下，将有 $75\%\sim80\%$ 的 CO 转化为二甲醚。

主要化学反应为：

$$CO+2H_2 \longrightarrow CH_3OH$$
$$CO+H_2O \longrightarrow CO_2+H_2$$
$$2CO+4H_2 \longrightarrow CH_3OCH_3+H_2O$$

合成气进入淤浆床之前的净化过程是不可缺少的。煤气化生成的合成气中含有硫、砷、金属羟基化合物等杂质，要把这些成分在反应前脱除。在淤浆床中反应制得的二甲醚中还有 CO_2、CH_3OH、H_2O 等组分，要把这些组分分离才能得到纯净的二甲醚成品。分离流程采用"吸收-解吸-精馏"这一工艺过程。在二甲醚的提纯过程中，二甲醚和二氧化碳的吸收和解吸同时发生，因此二甲醚的成品提纯是一个复杂的过程，还有待深入研究找到更合适的分离工艺和操作方法。

在目前的生产中，以甲醇合成和甲醇脱水两步法生产二甲醚的技术应用较为普遍。一步法合成 DME 打破了单产甲醇的热力学平衡，故提高了反应速度和转化率，不足是一步法中反应热很大，用浆态床可移走热量，但尚需解决一系列技术问题。用绝热固定床不仅催化剂量大，且操作不当易使催化剂过热失活。Lurgi 公司分析比较一步法和两步法制 DME 的优缺点中指出，一步法甲醇脱水生成 DME 的同时生成水蒸气，增加了 CO 的变换反应，而变换反应生成的 CO_2 和 H_2 生成甲醇的反应速度低于 CO 和 H_2 的反应速度，因此合成气品质下降，结果增加了合成催化剂量和循环量。目前，合成气一步法制 DME 仍处于试验阶段，至今还没有成功开发出大规模工业化装置。气相固定床催化两步法生产二甲醚技术是发展大型二甲醚生产装置的最可取方法。在工程上，不同的二甲醚合成专有技术，其差异主要体现在催化剂体系、催化剂性能和反应器热平衡控制方式等方面。

二甲醚作为替代燃料会受到原油市场价格的严重影响。我国 2017 年二甲醚产能达到最高的 1153 万吨，但产量只有 267 万吨（2014 年产量为 427 万吨）；2018 年二甲醚产能降为 849 万吨，产量 251 万吨，开工率仅为 29.6%。

2.4.3 煤制乙醇

乙醇在常温常压下是一种易燃、易挥发的无色透明液体，是重要的溶剂和基本有机化工原料，也是一种优良燃料和燃油添加剂。乙醇具有极好的抗爆性能，辛烷值在 120 左右，作为汽油的高辛烷值组分可以替代传统的 MTBE（甲基叔丁基醚）；乙醇是燃油氧化处理的增氧剂，使用乙醇汽油可使汽油燃烧充分，达到节能和环保目的，并降低汽车尾气中有害物质的排放，减少环境污染。

巴西多年使用乙醇作为汽车燃料或燃料添加剂。

我国人口众多，耕地面积不足，粮食不充裕，同时石油资源不足，而煤炭资源相对丰富。因此，研究和发展从煤炭资源出发经合成气生产乙醇技术替代传统粮食发酵路线，不仅对减少粮食的工业消耗和缓解石油资源短缺的矛盾，同时对煤炭资源的高效转化和清洁利用以及提高人民生活水平和促进国民经济发展具有重要的战略意义。

合成气制乙醇包括直接法和间接法两种途径。直接法主要包括合成气生物厌氧发酵路线和合成气催化转化路线；而间接法主要包括乙酸（酯）加氢工艺和二甲醚羰基化加氢工艺。

① 直接法制乙醇技术

a. 合成气发酵路线。利用厌氧微生物（乙酰-辅酶 A）的酶催化作用，在常温常压下实现合成气（含 CO 和 H_2）选择性直接转化为乙醇。该路线中主要是 CO 脱氢酶、甲酸脱氢酶和氢化酶起主要作用，其中 CO 脱氢酶是形成乙酰-辅酶 A 的关键，同时该路线会产生丁醇等副产物。

合成气发酵路线的关键在于培育新型高效菌株和优化发酵工艺。宝钢集团及中国科学院（简称中科院，下同）与新西兰朗泽技术公司（Lanza Teach）合作，利用 Lanza Teach 拥有的钢厂尾气（含 CO）厌氧发酵制乙醇工艺技术建成 300t/a 示范装置，产出 99.5% 的乙醇，但该技术仍未实现连续化运行。

b. 合成气催化转化路线。合成气在催化剂作用下通常可转化得到低碳混合醇。筛选乙醇选择性高且耐受性强的催化剂是该路线的关键。现有研究表明铑基催化剂具有良好的选择催化活性，在 250～300℃、1～5MPa 下，CO 可直接加氢转化为乙醇 [式(2.1)]。

$$2CO + 4H_2 \longrightarrow C_2H_5OH + H_2O \qquad (2.1)$$

中科院大连化学物理研究所采用 Mn、Fe 等作为 Rh 基催化剂助剂，乙醇选择性可达 60% 以上。在此基础上，与江苏索普集团签订合成气制乙醇 1 万吨/年工业化示范项目，并与中国五环工程公司签订了该技术的工程化技术开发协议。

以 Rh 为主要活性组分的催化剂价格昂贵，寻找价格相对低廉的替代活性组分是该路线的研究重点。曾有研究报道以 Cu、MoS_2 等为活性组分催化剂用于合成气制乙醇，但存在转化率和选择性均较低，且产物组分复杂、分离困难等问题。

该路线通常操作条件为高温、高压，压缩功耗较大，能耗较高，目前尚未实现工业化。但其易于工业大型化，生产效率较高，若能开发出高效非贵金属催化剂并提高 CO 转化率，未来其将成为合成气制乙醇的主流技术。

② 间接法制乙醇技术。目前研究和开发的间接法制乙醇技术主要包括：合成气制 C_2 含氧化合物再加氢转化为乙醇；煤经甲醇羰基化制乙酸，乙酸直接加氢制乙醇；二甲醚羰基化制乙酸甲酯，乙酸甲酯加氢制乙醇副产甲醇，甲醇脱水制二甲醚；烯烃/乙酸加成酯化为乙酸酯，乙酸酯加氢生产乙醇联产其他醇技术。

a. 乙酸直接加氢制乙醇。工业上从合成气经甲醇合成乙酸技术已成熟且成本低廉，并可实现大规模生产，同时乙酸催化加氢制乙醇具有过程简单、节能高效、乙醇选择性高和副产物少等特点，备受关注。该技术完整的工艺路线是合成气制甲醇，甲醇制乙酸，随后乙酸直接加氢生成乙醇。

乙酸催化加氢制乙醇的关键是高效催化剂的研制。目标是提高乙酸转化率和乙醇选择性、降低反应温度和操作压力以及提高反应可控性。目前，乙酸催化加氢制乙醇的催化剂多以多孔材料为载体的负载型金属催化剂。常用的载体为活性炭、氧化铝和二氧化硅等，而活性组分多为 Ru、Pd 和 Pt 等贵金属以及 Cu、Co 和 Ni 等非贵金属。由于乙酸对金属具有较强的腐蚀性，对乙酸加氢反应，催化剂应在反应条件下具有长时间抵御乙酸腐蚀的物理和力学性能。

乙酸直接加氢生成乙醇的过程已完成该工艺核心技术的开发和多个中试项目。美国塞拉尼斯公司在南京的 27.5 万吨/年乙酸直接加氢制乙醇装置于 2013 年投产。2016 年 4 月，采用中科院大连化学物理研究所的催化技术和分子筛膜脱水技术，由中国五环工程公司设计建设的 3 万吨/年乙酸加氢制乙醇工业示范装置，在江苏索普（集团）有限公司一次开车成功并实现平稳运行，装置产出的无水乙醇产品纯度达到 99.6%，高于中国工业乙醇国家标准。此外，上海浦景化工技术有限公司以及中国科学院山西煤炭化学研究所先后完成乙酸加氢制乙醇的中试项目运行。

b. 乙酸甲酯加氢制乙醇。由于乙酸直接加氢制乙醇所用催化剂为担载量较高的贵金属，催化剂成本高，同时乙酸腐蚀性造成设备和管道选材困难进一步增加成本。若将乙酸先酯化生成乙酸酯或通过甲醇羰基化得到副产物乙酸甲酯，可在廉价的铜基催化剂作用下加氢制乙醇，从而可有效避免乙酸直接加氢过程的不足。由于乙酸酯化工业技术成熟、催化剂成本低、设备选材方便，成为煤制乙醇的重要选择方法。

乙酸酯加氢制乙醇的关键也是高效催化剂的研制。铜基催化剂具有较高的选择催化 C—O 键加氢活性，而对 C—C 键加氢活性较低。因而可高选择性将酯转化为醇的催化剂基本上集中在铜基催化剂。主要包括含 Cr 和无 Cr 的铜基催化剂。前者是早期由美国 ARCO 公司开发的 Cu-Cr 催化剂，以及被随后研究者改性的 Cu-Zn-Cr 以及 Cu-Cr-Mn-Ba-Si 催化剂，这类催化剂在合适的条件下，醇的收率均在 90% 以上。但由于 Cr 毒性大，对人体和环境造成危害，限制了其工业应用。后来的研究发现，Cu-Cr 催化剂中 Cr 对酯加氢反应并不是必需的，高度分散的金属 Cu 可能是该反应的有效催化活性组分。因此开展了大量的无 Cr 的 Cu 基催化剂的研究，主要包括 Raney Cu，以及硅胶、氧化铝、中孔分子筛或复合氧化物负载的 Cu-M（M=Zn，Co，Mg，Mn 等）催化剂，其中以 Cu-Zn 基催化剂性能较为突出。

影响 Cu 基催化剂乙酸酯加氢反应性能的主要因素包括反应条件、催化剂结构和物化性质以及原料中杂质和体系中的水等。反应温度对催化剂性能的影响与所用催化剂有关，一般而言，随着反应温度增加，乙酸酯转化率增加，乙醇选择性提高，但在 Cu-Ni/SiO_2 催化上，随着反应温度升高，乙醇选择性逐渐降低；反应压力提高有利于乙酸酯转化率和乙醇时空收率提高，但高于 4MPa，增加幅度不大；氢酯比增加通常使乙酸酯转化率和乙醇选择性提高，但过高的氢酯比会导致能耗和氢耗增加，也会使烷烃增加；接触时间延长，乙酸酯转化率和乙醇选择性逐渐增加，但一定时间后，幅度变小。影响 Cu 基催化剂乙酸酯加氢的催化剂结构和物化性质包括催化剂载体比表面积和孔径、催化剂的酸碱性、活性 Cu 的比表面积和还原度等。天然脂肪酸甲酯中含有 Cl，N，P 和 S 化合物以及自由的脂肪酸，这些杂质可造成加氢催化剂中毒而产生不可逆的失活。其中 S 对 Cu 基催化剂的毒害作用最大。原料和体系中生成的水对 Cu 基催化剂性能也会产生影响。

工业上专门针对相对低级的脂肪酸酯加氢反应工艺主要是近几年因中国甲醇和乙酸产能过剩，乙醇需求旺盛的情况下才发展起来的。国外 Davy-Mckee 公司和 Halcon SD 公司提出类似的甲醇制乙醇路线，并在 Eastman Kodak 公司的乙酸酐工厂得到大规模应用。我国有多家单位开发了此技术，已经处于工业化阶段。例如，江苏丹化集团有限公司 600t/a 的中试项目、上海戊正工程技术有限公司 60t/a 的中试项目及中国石化上海石油化工研究院中试项目均已完成。河南顺达化工科技有限公司采用西南化工研究院的乙酸（酯）加氢路线制乙醇技术、建设的 20 万吨/年的工业化装置已正式投料试车，目前装置运行平稳，成品已经稳定产出并在市场上销售。

c. 二甲醚羰基化制乙醇。二甲醚羰基化制乙醇路线是以甲醇和合成气为原料，甲醇先脱水制得二甲醚，然后二甲醚与 CO 进行羰基化反应生成乙酸甲酯，乙酸甲酯再加氢制得乙醇。该工艺路线中，二甲醚可经甲醇脱水制得，而乙酸甲酯加氢副产甲醇可循环利用，因此该工艺满足绿色化学原理中对原子经济性的要求，反应转化率高，生产的乙醇选择性好且催化剂无需使用贵金属。相比乙酸路线的优点在于不需要使用防腐性能高的反应釜，避开了贵金属催化剂及特殊材质，在工业化生产中具有较大的成本优势，能有效降低设备投资和能耗路线。同时乙酸甲酯和甲醇也可以作为副产品销售，方便企业在乙醇盈利不佳时转型其他产品。该工艺的关键步骤在于二甲醚羰基化反应和加氢反应的催化剂开发。

二甲醚羰基化反应采用的催化剂有均相催化剂和多相催化剂。均相催化剂使用大量的贵金属及卤素物质，成本高且对设备有腐蚀，难以在工业中应用。分子筛类多相催化剂具有稳定性高、分离简单、成本低等优点，工业应用前景广阔。丝光沸石（MOR）是一种由八元环和十二元环孔道组成的分子筛，对二甲醚羰基化反应表现出良好的催化性能，其中八元环内的 Brönsted 酸性位因孔道限域效应能定向催化乙酸甲酯生成，为反应的活性中心，而十二元环可为反应物和产物提供扩散通道。研究表明，增加 H-MOR 分子筛八元环孔道内的 Brönsted 酸密度有助于提升其催化 DME 羰基化的活性，二甲醚羰基化的活性随着 H-MOR 的硅铝比升高而降低，说明增强 H-MOR 的酸性有助于降低二甲醚羰基化的活化能；水对羰基化反应的速率有负面影响，在原料气中加入少量 H_2，可抑制 H-MOR 在二甲醚羰基化过程中的失活，并增加催化剂的稳定性和乙酸甲酯的生成速率。研究也发现，H-MOR 分子筛八元环以外的 Brönsted 酸性位是催化剂产生炭的主要因素，这使得分子筛催化剂的转化率伴随催化反应时间的逐步延长而迅速下降。纳米尺度 H-MOR 可缩短底物内扩散路径，从而可减少积炭在分子筛孔道内的生成和富集，提高羰基化活性和稳定性。Fe 改性的 H-MOR 可提高乙酸甲酯的选择性和催化剂的稳定性。新型分子筛 EU-12 对二甲醚羰基化反应也具有显著的催化效果，乙酸甲酯的最佳选择性可高达 90%，但在相应的反应温度（220℃）下，二甲醚的转化率仅有 16%，且随时间的延长，二甲醚转化率的下降趋势非常明显。

该技术路线由中科院大连化学物理研究所和陕西延长石油集团共同进行了开发，并且进行了工业化应用。2017 年 1 月 11 日，采用该技术路线在陕西延长石油集团下属陕西兴化公司建设的 10 万吨/年合成气制乙醇装置成功打通全流程，产出合格的无水乙醇产品，纯度达 99.71%。各项技术指标均达到或优于设计指标。以该装置产品调配的 E10 乙醇汽油通过了国家石油燃料监督检验中心（河南）认证，达到 GB 18351—2015 标准。在此基础上，2018 年 11 月 13 日，新疆天业集团有限公司 120 万吨/年煤制乙醇项目一期——60 万吨/年煤制乙醇专利技术实施许可合同在中科院大连化学物理研究所签署。这标志着我国煤制乙醇技术正式开启百万吨级工业化时代，并为煤基乙醇的下游产品开发提供了工业支撑。

2.4.4 煤制乙二醇

乙二醇（ethylene glycol，EG）是重要的有机化工原料，可用于生产聚酯纤维、聚酯树脂、表面活性剂、增塑剂以及防冻剂、炸药、涂料和油墨等，用途广泛。中国是目前世界上最大的乙二醇消费市场。据统计，2018 年全球乙二醇产能 3413 万吨，产量达到 2950 万吨，中国乙二醇产能 1055.5 万吨，产量 720.6 万吨，进口量 980 万吨，对外依存度为 59.64%。

传统乙二醇合成方法是通过乙烯氧化生产环氧乙烷，再经催化水合或非催化水合反应得到 EG 即乙烯路线。由于我国石油资源不足，发展非石油路线合成气制乙二醇的方法具有重要的现实和战略意义。近年来，煤经合成气制乙二醇技术得到重要的发展，截至 2019 年 11 月 18 日，煤制乙二醇产能为 491 万吨，占比为 44%，2020 年中国已建成 28 个煤（合成气）制乙二醇项目，产能总计超过 600 万吨/年。

煤经合成气制乙二醇工艺路线主要包括直接合成法、草酸酯法和甲醇甲醛法。目前，直接合成乙二醇和甲醇甲醛合成乙二醇技术还处于研究阶段，只有草酸酯法进入工业化应用。

(1) 草酸酯法制乙二醇

草酸酯法利用醇（主要是甲醇或乙醇）与 N_2O_3 反应生成亚硝酸酯，在 Pd 催化剂上氧化偶联得到草酸二酯，草酸二酯再经催化加氢得到乙二醇。其中 N_2O_3 由 NO 氧化得到。主要的反应式如下：

NO 的氧化：
$$2NO + 0.5O_2 \longrightarrow N_2O_3$$

亚硝酸酯合成：
$$2ROH + N_2O_3 \longrightarrow 2RONO + H_2O$$

草酸二酯合成：
$$2CO + 2RONO \Longrightarrow (COOR)_2 + 2NO$$

草酸二酯加氢制乙二醇：
$$(COOR)_2 + 4H_2 \longrightarrow (CH_2OH)_2 + 2ROH$$

上述总反应是 CO 与 O_2 和 H_2 合成得到乙二醇：
$$2CO + 0.5O_2 + 4H_2 \longrightarrow (CH_2OH)_2 + H_2O$$

因此在该合成系统中，醇和 NO 只是作为中间物在系统中循环，并没有消耗。

上述各反应中，NO 氧化以及亚硝酸酯生成是快速反应，无须催化剂，草酸酯合成和加氢反应需要催化剂。该技术的关键是获得高活性、高选择性、低成本和长寿命的催化剂。

① 草酸酯合成催化剂。草酸酯合成有液相法和气相法。液相法最早由美国联合石油公司于 1966 年提出，采用 $PdCl_2$-$CuCl_2$ 催化剂。日本宇部兴产公司进行了改进，采用 2%Pd/C 催化剂，并在反应条件下引入亚硝酸酯，解决了腐蚀问题并提高了草酸酯收率。气相法最早由日本宇部兴产公司和意大利及美国公司开展研究，其具有反应条件温和、草酸酯选择性高、催化剂寿命长等特点，已建有大量生产装置。国内从 20 世纪 80 年代初开展研究，所用催化剂大都以 Pd 为主要成分，部分研究结果如表 2.8 所示。

表 2.8　国内气相法合成草酸酯催化剂性能

研究单位	催化剂	反应温度 /℃	RONO 转化率 /%	$(COOR)_2$ 选择性 /%
中科院福建物质结构研究所	Pd-Zr/α-Al_2O_3	100～150	64	>95
天津大学	Pd-Ti-Ce/α-Al_2O_3	120	30～58	>96
天津大学	Pd-Fe/α-Al_2O_3	80～90	20～60	>96
华东理工大学	Pd/纳米碳纤维	80～140	>85	100
上海焦化有限公司	Pd-Ir/α-Al_2O_3	125～150	85～95	—
浙江大学	Pd-Ga/α-Al_2O_3	100～110	35～55	85
中国石化上海石化研究院	Pd/α-Al_2O_3	120～160	>80	>99

② 草酸酯加氢催化剂。草酸酯合成技术的发展推动了草酸酯加氢制乙二醇技术的研究。1986 年美国 ARCO 公司最先申请草酸酯加氢制乙二醇专利，采用 Cu-Cr 催化剂，乙二醇的收率为 95％。同年日本宇部兴产公司与美国 UCC 公司联合开发了 Cu/SiO_2 催化剂，乙二醇收率为 97.2％。国内在草酸酯加氢催化剂的技术可使草酸酯转化率达到 99.5％以上，乙二醇收率 95％～97％。部分研究结果见表 2.9。

表 2.9 国内草酸酯加氢制乙二醇催化剂性能

研究单位	催化剂	反应温度/℃	草酸酯转化率/％	乙二醇选择性/％
中科院福建物质结构研究所	Cu-Cr	208～230	99.8	95.3
天津大学	$Cu-Zn/SiO_2$	220	>99.0	>90.0
华东理工大学	Cu/SiO_2	205	100	99.1
中国石化上海石化研究院	$Cu-Cr/\alpha-Al_2O_3$	210～230	100	>90.0

③ 草酸酯法合成乙二醇工艺。草酸酯法合成乙二醇主要包括原料气净化、草酸酯合成、酯化再生、乙二醇合成和乙二醇精馏等工序。草酸酯合成原料为 CO 和亚硝酸酯，在 0.1～0.4MPa 的低压进行；酯化再生是在草酸酯合成系统中将 NO 再生为亚硝酸酯；草酸酯加氢使用反应条件温和、活性高和乙二醇选择性好的 Cu 基催化剂，采用氢气和草酸酯分段进料、双反应器串联方法，防止催化剂因产生热点而结焦失活；精馏的目的是使乙二醇产品达到聚酯级产品要求。

以煤为原料的草酸酯合成乙二醇工艺具有原料范围宽、羰基化和加氢反应条件温和（温度 150～200℃，压力约 0.5MPa）、相关配套技术成熟等优点。

(2) 直接合成法制乙二醇

合成气直接合成乙二醇最早由美国杜邦公司于 1947 年提出，其化学反应为：

$$2CO+3H_2 \Longrightarrow HOCH_2CH_2OH \quad \Delta G_{500K}=6.60\times10^4 J/mol$$

该反应是原子经济性反应，但由于为自由能增加反应，从热力学上很难进行，需要催化剂和苛刻的反应条件。

早期研究采用 Co 催化剂，需要在高温高压条件下进行，而且乙二醇产率低。美国 UCC 公司 1971 年公布了铑催化剂，性能明显优于 Co 催化剂，但仍需 340MPa 压力。目前公认的合成气直接合成乙二醇催化剂为铑催化剂和钌催化剂。UCC 研究的铑催化剂的压力可降至 50MPa，温度 230℃，但合成气转化率和乙二醇选择性不高。采用钌催化剂，在合适条件下乙二醇的选择性可达到 70％以上。

合成气直接制乙二醇的主要问题是合成压力高，催化剂在高温下才有活性，但高温使催化剂稳定性变差。研究和开发温和条件下高活性且稳定的催化剂是该方法研究的重点。

(3) 甲醇甲醛法制乙二醇

合成气直接合成乙二醇法难度较大，采用合成气合成甲醇和甲醛，再合成乙二醇的间接法成为目前研究开发的重点之一。甲醇甲醛合成乙二醇的研究主要包括甲醇脱氢二聚法、二甲醚氧化偶联法、羟基乙酸法、甲醛缩合法和甲醛氢甲酰化法等。尚处于实验室研究阶段。

2.4.5 煤制烯烃

烯烃作为基本有机化工原料在现代石油和化学工业中具有十分重要的作用，主要是通过石脑油裂解技术生产。由于近十几年来受原油价格波动的影响以及可持续发展战略的要求，世界上许多石油公司都致力开发非石油资源合成低碳烯烃的技术路线，并取得重大的进展。

其中由煤出发生产的合成气经过甲醇转化为烯烃的技术（MTO）在中国最先实现了工业化。截至 2019 年末我国煤/甲醇制烯烃总产能约 1463 万吨/年，占烯烃总产能的近 21%，其中 2019 年新增产能 220 万吨，同比上涨 17.6%。

　　煤制烯烃即煤基甲醇制烯烃，是指以煤为原料合成甲醇后再通过甲醇制取乙烯、丙烯等烯烃的技术。煤制烯烃主要包括两种工艺路线即甲醇制烯烃（MTO）和甲醇制丙烯（MTP）。国际上一些著名的石油和化学公司如埃克森美孚公司（Exxon Mobil）、鲁奇公司（Lurgi）、环球石油公司（UOP）和海德鲁公司（Norsk Hydro）都进行了多年的研究。具有代表性的 MTO 工艺技术主要有：UOP、UOP/Hydro、Exxon Mobil、鲁齐 MTP 和中科院大连化学物理研究所的 DMTO、中国石油化工集团公司的 SMTO/SMTP 以及清华大学的 FMTP 等。

（1）MTO

　　甲醇制烯烃总体流程与催化裂化装置相似，包括反应再生、急冷分馏、气体压缩、烟气能量利用和回收、反应取热、再生取热等部分。烯烃的精制分离部分与管式裂解炉工艺的精制分离部分相似。美国 UOP 公司和 Norsk Hydro 公司合作以及我国中科院大连化学物理研究所分别在 20 世纪 90 年代各自独立完成了小型甲醇制烯烃试验装置。随后经过不断发展，先后进入工业化应用。

　　① UOP/Hydro 公司 MTO 工艺。UOP/Hydro 公司的 MTO 技术是以粗甲醇或产品级甲醇为原料生产聚合级乙烯/丙烯，反应采用流化床反应器。UOP 技术的催化剂型号为 MTO-100，主要成分是 SAPO-34（硅、铝、磷），早期的试验表明 SAPO-34 是一种理想的催化剂，但由于不耐磨，经过多次试验，最终将 SAPO-34 经一种特殊的黏合剂处理，使催化剂既有较高选择性，又有较好的强度和耐磨性。1995 年 UOP 公司建设了一套以天然气为原料的甲醇处理能力为 0.75t/d 的示范装置，装置连续运行 90 天，运行情况良好。

　　采用 UOP/Hydro 公司的 MTO 工艺，法国道达尔石化在比利时费卢依（Feluy, Belgium）建成全球首创的甲醇制烯烃-烯烃裂解中试装置（MTO/OCP PDU），该中试装置总投资 4500 万欧元，于 2008 年年末建成启动，在长期运行的基础上验证包含甲醇制烯烃、烯烃分离、重烯烃裂解、烯烃聚合反应和聚烯烃产品应用在内的一体化工艺流程和其放大到百万吨级工业化规模的可靠性。自 2010 年 5 月起，该装置已生产出高标准的聚丙烯和聚乙烯产品。该中试装置通过引入烯烃裂解技术，将碳四及以上精烯送到烯烃裂解装置，可以提高乙烯和丙烯的收率。通过引入 OCP 单元，MTO 单元生产 100 万吨低碳烯烃只需要 260 万吨的甲醇进料。

　　惠生（南京）清洁能源股份有限公司 2011 年选择了 UOP 技术，将甲醇转化为乙烯和丙烯，并进而生产高附加值的丁辛醇等产品，这套 30 万吨/年 MTO 装置于 2013 年 9 月开车成功。这也是美国 UOP 公司反应技术在全球实现首次商业化成功运行，OCP 技术在世界首套装置上应用。目前中国已有多家企业选用该技术进行煤制烯烃生产，至 2020 年 4 月，产能达到 361 万吨。

　　② 中科院大连化学物理研究所 DMTO 工艺。中国科学院大连化学物理研究所在 20 世纪 80 年代初开始进行甲醇制烯烃研究工作。"七五"期间完成 300t/a 装置中试，采用固定床反应器和中孔 ZSM-5 沸石催化剂，并于 20 世纪 90 年代初开发了合成气经二甲醚制取低碳烯烃新工艺方法，即 SDTO 工艺。

　　近二十年来，开发出具有自主知识产权的 DMTO 技术。催化剂为 SAPO-34 酸性分子筛，流化床反应器，乙烯和丙烯选择性相近，都为 40% 左右。该技术于 1991 年完成了日处理 1t 甲醇的制烯烃试验。2004 年，中科院大连化学物理研究所、陕西新兴煤化工科技发展有限公司和洛阳石化工程公司合作进行流化床工艺的甲醇制烯烃技术（DMTO）工业性试验，建设了世界第一套万吨级甲醇制烯烃工业性实验装置，2006年完成运行试验。甲醇转化率近100%，乙烯＋丙烯选择性78.7%，吨烯烃甲醇消耗指标2.96t。以此为基础建设的神华包头60万吨/年煤经甲醇制烯烃项目于2010年8月8日一次投料成功，2011年正式进入商业化运营，实现稳定运行。到2020年4月止，利用DMTO的已有13套装置，产能已经达到740万吨/年。

与此同时，由陕西煤业化工集团煤化工技术工程中心有限公司牵头，在中国科学院大连化学物理研究所中试成果基础上，与中国石化集团洛阳石油化工工程公司共同开发了具有自主知识产权的新一代甲醇制烯烃（DMTO-Ⅱ）技术，DMTO-Ⅱ技术是将甲醇转化和其产物中的C_4以上组分的再转化进行耦合，两个反应采用同一种催化剂，均用流化床技术。该技术在陕西省华县陕西煤化工技术工程中心有限公司甲醇制烯烃试验基地进行了每天甲醇处理量50t的工业性试验。试验装置从2009年7月至2010年5月共进行了两个阶段试验，累计完成800多小时的运行试验，2010年6月26日通过了由中国石油和化学工业联合会组织的成果鉴定。2010年10月26日，"新一代甲醇制取低碳烯烃（DMTO-Ⅱ）工业化技术成果新闻发布会暨工业化示范项目技术许可签约仪式"在北京举行。大连化物所等技术许可方与蒲城清洁能源化工有限公司签署首套67万吨/年DMTO-Ⅱ烯烃项目技术许可协议，并于2014年12月正式投产。

③ 中国石化S-MTO工艺。中国石化SMTO技术由中国石化上海石油化工研究院、中国石化工程建设公司（SEI）和北京燕山石化公司联合开发，2007年在北京燕山石化完成了100t/d甲醇制烯烃工业试验装置，2008年完成了甲醇年进料180万吨SMTO工艺包的开发。

SMTO技术所用催化剂由中国石化催化剂上海分公司生产。2010年中国石化投资1.8亿元在上海建设1500t/a甲醇制烯烃（SMTO）催化剂项目，催化剂生产装置于2011年1月投料试车。9月中旬，中国石化催化剂上海分公司向中国石化中原石油化工有限责任公司运送甲醇制烯烃（SMTO）催化剂170t，顺利完成首批SMTO催化剂的生产任务。

2011年10月，中国石化中原石油化工有限责任公司60万吨/年甲醇制烯烃（SMTO）装置产出合格乙烯、丙烯，实现装置开车一次成功。到2019年为止，利用该技术的MTO产能已经达到210万吨/年。

（2）MTP

与甲醇制烯烃同时生产乙烯和丙烯不同，甲醇制丙烯工艺主要生产丙烯，副产LPG和汽油；反应中生成的乙烯和丁烯返回系统再生产，作为歧化制备丙烯的原料。

① 鲁奇（Lurgi）公司MTP工艺。1996年鲁奇公司使用南方化学公司的高选择性沸石基改性ZSM-5催化剂，开始研发MTP工艺。1999年，鲁奇公司在德国法兰克福研发中心建成了一套单管绝热固定床反应装置，装置设计规模为每小时数百克甲醇处理能力，主要完成催化剂性能测试，并验证MTP设计理念、优化反应条件。2000年，鲁奇公司在法兰克福研发中心建成了三管（$3 \times 50\%$能力）绝热固定床反应装置，装置处理甲醇能力为1kg/h，该装置打通了MTP总工艺流程，模拟了系统循环操作，进一步优化了反应条件，并为MTP示范厂的建立积累了大量基础数据。2002年1月，鲁奇公司在挪威Tjeldbergodden地区的Statoil甲醇厂建成甲醇处理能力为360kg/d的MTP示范厂。2004年5月，示范工作结束。通过测试，催化剂在线使用寿命满足8000h的商业使用目标；产物丙烯纯度达到聚合级水平，并副产高品质汽油。

鲁奇公司MTP技术的特点是甲醇经两个连续的固定床反应器，第一个反应器中甲醇首先转化为二甲醚，第二个反应器中二甲醚转化为丙烯。该技术生成丙烯的选择性高，结焦少，丙烷产率低。整个 MTP 工艺流程对丙烯的总碳收率约为 71%。催化剂由德国南方化学公司生产。反应器有两种形式，即固定床反应器（只生产丙烯）和流化床反应器（可联产乙烯/丙烯）。

2008 年 3 月，鲁奇公司与伊朗 Fanavaran 石化公司正式签署 MTP 技术转让合同，装置规模为 10 万吨/年。2008 年 9 月，LyondellBasell，特立尼达多巴哥政府，特立尼达多巴哥国家气体公司（NGC），特立尼达多巴哥国家能源公司（NEC）和鲁奇（Lurgi）公司联合宣布，共同建设和运营在特立尼达多巴哥的一体化甲醇制丙烯（MTP）和聚丙烯（PP）项目，最终将实现 49 万吨 PP 产能。

2010 年 11 月，大唐多伦煤化工公司采用 Lurgi 公司技术建成 46 万吨/年烯烃 MTP 工业装置，2012 年宣布开车投产。2011 年初，神华宁煤集团采用 Lurgi 公司技术建成年产量为 47 万吨丙烯的 MTP 工业装置，并投料运行。该装置生产能力为甲醇装置 167 万吨/年，MTP 装置 47 万吨/年丙烯，该项目副产汽油 18 万吨，液态燃料 3.9 万吨，硫黄 1.4 万吨。2014 年 8 月神华宁煤二期 47 万吨/年烯烃项目也试车成功。

② 中化工程清华淮化联合开发 FMTP 工艺。流化床甲醇制烯烃（FMTP）技术由中国化学工程集团公司、清华大学和淮化集团联合开发，三方在安徽淮南建设甲醇处理量 3 万吨/年的流化床甲醇制丙烯（FMTP）中试装置，于 2008 年底建成，截至 2009 年 8 月，该装置完成 11t 催化剂生产任务，进行了两次流态化试车，全面打通了系统工艺流程。

该技术采用 SAPO-18/34 分子筛催化剂和流化床反应器，通过把生成物中的丙烯分离出后，将 C_2 组分和 C_4 以上组分进入一个独立的烯烃转化反应器使其转化成丙烯。丙烯/乙烯比例可调，从 1.2:1 到 1:0（全丙烯产出）均可实现。利用该技术生产以丙烯为目标产物的烯烃产品，丙烯总收率可达 77%，原料甲醇消耗为 3t/t 丙烯；利用该技术生产以丙烯为主的烯烃产品，双烯（乙烯＋丙烯）总收率可达 88%，原料甲醇消耗为 2.62t/t 双烯。到目前为止尚未工业化应用的报道。

2.5　小　结

中国缺油、少气、煤炭资源相对丰富的能源禀赋决定中国以煤为主的能源消费结构在相当长的时期内难以改变。特别是受国际环境影响所面临的能源安全挑战，在中国发展煤化工对保障国家能源安全具有重要的现实和战略意义。2019 年政府工作报告中明确指出"要保障国家能源安全，推动煤炭清洁高效利用"；2020 年 5 月发布的《中共中央国务院关于新时代推进西部大开发形成新格局的指导意见》明确指出，要积极推进煤炭分级分质梯级利用，稳步开展煤制油、煤制气、煤制烯烃等升级示范，培育一批清洁能源基地。

近 20 年来，中国的煤化工技术研究与开发取得了长足的发展，成为现代煤化工发展的世界中心。煤直接液化、煤间接液化、煤制烯烃、煤制天然气、煤制乙二醇以及煤制乙醇等技术先后实现了工业化示范及应用。所有这些为中国未来煤化工产业发展奠定了很好的基础。

煤化工的发展也面临诸多方面的挑战。①经济效益问题：煤化工产业受原油价格影响较大，原油价格的波动对煤化工产业的盈利能力和市场竞争力有较大影响。②水资源问题：中国煤炭产区普遍存在水资源匮乏的问题，为就地发展煤化工产业带来困难。③二氧化碳排放问题：煤作为高碳能源，在煤炭利用及转化过程普遍存在高的二氧化碳排放，对应对全球气候变化带来了更大的挑战。为此，中国煤化工产业的发展要立足科学规划、技术领先、合理适度、因地制宜、市场主导、政府引导、绿色生态和安全高效。促进煤化工行业规模化、大型化、一体化、基地化发展；注重资源合理开发以及与其他产业的融合发展，实现社会经济和生态多赢局面，保障国家能源安全以及国民经济和社会的可持续发展。

本章思考题

[1] 煤大分子结构的特点是什么？按照含碳量煤可分为哪些类型？

[2] 什么是煤的工业分析和元素分析？各种分析基准之间换算关系是什么？

[3] 煤直接液化和间接液化的原理及主要特点。

[4] 煤制油有哪些途径？

[5] 煤制合成气的主要方法有哪些？各有什么特点？

[6] 合成气调变及净化主要方法以及特点。

[7] 煤制甲醇原理及主要工艺特点。

[8] 煤经合成气制乙醇的主要方法及特点。

[9] 煤经合成气制乙二醇的主要工艺及特点。

[10] 煤经甲醇制烯烃的主要工艺有哪些？

参考文献

[1] 国家统计局. 分行业煤炭消费总量. [2020-01-03]. http://data.stats.gov.cn/workspace/index? m＝hgnd, 2013.

[2] BP 世界能源统计年鉴. [2020-02-03]. http://bp.com/statisticalreview, 2019.

[3] 谢克昌. 煤的结构与反应性. 北京：科学出版社，2002.

[4] Hoffman E J. 煤的转化. 许晓海，郭历平译. 北京：冶金工业出版社，1988.

[5] Wen C Y, Lec E S. Coal Conversion Technology. New Jersey：Addison-Wesley，1979.

[6] Elliott M A. Chemistry of coal utilization：2nd ssup Vol. New York：John Wiley&Sons，1981.

[7] Lee J J. Kinetics of coal gasification. New York：John Wiley & Sons，1979.

[8] 高福华，等. 燃气生产与净化. 2 版. 北京：中国建筑工业出版社，1987.

[9] 邓渊，等. 煤炭加压气化. 北京：中国建筑工业出版社，1981.

[10] Wei James. IEC Process Des Dev，1979，18：3.

[11] Juntgen H, Heek K H. Kohlevergasung. Munchen：Verlag Karl Thiemig，1981.

[12] Глущенко И М. химическая Технология Горючих Ископаемых. Киев，Вищашкола，1985.

[13] Алътшулер В С. Новые Процессы Газификации Твердого Топлпва. Москва Недро，1976.

[14] Wu Youqing, Wu Shiyong, Gao Jinsheng. A study on the applicability of kinetic models for Shenfu coal char gasification with CO_2 at elevated temperatures. Energies, 2009, 2 (3)：545-555.

[15] 于遵宏，王辅臣，等. 煤炭气化技术. 北京：化学工业出版社，2010.

[16] Wu Shiyong, Gu Jing, Zhang Xiao, Wu Youqing, Gao Jinsheng. Variation of carbon crystalline structures and CO_2 gasification reactivity of Shenfu coal chars at elevated temperatures. Energy & Fuels, 2008, 22：199-206.

[17] 高晋生，张德祥. 煤液化技术. 北京：化学工业出版社，2005.

[18] 马治邦，戴和武. 煤炭直接液化先进工艺的经济性. 煤化工，1995 (4)：13-18.

[19] 马治邦，郑建国. 德国煤液化精制联合工艺：IGOR 工艺. 煤化工，1996 (3)：25-30.

[20] 李大尚. 煤制油工艺技术分析与评价. 煤化工，2003 (1)：17-23.

[21] 曾蒲君，王承宪. 煤基合成燃料工艺学. 徐州：中国矿业大学出版社，1993.

[22] 郝跃洲，陈显伦. 煤液化项目与原油加工项目经济效益比较. 化工技术经济，2002，20 (6)：26-28.

[23] Whitehurst D D. Coal liquefaction fundamentals. Washting D. C. ：ACS，1980.

[24]　Mangold E C. Coal liquefaction and gasification technologies. Michigan：Ann Arbor Science，1982.

[25]　Cooper B R，William A. The science and technology of coal and utilization. New York：Plenum Press，1984.

[26]　Speight James G. The chemsitry and technology of coal. New York：Marcel Dekker，Inc.，1994.

[27]　张继明，舒歌平. 神华煤直接液化示范工程最新进展. 中国煤炭，2010，36（8）：11-14.

[28]　Schultz H，CronJe' J H. Rohstoff Kohle. Weinheim：Verlag Chemie，1978：41-69.

[29]　Schultz H，CronJe' J H. Ullmanns encyclopadje der tech chemi. Weinheim：Verlag Chemie，1977：621-633.

[30]　Anderson R A. The Fischer-Tropsch synthesis. New York：Academic Press，1984.

[31]　吴指南. 基本有机化工工艺学：第三章. 北京：化学工业出版社，1991.

[32]　Romey I，et a1. Synthetic fuels from coal. London：Graham & Trotman，1987.

[33]　Amundson N R，et al. Frontiers in chemical engineering. Washington D. C.：National Academy Press，1988.

[34]　Meyers R A. Handbook of synfuels technology. New York：McGraw-Hill，1984.

[35]　Srivastava R D，et al. Hydrocarbon Processing，1990，69（2）：59.

[36]　赵振本译. 煤炭综合利用（译丛），1989，3：76-82.

[37]　房鼎业，姚佩芳，朱炳辰. 甲醇生产技术及进展. 上海：华东化工学院出版社，1990.

[38]　郭树才，胡浩权. 煤化学工艺学. 北京：化学工业出版社，2012.

[39]　储伟，吴玉塘，罗仕忠，包信和，林励吾. 低温甲醇液相合成催化剂及工艺的研究进展. 化学进展，2001，13（2）：128-134.

[40]　白亮，邓蜀平，董根全，曹立仁，相宏伟，李永旺. 煤间接液化技术开发现状及工业前景. 化工进展，2003，22（4）：441-447.

[41]　舒歌平，史士东，李克健. 煤炭液化技术. 北京：煤炭工业出版社，2003.

[42]　齐国祯，谢在库，钟思青，张成芳，陈庆龄. 煤或天然气经甲醇制低碳烯烃工艺研究新进展. 现代化工，2005，25（2）：9-13.

[43]　唐宏青. 我国煤制油技术的现状和发展. 化学工程，2010，38（10）：1-8.

[44]　刘中民，齐越. 甲醇制取低碳烯烃（DMTO）技术的研究开发及工业性试验. 中国科学院院刊，2006，21（5）：406-408.

[45]　蔡宋秋. 中国环境政策概论. 武汉：武汉大学出版社，1988.

[46]　《焦化设计参考资料》编写组. 焦化设计参考资料. 北京：冶金工业出版社，1980.

[47]　王兆熊，郭崇涛，等. 化工环境保护和三废治理技术. 北京：化学工业出版社，1984.

[48]　拉佐林，巴波科夫，等. 焦化厂三废治理. 李哲浩译. 北京：冶金工业出版社，1984.

[49]　白添中. 煤炭加工的污染与防治. 太原：山西科学教育出版社，1989.

[50]　贺永德. 现代煤化工技术手册. 北京：化学工业出版社，2004.

[51]　兰荣亮. 煤制乙醇工业生产技术对比分析. 山东化工，2019，48（7）：139-140.

[52]　丁云杰. 煤制乙醇技术. 北京：化学工业出版社，2014.

[53]　吕铁，姜永林，贾婧，等，合成气制乙醇技术进展及产业化应用. 云南化工，2018，45（6）：21-23.

[54]　王辉，吴志连，邰志军，等. 合成气经二甲醚羰基化及乙酸甲酯加氢制无水乙醇的研究进展. 化工进展，2019，38（10）：4497-4503.

[55]　化化网/煤化工，煤制烯烃. [2020-03-02]. http：//coalchem. anychem. com/mtomtp.

[56]　李小强，刘永，秦永书. 神华煤直接液化示范项目的进展及发展方向. 煤化工，2015，43（4）：12-15.

[57]　李克健，程时富，蔺华林，章序文，常鸿雁，舒成，白雪梅，王国栋. 神华煤直接液化技术研究进展. 洁净煤技术，2015，21（1）：50-55.

[58]　相宏伟，杨勇，李永旺. 煤炭间接液化：从基础到工业化. 中国科学：化学，2014，44（12）：1876-1892.

[59]　温晓东，杨勇，宏伟，焦海军，李永旺. 费托合成铁基催化剂的设计基础：从理论走向实践. 中国科学：化学，2017，11：1298-1311.

[60]　崔民利，黄剑薇，郝栩，曹立仁，李永旺. 含碳固体燃料的分级液化方法和用于该方法的三相悬浮床反应器：ZL200910178131. 8.

[61]　田磊，郭强，姜大伟，王洪，杨勇，李永旺. 一种含碳原料加氢液化的铁基催化剂及其制备方法和应用：ZL201410440385. 3.

第3章

石油化工

本章学习重点

◇ 掌握石油的组成、开采及提高采油率的方法。
◇ 掌握石油加工技术，包括常减压蒸馏、催化裂化、催化加氢等化工过程。
◇ 了解高附加值石油产品的深加工技术。

3.1 概　　述

3.1.1 石油的基本知识

石油就是蕴藏在地壳上层、可燃的液体有机物，其实质是一种产于地壳中的矿藏，并以一种流体形态储存于地下。世界上第一位提出"石油"这一科学命名的人是我国北宋科学家沈括（1031—1095）。他在其名著《梦溪笔谈》中写道："鄜（fū）延（今陕北一带）境内有石油，旧说高奴出脂水，即此也"，还曾预言"此物后必大行于世"。国外，直至1556年，才由德国人乔治·拜耳首次提出石油（petroleum）一词，在拉丁文中，petro指岩石，oleum指油脂，合在一起，即石中之油。1983年，在第11届世界石油大会上，石油有了新的命名方案，即石油在自然界中是以气态、液态、固态的烃类化合物存在于地下，并含有少量杂质的复杂混合物。在工业生产过程中，石油被特指为液态、主要由碳氢化合物组成的混合物，是不可再生的矿产资源，是自然界化石燃料的重要类别，也是当今世界最主要的能源和重要的化工天然原料。本书所说的石油也特指液态石油。

石油可以分为人造石油与天然石油两类。人造石油是从煤或油页岩中提炼出来的可燃液体；天然石油，也称为原油（crude oil），在地下形成并储集于各种岩石孔隙、缝隙中的黄色乃至黑色的流动和半流动的黏稠液体，由烃类和非烃类组成的复杂混合物，伴有绿色或蓝色荧光，分子量范围从数十至数千。石油一词如不作特殊说明，一般指原油，但在多数情况下可通用。

石油按其加工和用途来划分包括两大分支：一是石油炼制体系，将石油加工成各种燃料油（汽油、煤油、柴油）、润滑油、石蜡、沥青等产品；二是石油化工体系，将石油通过分馏、裂解、分离、合成等一系列过程生产各种石油化工产品。例如，石油馏分通过烃类裂解、裂解气分离可制取三烯（乙烯、丙烯、丁二烯）等烯烃和三苯（苯、甲苯、二甲苯）等芳烃。石油化工生产，一般与石油炼制或天然气加工结合，相互提供原料、副产品或半成品，以提高经济效益。本章重点讨论石油炼制体系的加工过程。

3.1.2　原油的外观性质

原油通常是黑色、褐色或黄色的流动或半流动可燃的黏稠液体，少数原油是红色、淡黄色、褐红色。相对密度一般介于 0.80～0.98 之间，少数原油相对密度高达 1.02。原油的颜色与其所含胶质、沥青质的含量有关，含量越高，石油的颜色越深。深色原油密度大，黏度高，质量差。

原油的主要成分有：油质（主要成分），胶质（黏稠的半固体物质），沥青质（暗褐色至黑色脆性固体）等。原油具有特殊的臭味，主要是由于原油中含有硫化合物。我国原油含硫量较低，一般在 0.5% 以下，少数原油含硫量较高，如胜利原油、孤岛原油等。

3.1.3　原油的组成

(1) 原油的元素组成

原油的组成非常复杂，但是其元素组成却较为简单，基本是由碳、氢、硫、氮、氧五种元素组成，其质量分数范围分别为：碳 83.00%～87.00%，氢 10.00%～14.00%，其余的硫、氮、氧及微量元素总计不超过 1%～5%。除了这五种元素之外，在石油中还含有微量铁、镍、铜、钒、砷、氯等金属及非金属元素，它们都以有机化合物的形式存在于石油中，其含量一般只是百万分之几，虽然其含量极低，但对石油加工过程，特别是对二次加工过程影响很大。

其中氢/碳原子比（H/C）是研究石油的化学组成与结构、评价石油加工过程的重要参数。一般说来，轻质原油氢/碳原子比较高（约为 1.9），如大庆石蜡基原油。而重质原油或环烷基原油氢/碳原子比较低（约 1.5 左右）。氢/碳原子比还包含着重要的结构信息，它是一个与其化学结构有关的参数。氢/碳原子比大小顺序是：烷烃＞环烷烃＞芳香烃。随着烷烃分子量增加以及环烷烃和芳香烃环数的增加，其氢/碳原子比逐渐降低。

(2) 原油的馏分组成

在原油加工中，采用蒸馏的方法将原油按沸点的高低切割为若干个部分，即所谓馏分（fractions）。每个馏分的沸点范围简称馏程或沸程（boiling range）。从原油直接蒸馏得到的馏分称为直馏馏分。一般把常压蒸馏第一滴液体馏出的温度称初馏点，从初馏点～200℃之间的馏分称为汽油馏分；常压蒸馏 200～350℃之间的中间馏分称为煤、柴油馏分，或常压瓦斯油（简称 AGO）；而＞350℃的馏分需在减压下进行蒸馏，将减压下蒸出馏分的沸点再换算成常压沸点。一般将相当于常压下 350～500℃的高沸点馏分称为润滑油馏分或称减压瓦斯油（简称 VGO），＞500℃以上为减压渣油（简称 VR）。

(3) 原油的烃类组成

天然石油馏分中的主要成分是烃类，其主要组成含有烷烃、环烷烃、芳香烃，一般不含有烯烃、炔烃等不饱和烃，只有在石油的二次加工和利用油页岩制得的人造石油中含有不同数量的烯烃。在不同的石油中，各族烃类含量相差较大；在同一种石油中，各族烃类在各个馏分中的分布也有很大的不同。

① 烷烃。烷烃存在于原油全部沸点范围中，随沸点升高其含量降低。烷烃以气态、液态、固态三种状态存在。大部分烷烃以正构烷烃和异构烷烃两种形式存在，在石油中其含量最高可达 50%～70%。

a. 气态。主要是 $C_1 \sim C_4$，依据其来源，可分为天然气和石油炼厂气两类。

b. 液态。汽油、煤油、柴油、润滑油为液态。其中 $C_5 \sim C_{11}$ 的烷烃存在于汽油馏分中，$C_{11} \sim C_{20}$ 的烷烃存在于煤、柴油馏分中，$C_{20} \sim C_{36}$ 的烷烃存在于润滑油馏分中。

c. 固态。如石蜡和地蜡（微晶蜡）。石蜡主要由 C_{16} 以上的正构烷烃组成，存在于柴油和轻质润滑油馏分中。地蜡由 C_{35} 以上的环烷烃组成，存在于重质润滑油和减压渣油馏分中。蜡通常以溶解状态存在于馏分中，当温度降低时，蜡以固态结晶析出。存在于原油馏分中的蜡，严重影响油的低温流动性，对原油加工及产品质量都有较大影响。同时，蜡又是重要的石油产品，可广泛应用于电气工业、化学工业、医药和日用品等工业。

② 环烷烃。主要以五元环的环戊烷和六元环的环己烷及其同系物存在，含量仅次于烷烃。环烷烃在石油馏分中含量有所不同，它的相对含量随馏分沸点的升高而增多，只是在沸点较高的润滑油馏分中，由于芳香烃的含量增加，环烷烃则逐渐减少。环烷烃大多含有长短不等的烷基侧链。在低沸点馏分中，如汽油馏分主要含单环环烷烃。随着馏分沸点的升高，如煤、柴油馏分中，出现了双环、三环环烷烃等。在高沸点馏分中，如常压重油馏分、减压渣油馏分的环烷烃出现从单环、双环直至六环甚至高于六环的环烷烃，其结构常以环烷环与芳香环混合的烃存在为主，常称为稠状芳烃。

③ 芳香烃。芳香烃的代表物是苯及其同系物，以及双环和多环化合物的衍生物。在低沸点汽油馏分中只含有单环芳香烃，且含量较少。随着馏分沸点的升高，芳香烃含量增多，且芳香烃环数、侧链数目及侧链长度均增加。例如柴油馏分含有双环、三环芳烃，在高沸点减压渣油馏分中甚至含有四环及多于四环的芳香烃，其结构更加复杂，多以稠状芳烃存在。

（4）石油中的非烃化合物

石油的非烃成分主要是含硫、氮、氧的化合物以及胶质和沥青质。它们的总量很低，但是对于石油品质有很大的影响。

① 含硫化合物。根据其含量不同，石油可以分为低硫原油（S 含量<0.5%）、含硫原油（0.5%<S 含量<2.0%）、高硫原油（S 含量>2.0%）等。我国原油大多为低硫原油。原油中的含硫化合物主要有三大类：酸性含硫化合物（以硫化氢和硫醇为主）；中性含硫化合物（以硫醚和二硫化物为主）；热稳定性较高的含硫化合物（以噻吩类为主）。硫分布的总趋势是：随沸点升高，硫含量增加，大部分集中在重馏分及渣油中。在石油加工过程中，含硫化合物会腐蚀设备、使催化剂中毒、影响产品质量并污染环境。

② 含氮化合物。石油中的氮含量一般比硫含量低，质量分数通常集中在 0.05%~0.5% 范围内，随着沸点的升高，含量增加，大部分在胶质、沥青质中，石油中含氮化合物可分为碱性和中性两类。碱性氮化物有吡啶、喹啉、胺（RNH_2）及其同系物。中性氮化物有吡咯、吲哚及其同系物。氮化合物在石油中含量虽少，但对整个石油加工过程也有很大的危害：一是影响产品的安定性，如柴油含氮量高，时间久了会变成胶质，是柴油安定性差的主要原因；二是氮与微量金属作用，形成卟啉化合物，这些化合物的存在，会导致催化剂中毒，使催化剂的活性和选择性降低。约有 80% 的氮化物是以胶质、沥青质形式集中在 400℃ 以上的渣油中。

③ 含氧化合物。石油中的含氧量比硫、氮都少，约为千分之几；个别的可高达 2%~3%。石油中的氧大部分集中于胶质和沥青质中，主要分酸性氧化物（环烷酸、脂肪酸、芳香酸、酚类，总称石油酸）和中性氧化物（醛、酮、醚、酯、呋喃类化合物等）两大类。原油含环烷酸多，容易乳化，对加工不利，且腐蚀设备，产品中含环烷酸，对铅、锌等有色金属有腐蚀性。

（5）胶状-沥青质物质

在石油的非烃化合物中，有很大一类物质，就是胶质和沥青质。胶状-沥青质是石油中结构最复杂的物质。主要是以稠状结构存在，如芳香环、芳香环-环烷环、芳香环-环烷环-杂环结构，是不同结构的高分子化合物的混合物。

胶质是一种褐色至暗褐色黏稠液体，流动性差，性质不稳定，受热或常温下氧化成沥青质。主要成分为含氧、硫、氮等杂原子的多环芳香烃化合物，呈半固态分散溶解于原油中，含量约 $5\% \sim 20\%$。胶质是道路沥青、建筑沥青、防腐沥青的主要成分。胶质在煤油、润滑油中存在，可堵塞管道，使润滑油质量下降（色泽变为黑褐色、黄褐色）。一般用精制的方法加以除去。

胶质和沥青质分子结构十分复杂，如图 3.1(a)。两者在高温时易转化为焦炭，大部分胶质和沥青质存在于减压渣油中，其中饱和分、芳香分为饱和烃、芳烃的百分含量。沥青质通常是指渣油中分子量最大、极性最强、含高度缩合多环芳香核（兼有缩合环烷环和烷基侧链）结构，并富集了金属和硫、氮、氧等杂原子的复杂化合物。沥青质的最基本单元是稠状芳烃，是具有多环结构的暗褐色或黑色脆性的非晶态固体，其分子结构模型如图 3.1(b)。沥青质不溶于乙醇和石油醚，易溶于苯、氯仿、二硫化碳等溶剂中。原油中沥青质含量较少，一般 $<1\%$。

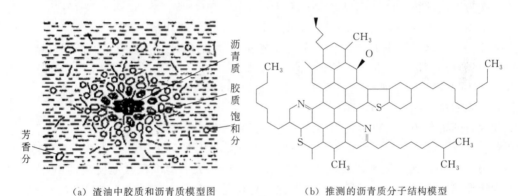

（a）渣油中胶质和沥青质模型图　　　　　（b）推测的沥青质分子结构模型

图 3.1　渣油中胶质和沥青质模型及推测的沥青质分子结构模型

3.1.4　石油的生成理论

目前为止，对于石油的生成，科学界仍然存在一些争论，其中，争论最突出的就是石油的有机成因说和无机成因说，换句话说，就是石油是由化学反应生成的，还是由有机体演化而来的。

石油的无机成因说认为：石油是由自然界的无机碳和氢经过化学作用而形成的。其学说大致分为两类：地深成因说和宇宙成因说。地深成因说认为烃类起源于地球深处，其依据是在火山喷出的气体及熔岩流中含烃，在地下深处的岩浆中发现有 $C_1 \sim C_2$ 的烷烃及可供生成烃类的化学元素；宇宙成因说认为烃类在宇宙形成阶段就已生成，其依据是在天体中常有碳、氢、氧等元素及其化合物的存在。

石油的有机成因说认为：古代的动植物遗体在海湾、潟湖、三角洲、湖泊等地经过许多世纪的堆积，被新岩层覆盖后，与空气隔绝，在缺氧还原环境下，发生复杂的物理化学变化，在地下逐渐分解而形成石油和天然气。其主要依据是石油馏分具有生物有机质普遍具有的旋光性，而无机质则普遍不具有这种旋光性；现代沉积物及古代沉积物中都含有构成石油的各种烃类化合物。

在 20 世纪 30 年代以前，无机成因说一直占有支配地位。1934 年，化学家 Treibs 首次在石油中发现卟啉化合物，并以此作为有机成因说的重要证据。随后，有机成因说得到快速发展，目前，可以得到一致认可的是，石油绝大部分都是有机成因的。

3.1.5 石油的储量、生产及消费

（1）石油资源的储量及分布概况

石油是储量仅次于煤炭的化石燃料，根据美国《油气杂志》2019年12月发布的年终统计，全球石油剩余探明储量为2305.8亿吨。根据剩余储量及年度产量预测，世界石油资源剩余储量仅可供开采50多年，世界石油资源仍然严重短缺。

目前，世界上已探查到的油田近30000个，遍布于地壳六大稳定板块及其周围的大陆架地区。世界上100多个较大的盆地内几乎均发现不同规模的油田，但石油的分布从总体上来看极端不平衡，呈现出东多西少、北多南少的趋势。受到美国"页岩革命"的影响，世界能源格局发生了一些变化。2014年，美国石油储量增长13.5%，达到51.9亿吨，几乎是2012年美国储量的1倍，能源自给率逐步上升，对外依存度显著降低。亚太地区及中东石油储量略有增长，东欧及俄罗斯与2013年持平，而西欧和非洲石油储量开始跌落。石油储量前5强为委内瑞拉、沙特阿拉伯、加拿大、伊朗和伊拉克。2019年，5国石油总储量为1422.4亿吨，占全球储量的61.7%。中东地区2019年石油储量下滑了0.2%，成为全球6大地区唯一石油储量下滑的地区。从全球份额来看，处于第二集团的是美洲，其得益于美国、阿根廷石油储量爆发式的增长，石油储量增长1.8%，达到788亿吨，全球占比34%。根据全国2019年度石油天然气资源勘查开采通报显示，中国新增2个亿吨级油田，石油新增探明地质储量11.24亿吨，同比增长17.2%。

我国石油资源的分布也呈现出不均衡态势，主要集中分布于渤海湾、松辽、塔里木、鄂尔多斯、准噶尔、珠江口、柴达木和东海陆架八大盆地，其可采资源量占全国的80%以上。自20世纪50年代初期以来，我国先后在82个主要的大中型沉积盆地发现油田500多个，其中大庆油田、胜利油田、辽河油田的原油产量位居陆上原油产量前三位。除陆地石油资源外，我国的海洋油气资源也不可忽视，我国近海海域发育了一系列沉积盆地，总面积达近百万平方公里，海上油气勘探主要集中于渤海、黄海、东海及南海北部大陆架。其中，渤海湾地区已发现7个亿吨级油田，探明储量达6亿吨，仅次于大庆油田；而南海海域更是石油宝库，经初步估计，整个南海的石油地质储量在（230~300）亿吨之间，约占中国总资源量的1/3，有"第二个波斯湾"之称。

（2）石油资源的生产与消费

2019年，全球石油产量突破46亿吨。美国取代了俄罗斯成为世界第一。产油国前三名——美国、俄罗斯和沙特阿拉伯这三大国累计生产了世界40.5%的石油。同时，石油输出国组织OPEC国家的石油产量也占到了世界的38.2%。美国、中国和印度三国的石油消费合计占了世界消费总额接近40%。对世界石油消费格局和市场形势拥有举足轻重的作用。2019年我国石油产量1.91亿吨，同比增长1.1%。国内成品油消费进入中低速增长区间，炼能过剩导致成品油出口压力持续加大，全年净出口总量首破5000万吨，达5466万吨，猛增34%。但能源安全供应风险仍需高度关注。2019年，我国原油净进口量5亿吨，同比增长9.5%，原油对外依存度72.5%，较2018年提高1.6个百分点，石油对外依存度达70.8%，至此原油、石油对外依存度双破70%。

3.1.6 石油的开采及提高采油率的方法

原油开采主要包括以下几种类型：

① 自喷采油。油田开发过程中，油井一般都会经历自喷采油阶段。自喷采油是利用地

层自身的能量将原油举升到井口，再经地面管线流到计量站。自喷采油设备简单、管理方便、产量高，不需要人工补充能量，可以节省大量的动力设备和维修管理费用，是个简单、经济、高效的采油方法。

② 气举采油。将高压气体注入油井中，降低油管内气液混合物的密度，从而降低井底流压的一种机械采油方法。

③ 有杆泵采油。有杆泵采油是最古老也是国内外应用最广泛的机械采油方法，有杆泵结构简单，适应性强，寿命长。典型的有杆抽油装置由三部分组成：抽油机、抽油杆和抽油泵。抽油机是地面驱动设备，抽油泵是井下设备，借助于柱塞的往复运动，将油层中石油抽至地面。

④ 无杆泵采油。无杆泵采油无需抽油杆柱，减少了抽油杆柱断脱和磨损带来的修井费用，适用于开采特殊井身结构的油井。随着我国各大油田相继进入中后开采期，地质条件越来越复杂，无杆泵将会得到更广泛的应用，无杆泵采油主要有潜油电泵、水力活塞泵、射流泵及螺杆泵采油等。

作为一种不可再生的化石能源，提高石油采油率（石油增产）是整个工业界普遍关心的问题。在世界范围内，石油的采收率平均约为 30%～90% 之间。在目前条件下，当一个油藏停止开采时，油藏中仍然残留着大量石油，而采出油量仅占其中较少的一部分。如何把遗留在油藏中的石油（黏度大）有效地开采出来，是石油工作者多年来不断探索的问题。

油田开采一般分为三个阶段，即一次采油、二次采油和三次采油。通常把利用油层天然能量（即压力能）开采的过程称为一次采油，或称第一阶段。其采油机理是：随着油藏压力下降，液体体积膨胀，地层压力将油藏流体驱入井筒。当压力降到原油的饱和压力时，溶解在油中的气体释放、膨胀，又能驱出部分原油，直至驱不出油为止，第一阶段结束。然后向油层注入水、气增压，给油层补充能量，恢复油层压力，开采石油称二次采油，即第二阶段。二次采油后可用化学的物质来改善油、气、水及岩石相互之间的性能（如降低油的黏度等），可开采出更多的石油，称为三次采油，又称提高采收率（EOR）方法。提高石油采收率的方法很多，如注表面活性剂、注碱水驱、注 CO_2 驱、注碱加聚合物驱、注惰性气体驱、注烃类混相驱、微生物驱油等。提高石油采收率的方法，如图 3.2 所示。

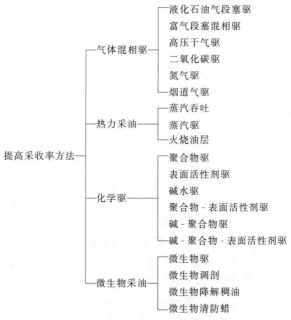

图 3.2　提高石油采收率的方法

目前，蒸汽采油是三次采油方法中唯一已得到工业化推广的方法，又可分为蒸汽吞吐采油和蒸汽驱采油两类（驱油），其中蒸汽吞吐法用得更为普遍。所谓蒸汽吞吐就是先向油井注入一定量的蒸汽，关井一段时间，待蒸汽的热能向油层扩散后，并得到加热降黏，再开井生产的一种开采重油的增产方法。蒸汽吞吐作业的过程可分为三个阶段，即注蒸汽、浸泡及开采。随着开采过程的进行，这一地带中所储的热量逐步减少，温度逐步降低，油井的产量也随之而降低。当油井产量降到经济极限时，再向井中注蒸汽，随后再开井生产。这样在同一口井上交替注汽采油，因此被称为吞吐法。

3.2 石油炼制

所谓石油炼制就是以原油为原料，通过一系列加工过程（例如常减压蒸馏、催化裂化、催化加氢、催化重整、延迟焦化等），把原油加工成各种石油产品（汽油、煤油、柴油等）的工艺过程。石油炼制是石油化学工业的组成之一。

习惯上，石油炼制过程被大致分为三次加工过程，即一次加工、二次加工、三次加工。通过三次加工，可以充分利用石油资源，生产更多的石油产品或石油化工产品，石油的深度加工是世界炼油工业的发展趋势，如图3.3所示。

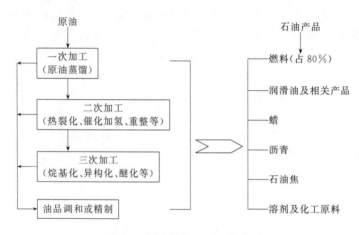

图3.3 原油的加工过程与产品

3.2.1 原油的一次加工

原油是一种由不同烃类组成的复杂混合物。原油一次加工，主要是将原油先按不同产品的沸点要求，采用常减压蒸馏的简单物理方法将原油蒸馏分馏为沸点范围不同、密度大小不同的多种石油馏分。各种馏分的分离顺序主要取决于分子大小和沸点高低。在常压蒸馏过程中，汽油的分子小、沸点低（95～130℃），首先馏出，随之是煤油（130～240℃）、柴油（240～300℃）、残余重油。重油经减压蒸馏又可获得一定数量的润滑油的基础油或半成品（蜡油），最后剩下渣油（重油）。一次加工获得的轻质油品（汽油、煤油、柴油）还需进一步精制、调配，才可作为合格燃料油品投入市场。我国一次加工原油，只获得25%～40%的直馏轻质油品和20%左右的蜡油。常减压蒸馏得到的"馏分"是一个混合物，被称为直馏产品，例如直馏汽油（石脑油）、直馏煤油（轻石脑油）、直馏轻柴油、直馏重柴油（重石脑油）等。必须指出，馏分并不是石油产品，石油产品要符合油品规格的要求。因此还必须对馏分进一步加工,才能得到合格的产品。

原油的一次加工工艺包括三个工序:原油的预处理(脱盐脱水)、常压蒸馏、减压蒸馏,习惯上称为常减压蒸馏,因此,常减压蒸馏又称为石油的一次加工过程。

(1) 原油的预处理(脱盐脱水)

原油中除了含少量泥沙、铁锈等固体杂质外,由于地下水的存在及油田注水原因,开采出的原油一般都含有10%~20%的水,并且这些水中都溶有钠、钙、镁等盐类,以微粒状态悬浮在原油中,形成较稳定的油包水型乳化液,很难分离。原油的含水含盐给运输、储存、加工和产品质量造成了极大的危害。

水的危害:水的汽化潜热很大,若水与原油一起发生相变时,必然要消耗大量的燃料和冷却水,会增加燃料消耗和蒸馏塔顶冷凝器的负荷。原油含水过多会造成精馏塔操作不稳定,有时是引起精馏塔液泛的主要原因。

盐的危害:原油中含的无机盐主要是氯化钠、氯化钙、氯化镁等。这些盐类易水解生成盐酸,腐蚀设备,也会受热后在换热器和加热炉管壁上形成盐垢,增加热阻,降低传热效果,使泵的出口压力增大,增加动力消耗,严重时甚至会击穿炉管或堵塞管路,造成停工停产。

因此,原油在蒸馏前,必须严格进行预处理,使原油中的盐脱至3mg/L以下、水含量<0.2mg/L。由于盐是溶解在水中,脱水的同时,盐也脱去,常采用电-化学方法进行。

含水的原油是一种比较稳定的油包水型乳状液,之所以不易脱除水,主要是由于它处于高度分散的乳化状态。特别是原油中的胶质、沥青质、环烷酸及某些固体矿物质都是天然的乳化剂,它们具有亲水或亲油的极性基团。

油包水乳化膜阻碍了小颗粒水滴的凝聚,只有破坏这种乳化状态,使水聚结增大而沉降,才能达到油与水的分离目的。脱水的关键是破坏稳定的乳化膜,常用化学法和电-化学法。

① 化学法。向原油中注入破乳剂,破乳剂在原油中分散后,逐渐接近油水界面并被油面膜吸附。由于它比天然乳化剂有更高的活性,因而可将乳化膜中的天然乳化剂替换出来,新形成的膜是不牢固的,界面膜容易破裂而发生水的聚结。破乳剂由一些醚类、酰胺类、酯类的表面活性剂所组成,用量一般为$(10\sim20)\times10^{-6}$。

② 电-化学法。乳化液在电场中破乳主要是静电力作用的结果。无论是在交流还是在直流电场中,乳化液中的微小水滴都会因感应产生诱导偶极,即在顺电场方向的两端带上不同电荷,接触到电极的水滴还会带上静电荷,因而,在相邻的水滴与电极板间均产生静电力。水滴在电场力作用下,形成椭圆球体,随着电场强度增大,其偏心率变大,水滴变尖,形成微小液滴。然后再加入适量破乳剂,借助电场力作用,使微小液滴聚结成大水滴,最后利用油水密度差,沉降脱除。

(2) 原油的常减压蒸馏

经过脱盐脱水的原油进入常减压工段。目前炼厂应用最为广泛的是初馏-常压-减压三段气化工艺,主要设备有常减压加热炉、常减压塔、换热器、机泵等。初馏即初步气化,初步分离。由图3.4,原油经预热至200~240℃经脱盐预处理后,送入初馏塔进行初步分离。从初馏塔塔顶分出轻汽油或催化重整原料油,经过冷凝后,进入油水分离器分离出水和不凝气体,得轻汽油(也称"石脑油"),其中一部分返回塔顶作顶回流,初馏塔侧线不出产品。不凝气体占原油质量的0.15%~0.4%,可用作燃料或生产烯烃的裂解原料。设初馏塔的优点是:可减少系统阻力,特别是减少常压塔阻力;保证常压塔稳定操作,初馏塔可进一步脱水、脱硫、脱砷，减少腐蚀性气体对常压塔腐蚀，可得到含砷小于 2×10^{-8} 的轻汽油（重整原料）。

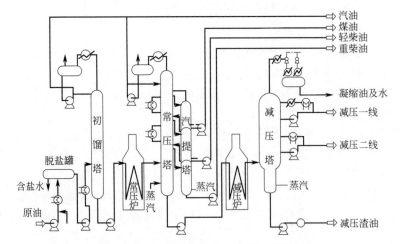

图 3.4　典型的原油常减压蒸馏工艺流程

① 常压蒸馏。初馏塔底油，称作拔头原油（初底油），经加热炉加热至 360～370℃，进入常压蒸馏塔，塔顶引出的油气经过冷凝进入气液分离器得到轻汽油和不凝气，轻汽油与初顶轻汽油合并出装置，作为催化重整原料或汽油调和组分。常压塔通常开 3～5 根侧线，第一侧线（常压一线）出煤油，第二侧线出轻柴油，第三侧线出重柴油。

② 减压蒸馏。常压塔釜重油由泵抽出，在减压加热炉中加热至 380～400℃，进入减压蒸馏塔。采用减压操作是为了避免在高温下重组分的分解裂化。减压一线为润滑油、减压二线为蜡油。减压塔侧线油和常压塔三、四线油，总称"常减压馏分油"，用作炼厂的催化裂化等装置的原料。常减压塔侧线产品及温度范围如表 3.1 所示。

表 3.1　常减压塔侧线产品及温度范围

侧线塔	馏程温度范围/℃	侧线产品	侧线塔	馏程温度范围/℃	侧线产品
常压塔顶	95～130	直馏汽油	减压一线	370～400	润滑油
常压一线	130～240	喷气燃料	减压二线	400～535	蜡油
常压二线	240～300	轻柴油	减压三线	535～580	润滑油原料
常压三线	300～350	重柴油	减压塔底	>580	减压渣油
常压四线	350～370	变压器油			

注：初馏点 95℃

3.2.2　原油的二次加工

原油的二次加工是一次加工过程产物的再加工，主要是指将重质馏分油和渣油经过各种裂化生产轻质油的过程，包括催化裂化、催化重整、热裂化、石油焦化、加氢裂化等。其中石油焦化本质上也是热裂化，但它是一种完全转化的热裂化，产品除轻质油外，还有石油焦。

通过原油的一次加工（即常减压蒸馏），可以最大程度将原油中的轻质馏分汽油、煤油、柴油分离出来。对一次加工获得的重柴油和减压重质馏分油（蜡油）进行二次加工（催化裂化），如图 3.5 所示，可得到汽油、轻柴油、裂化气、液化气和干气。如以轻汽油（石脑油）为原料，采用催化重整工艺加工，可生产高辛烷值汽油组分或化工原料芳烃（苯、甲苯、二甲苯等），还可获得其他化工产品和副产品（富氢气体）。随着石油的综合利用及石油化工的发展，大多数燃料型炼油厂都已转变成了燃料-化工型炼油厂。

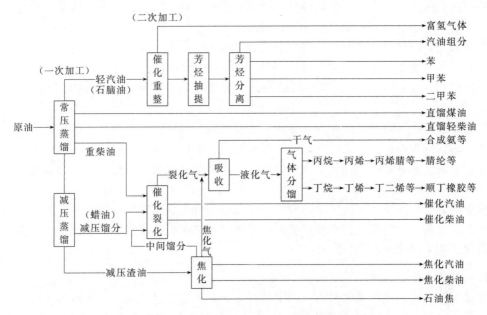

图 3.5　原油一次、二次加工生产简图

(1) 热裂化

热裂化是一种利用高温、高压（500℃左右、3～5MPa）下，将重质油大分子分裂为小分子的过程。所用原料通常为常压重油、减压馏分、焦化蜡油等。热裂化主要反应有两类：裂化反应（吸热反应）和缩合反应（放热反应）。因此，重质原料油经热裂化加工，可得到汽油、柴油和中间馏分等轻质油品以及裂化气，同时可得到比重质原料油馏程还高的残油和高度缩合的焦炭。

热裂化反应遵循自由基反应历程。当对烃类分子某一化学键施以大于或等于该键键能的能量时，键就会断开，首先生成极活泼的自由基，自由基再与烃分子继续参加反应。反应历程按照链的引发、增长、中止的原则。

以正十六烷为例：首先分子中一端键能较低的 C—C 键断裂，生成两个自由基。

$$n\text{-}C_{16}H_{34} \longrightarrow CH_3\cdot + C_{15}H_{31}\cdot$$

小分子甲基自由基很活泼，立即从原料中夺取氢，变成甲烷，而原料分子变成新的自由基。

$$CH_3\cdot + n\text{-}C_{16}H_{34} \longrightarrow CH_4 + C_{16}H_{33}\cdot$$

大分子自由基对热极不稳定，即大分子自由基一般在大于 C_5 分子的 β 位断裂，生成烯烃和伯碳自由基。

$$C_5H_{11}-\overset{\overset{\displaystyle H}{|}}{\underset{\displaystyle \cdot}{C}}{}^{\alpha}-CH_2 \overset{\beta}{\vdots} C_9H_{19} \longrightarrow C_5H_{11}-CH=CH_2 + \cdot CH_2-C_8H_{17}$$

伯碳自由基再在 β 位断裂，生成乙烯和新的伯碳自由基。

$$\overset{\displaystyle\cdot}{C}H_2-CH_2 \overset{\beta}{\vdots} C_7H_{15} \longrightarrow CH_2=CH_2 + \cdot C_7H_{15}$$

重复上述反应，形成链反应。最后两个自由基结合，可以使链反应中止。

$$CH_3\cdot + \cdot C_7H_{15} \longrightarrow C_8H_{18}$$

$$CH_3 \cdot + \cdot CH_3 \longrightarrow C_2H_6$$

按照自由基反应机理，正构烷烃分解时容易生成甲烷、乙烷、乙烯、丙烯等小分子烷烃和小分子烯烃，很难生成异构烷烃和异构烯烃。

温度和压力条件对烷烃的分解反应具有重大影响。当温度在 500℃ 以下及压力很高时，烷烃断裂位置一般多发生在碳链中央，气体产率低。反应温度在 500℃ 以上及压力较低时，断裂位置移到碳链的一端，气体产率增加，气体中甲烷含量增加，这是焦化气体组成的特征。

热裂化过程中，除分解反应外，还发生缩合反应，包括烯烃的缩合、芳烃的缩合等。特别是苯，结构极为稳定，在高温下，一般不易裂解，但能缩合生成联苯，甚至焦炭。原料油的化学组成对生焦有重要影响，生焦速度随原料中芳烃含量增大而增大，多胶高沸点馏分比低胶低沸点馏分更容易生焦。

由于热裂化产品中含有较多不饱和烃，所以安定性差、汽油的辛烷值低。同时，热裂化过程中所发生的缩合反应，会使加热炉的管道中严重结焦。由于热裂化工艺这些缺点，已被催化裂化、加氢裂化所取代。

（2）催化裂化

催化裂化是指在热和催化剂的作用下使烃分子发生裂化等反应，以生成裂化气、辛烷值较高的汽油以及柴油等轻质油品的加工过程。催化裂化是炼油厂重油深加工即二次加工过程。其反应是在催化剂表面进行的。主要反应是裂化和缩合反应，同时也伴随异构化、芳构化、氢转移等反应。由于缩合反应生成的焦炭沉积在催化剂表面上，使催化活性大大下降，从而影响反应正常进行。为了使反应不断进行，必须烧掉积炭，以恢复催化剂活性，此过程称为"再生"。整个过程称"反应-再生"系统，简称"反-再"系统。

① 催化裂化的原料。催化裂化原料的范围很广泛，大体可分为馏分油和渣油两大类。馏分油主要包括三部分。

a. 直馏重馏分油（蜡油 350～500℃）。大多数直馏重馏分含芳烃较少，容易裂化，轻油收率较高，是理想的催化裂化原料。

b. 热加工产物。焦化蜡油、减黏裂化馏出油等。由于它们是已经裂化过的油料，其中烯烃、芳烃含量较多，裂化时转化率低、生焦率高，一般不单独使用，而是和直馏馏分油掺和作为混合进料。

c. 润滑油溶剂精制的抽出油。此抽出油中含有大量难以裂化的芳烃，尤其是含稠环化合物较多，极易生焦。

渣油是原油中最重的部分，它含有大量胶质、沥青质和各种稠环烃类，因此它的元素组成中氢碳比小，残炭值高，在反应中易于缩合生成焦炭，这时产品分布和装置热平衡都有很大影响。原油中的硫、氮、重金属以及盐分等杂质也大量集中在渣油中。在催化裂化过程中会使催化剂中毒，进而也会影响产品分布，同时将加重对环境的污染。由于渣油的残炭、重金属、硫、氮等化合物的含量比馏分油高得多，增加了催化裂化的难度。

② 催化裂化反应机理。目前普遍认为催化裂化的反应机理遵循碳正离子学说。碳正离子指碳原子外围缺少一对孤对电子所形成的，或叫带正电的碳离子。碳正离子不能自由存在，只能在催化剂表面进行反应。形成碳正离子的必要条件：一要有烯烃；二要有质子，烯烃在反应中得到，质子 H^+ 由催化剂提供。H^+ 来源于催化剂的活性中心，催化剂具有酸性，提供 H^+，当烯烃吸附在催化剂表面时，与之结合形成碳正离子。

以正十六烯为例，正十六烯从催化剂表面得 H^+ 生成碳正离子。

$$n\text{-}C_{16}H_{32} + H^+ \longrightarrow C_5H_{11}\underset{+}{\overset{\overset{\displaystyle H}{|}}{C}}C_{10}H_{21}$$

大的碳正离子不稳定，容易在 $C>5$ 的 β 位断裂，生成烯烃和伯碳离子。

$$C_5H_{11}\underset{+}{\overset{\overset{\displaystyle H\ \alpha}{|}}{C}}CH_2\overset{\beta}{\overset{|}{}}C_9H_{19} \longrightarrow C_5H_{11}-CH=CH_2 + \underset{+}{C}H_2-C_8H_{17}$$

伯碳正离子也不稳定，易变成稳定的仲、叔碳正离子，再在 β 位断裂。生成烯烃分子和较小的伯碳正离子。碳正离子稳定性程度依次是叔＞仲＞伯碳正离子，因此生成的碳正离子趋向于异构碳正离子，直至生成更小的 $C_3H_7^+$、$C_4H_9^+$ 为止。

$$\underset{+}{C}H_2-C_8H_{17} \longrightarrow CH_3-\underset{+}{\overset{\alpha}{C}}H\overset{\beta}{}CH_2-C_6H_{13}$$
$$\longrightarrow CH_3-CH=CH_2 + \underset{+}{C}H_2-C_5H_{11}$$
$$\longrightarrow CH_3-\underset{\overset{|}{CH_3}}{\underset{+}{C}}-C_3H_7$$

最后较小的碳正离子（$C_3H_7^+$、$C_4H_9^+$）将 H^+ 还给催化剂，本身变为烯烃，反应中止。

$$C_3H_7^+ \longrightarrow C_3H_6 + H^+ \quad （催化剂）$$
$$C_4H_9^+ \longrightarrow C_4H_8 + H^+ \quad （催化剂）$$

碳正离子学说可以解释烃类催化裂化反应中的许多现象，例如：由于碳正离子不生成比 C_3、C_4 更小的碳正离子，因此裂化气中含 C_1、C_2 少。由于伯、仲碳正离子趋向于转化成叔碳正离子，因此裂化产物中含异构烃、C_3、C_4 烯烃多，带侧链的芳烃的反应速率高即生成芳烃多等，这是催化裂化汽油辛烷值高的原因所在。

③ 催化裂化工艺流程。催化裂化工艺通常由三大部分组成，即反应-再生系统、分馏系统和吸收稳定系统。其中最重要的反应-再生系统工艺流程如图3.6所示。

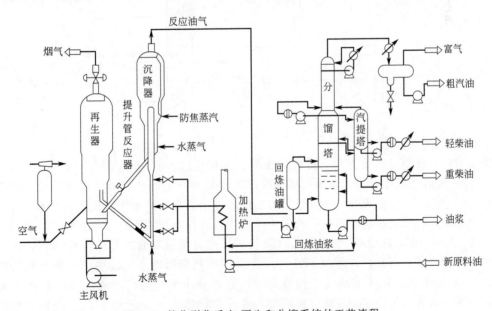

图3.6　催化裂化反应-再生和分馏系统的工艺流程

原料油经过一系列换热后与回炼油混合，进入加热炉预热到370℃左右，由原料油喷嘴以雾化状态喷入提升管反应器下部，油浆不经加热直接进入提升管，与来自再生器的高温（650～700℃）催化剂接触，在催化剂的作用下，使大分子烃热裂化变成小分子烃，同时还使其分子结构改变，使不饱和烃大大减少，异构烷烃和芳香烃增加。反应后的油气与雾化蒸汽与预提升蒸汽一起携带着催化剂以 7～8m/s 的高线速通过提升管，经沉降器快速分离器后，大部分待生催化剂被分出落入沉降器下部，进入再生器，再生后催化剂可以循环使用。反应油气携带少量催化剂经两级旋风分离器分出夹带的催化剂进入分馏系统。

反应器来的 480～510℃ 反应产物即过热油气进入分馏塔底部，经底部的脱过热段后在分馏段分割成几个中间产品。塔顶回流罐为富气和粗汽油，侧线为轻柴油和重柴油，塔底为油浆。为使分馏塔热量均匀分布，设有四个循环回流（塔顶、两个中段、一个塔底）。

在脱过热段，上升的油气与下降的油浆通过人字挡板逆向接触，冷却过热油气，回收热量，使油气变为饱和状态方可分馏，同时达到冲洗催化剂粉尘的目的，并挡住催化剂粉尘上升。富气和粗汽油进入吸收稳定系统。

由于富气中（分馏塔顶）带有汽油馏分，而粗汽油中又含有 C_3、C_4（液化气）甚至有 C_2 组分。为了将富气和粗汽油重新分离成干气（$\leqslant C_2$）、液化气（C_3、C_4）和稳定汽油，在吸收稳定系统利用吸收-精馏的方法完成这一任务。

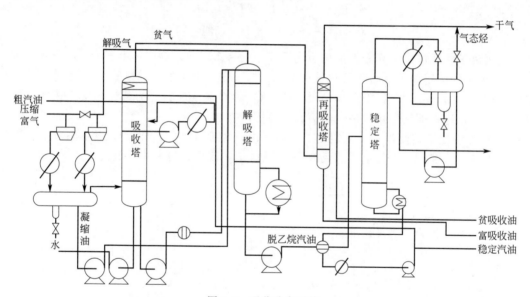

图 3.7　吸收稳定系统

图 3.7 是吸收稳定系统工艺，富气经压缩、冷却后进入三相分离器分出水，上部分出 C_3、C_4 进入吸收塔底部，吸收塔顶用粗汽油作吸收剂和稳定汽油作助吸收剂，吸收粗汽油中的 C_3、C_4 和部分 C_2，吸收后的富吸收油由塔底进入解吸塔。由于吸收塔是放热反应，低温有利于吸收，所以吸收塔中部设一两个中段循环回流，以控制温度不要太高。塔顶出来的贫气（含 C_1、C_2 多，C_3、C_4 少）进入再吸收塔，用轻柴油吸收贫气中的汽油后，作为富吸收油返回分馏塔，再吸收塔塔顶干气（C_1、C_2）送瓦斯管道。解吸塔的任务是将富吸收油中的 C_2 解吸出来，从压缩富气三相分离器的底部分出的凝油与富吸收油一起进入解吸塔，由于解吸塔是吸热反应，塔底设再沸器，解吸出的 C_2（含少量 C_3、C_4）返回富气压缩罐。塔底为脱 C_2（乙烷）汽油，进入稳定塔。稳定塔实际上是一个精馏塔，将液化气（C_3、C_4）和汽油分开。塔顶回流罐分出液化气和裂化气，塔底为稳定汽油。

工业上采用催化裂化始于 1936 年，在 70 多年的发展中，出现过几十种类型的工业装置，其中目前广泛使用的为十几种。根据反应-再生的方式不同，可分为固定床、移动床、流化床和提升管四大类。

① 固定床。1936 年最早出现。片状的天然白土催化剂（含 Al_2O_3 和 SiO_2）固定安放在反应器内，预热到 400℃左右的原料油从反应器下部进入，在催化剂上反应并生焦。通常只经过几分钟到十几分钟，催化剂的活性因其表面积炭而下降，这时停止进料，用水蒸气吹扫后，通入空气进行再生。待催化剂活性恢复后，再通入原料油进行反应。由此可见，反应和再生交替在一个反应器内进行。为了使间断的生产能连续进行，就要用几个反应器并联，轮换操作。这种装置生产能力小，设备结构复杂，钢材耗量大，操作控制麻烦，工业上早已淘汰。为了简化工艺，提高生产能力，又出现了移动床和流化床催化裂化。硅酸铝催化剂得到了应用，反应和再生分别在两个设备中进行，催化剂不断地在反应器和再生器之间循环流动，实现了连续生产。

② 移动床。使用直径约 3mm 小球催化剂，起初是用机械提升的方法在两器间运送催化剂，后来改为空气提升，生产能力较固定床大为提高，产品质量也得到改善。由于催化剂在反应器和再生器内靠重力向下移动，速度缓慢，所以对设备磨损较小，不过移动床的设备结构仍比较复杂，钢材耗量比较大。因此，多年来得到迅速发展的是流化床催化裂化。

③ 流化床。采用了先进的流化技术，所用的催化剂是直径为 $20 \sim 100 \mu m$ 的微球催化剂，在反应器和再生器内与油气或空气形成流化状态，在两器间的循环像流体一样方便。因此，它具有处理量大、设备结构简单、操作灵活等优点。但是流化床由于存在床层返混现象，产品质量和产率不如移动床。

④ 提升管。为配合高活性的分子筛催化剂，流化床反应器又发展为提升管反应器，该技术的特点是物料和催化剂运行以活塞流状并快速完成反应，物流返混少，二次反应减少，轻油收率高。目前提升管催化裂化装置已占据了主导地位。

(3) 催化重整

催化重整工艺过程主要是以石脑油为原料，经过热或在催化剂的作用下，使油料中的烃类分子重新调整结构，生产芳烃和高辛烷值汽油调和组分，同时副产氢气的过程。副产的氢气是加氢装置用氢的重要来源。重整包括热重整和催化重整。热重整是用热裂化的方法调整分子结构，但汽油收率低，辛烷值低，稳定性差，已淘汰。催化重整是用催化剂调整分子结构，使芳烃、异构烷烃含量高，辛烷值高，稳定性好。催化重整是生产芳烃的"龙头"，是生产高辛烷值汽油的重要手段，极为重要。

① 催化重整的主要化学反应。催化重整反应的核心是环烷烃脱氢转化为芳烃的芳构化反应，发生的主要反应为六元环烷烃、五元环烷烃异构脱氢生成芳烃的反应，烷烃的环化脱氢生成芳烃的反应，烷烃的异构化反应和烷烃的加氢裂化反应。

a. 六元环烷烃的脱氢反应

b. 五元环烷烃的异构脱氢反应

$$\text{（环戊烷-}C_2H_5\text{）} \rightleftharpoons \text{（苯-}CH_3\text{）} + 3H_2$$

c. 烷烃的环化脱氢反应

$$C_6H_{14} \rightleftharpoons \text{（苯）} + 4H_2$$

$$C_7H_{16} \rightleftharpoons \text{（苯-}CH_3\text{）} + 4H_2$$

d. 烷烃的异构化反应

$$n\text{-}C_7H_{16} \rightleftharpoons i\text{-}C_7H_{16}$$

e. 烷烃的加氢裂化反应

$$n\text{-}C_8H_{18} + H_2 \longrightarrow 2i\text{-}C_4H_{10}$$

异构化反应并不直接生成芳烃。正构烷烃异构化后，汽油的辛烷值大大提高，同时，异构烷烃比正构烷烃更容易环化脱氢，这就间接地有利于芳烃的生成。加氢裂化反应生成小分子烃类，有利于辛烷值的提高，可生产高辛烷值汽油。但由于裂化时生成小分子气体，则降低汽油的产率。因此，以生产芳烃为目的时，这类反应必须加以控制。综上所述，芳构化反应是最直接的制取芳烃的反应，在芳构化中，六元环脱氢反应最快，五元环脱氢次之，烷烃环化脱氢最慢。芳构化是强吸热反应。

② 重整催化剂。催化重整的发展，很大程度依赖于催化剂的改进，催化剂对产品质量、收率以及装置的处理能力起决定性作用，是重整技术的关键。

重整催化剂由基本活性组分（如铂）、助催化剂（如铼、锡等）和酸性载体如含卤素的 $\gamma\text{-}Al_2O_3$ 组成。根据活性组分区别，重整催化剂分两大类：非贵金属催化剂如 MoO_3/Al_2O_3、Cr_2O_3/Al_2O_3 和贵金属催化剂如单金属铂，双金属铂-铼、铂-锡，多金属三元以上铂-铱-钛等。重整催化剂是一种双功能催化剂，其中铂构成脱氢活性中心，促进脱氢、加氢反应。而酸性载体提供酸性中心，促进加氢裂化、异构化反应。由于 Al_2O_3 载体的酸性很弱，因此，添加少量卤素以调节其酸性功能。

以正己烷环化脱氢生成苯为例说明催化剂双功能作用：

$$C_6H_{14} \xrightarrow[\substack{\text{脱氢中心}\\(Pt)}]{\text{脱氢}} n\text{-}C_6H_{12} \xrightarrow[\substack{\text{酸性中心}\\(Cl)}]{\text{异构化}} \text{（环戊烷-}CH_3\text{）} \xrightarrow[\substack{\text{脱氢中心}\\(Pt)}]{\text{脱氢}} \text{（环戊烯-}CH_3\text{）} \xrightarrow[\substack{\text{酸性中心}\\(Cl)}]{\text{异构化}} \text{（环己烷）} \xrightarrow[\substack{\text{脱氢中心}\\(Pt)}]{\text{脱氢}} \text{（苯）}$$

该机理说明，以上反应是在催化剂交替进行的，两种功能必须适当匹配，保持一定平衡关系，才能充分发挥催化剂的活性和选择性。当烷烃转化成苯时，如果脱氢活性中心很强，只能加速六元环脱氢反应。而异构化反应不足，难以促进异构化及烷烃环化和五元环的芳构化，不能达到生成芳烃的目的。反之，如果酸性中心很强，会使加氢裂化过度，生成小分子气体，也不能达到生成芳烃的目的。

③ 催化重整原料选择及预处理。由于重整催化剂贵重，对原料选择有三方面要求：馏分组成、族组成、毒物及杂质含量。根据生产目的不同，可选择不同馏分的原料油（直馏汽油）。如生产高辛烷值汽油，可选择 $C_5 \sim C_{11}$ 的直馏汽油馏分（<180℃馏分）。如果生产芳烃即苯、甲苯、二甲苯，因为小于 C_6 馏分不能芳构化，因此生产苯通常选择 C_6 馏分（沸程在 60～85℃），生产甲苯多选择 C_7 馏分（沸程在 85～110℃），生产二甲苯多选择 C_8 馏分（沸程在 110～145℃馏分）。

为了防止催化剂中毒，重整原料必须经过预处理工艺除去其中的杂质和水分。预处理包括：预分馏、预脱砷、预加氢、脱水和脱硫四个部分。

a. 预分馏。将原料油切割成一定的沸点范围，即<130~145℃的拨头油馏分或脱去≤C_5馏分的原料油（去掉<60℃的轻馏分），因为<C_6馏分不能芳构化。

b. 预脱砷。由于直馏汽油原料中含砷量较高，达到（1~3）×10^{-4}左右，必须要求脱到1×10^{-7}。采用加氢法（加氢使砷化物分解成金属砷），然后在钼酸镍催化剂下吸附脱砷。

c. 预加氢。预脱砷后的原料油通过加氢脱除杂原子化合物（含氮、硫、氧）和其他毒物（如砷、铜、汞、钠），以保护催化剂。

d. 脱水和脱硫。由于原料在预加氢生成油中溶解少量 H_2S、NH_3 和 H_2O 等杂质，在铂重整装置中必须将这些杂质脱除，否则催化剂将失活。通常采用吹氢气气提方法，在塔内自上而下与塔底通入的氢气逆流接触，使上述杂质组分的分压降低，从而将溶解在油中的杂质气提出来。而在铂-铼等双金属及多金属重整中，因催化剂对原料油的含水、含硫要求更加严格，用气提的方法已不能满足要求，故需采用蒸馏脱水的方法。要求原料油中的含水小于 $5×10^{-4}$，含硫小于 $1×10^{-4}$。

④ 催化重整工艺。工业装置中，广泛采用的催化重整反应系统流程可分为两大类：固定床半再生式和移动床连续再生工艺流程。固定床半再生式重整的特点是当催化剂运转一定时期后，活性下降，需就地停工再生。典型的铂-铼双金属固定床半再生式重整工艺原理流程如图 3.8 所示。

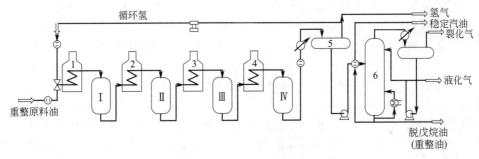

图 3.8　催化重整工艺原则流程
1~4—加热炉；5—高压油气分离器；6—脱戊烷塔；Ⅰ~Ⅳ—重整反应器

经过处理后的原料油与换热后的循环氢混合进入加热炉加热至一定温度，进入第一反应器进行反应。由于重整过程的总体反应是强吸热反应，反应时床层温度会大幅度下降，因此为得到较高的重整平衡转化率和保持较快的反应速度，就必须维持合适的反应温度，这就需要在反应过程中不断地补充热量。为此，半再生式装置的固定床重整反应器一般由3~4个反应器串联，铂重整中通常是 3 个反应器，铂-铼重整常设 4 个反应器。每个反应器之间设有加热炉，可将上一反应器反应降温的物料再加热至所需温度，再进入下一个反应器，这样基本上可以维持所需的反应温度（480~520℃）。

由于芳构化反应中的六元环烷烃脱氢速度最快，多在第一反应器中进行，故第一反应器温度下降最快，催化剂的装入量要少，以免温度下降过多，使催化剂床层下部温度太低，反应速度过缓，影响催化剂的充分利用。在后面的几个反应器中依次进行的是五元环烷烃、异构化脱氢、加氢裂化反应和烷烃环化脱氢。反应速度越来越慢，在第四反应器烷烃环化脱氢反应速度最慢。因此重整各反应器催化剂常采用前面少、后面多的装填方式。

自最后一个反应器出来的重整产物经冷却后进入高压油气分离器，分出含氢85%~95%的气体，经循环氢压缩机升压后，大部分送回反应系统循环使用（称为循环氢），少部分作原料预加氢用氢。分离出的重整生成油进入脱戊烷塔，塔顶蒸出<C_5的组分，塔底是

含有大量芳烃的脱戊烷油（重整油生成油），作为芳烃抽提（萃取）部分的进料油。

如果重整装置只生产高辛烷值汽油，则重整生成油只进入脱戊烷塔（稳定塔），塔顶分出裂化气和液态烃，塔底便是蒸气压合格的稳定汽油，直接出装置。稳定塔和脱戊烷塔实际上完全相同，只是生产目的不同时，名称不同。

半再生式工艺会因催化剂积炭而停工进行再生，为此 UOP 和 IFP 开发出半再生式移动床连续再生工艺。其主要特征是设有专门再生器，反应器和再生器都是采用移动床反应器，催化剂在反应器和再生器之间不断进行循环反应和再生，一般每 3～7 天催化剂全部再生一遍。连续重整工艺会获得较高的芳烃产率、液体收率和氢气产率。

（4）加氢裂化

加氢裂化是催化加氢和催化裂化两种工艺的有机结合，其主要目的是提高原油的加工深度，改善油品质量，提高轻质油收率，减少环境污染。催化加氢主要用于油品精制，加氢精制的实质是在催化剂作用下，石油馏分与氢作用破坏杂原子化合物的过程，也叫氢解反应。杂原子包括硫、氮、氧及金属杂质，可以有选择性使烯烃、芳香烃饱和，脱除重油中的沥青质等。

① 加氢裂化的主要反应。对于烷烃和芳烃的加氢裂化过程，主要的化学反应是烷烃或芳烃先裂化成较小分子的烷烃和烯烃或环烷烃。烷烃裂化很少生成 C_3 以下的小分子烃。对于非烃类的加氢裂化，其实质是加氢精制。含硫、含氮、含氧等非烃类化合物与氢发生氢解反应，分别生成硫化氢、氨、水和相应的烃，进而从油品中除去。这些氢解反应都是放热反应，在非烃化合物的氢解反应中，含氮化合物的加氢反应最难进行，含硫化合物的加氢反应能力最大，含氧化合物的加氢反应居中，即三种杂原子化合物的加氢稳定性依次为：含氮化合物＞含氧化合物＞含硫化合物。渣油中的金属化合物很容易在 H_2/H_2S 作用下，转化为金属硫化物沉积在催化剂表面上。

加氢裂化催化剂具有加氢活性和裂化活性的双功能作用，其基础是裂化催化剂，是在具有酸性活性中心的载体上加入相应的添加物（加氢活性中心）而形成的。具有酸性活性中心的为多孔载体，如 $\alpha\text{-}Al_2O_3$、$Al_2(SiO_4)_3$、Y 型分子筛、ZSM-5 分子筛等，具有加氢活性中心的物质为 VI-B 和 VIII 族的过渡金属，如非贵金属 Fe、Co、Ni、W、Mo 及其氧化物，贵金属 Pt、Pd 等。例如在多孔载体 $\alpha\text{-}Al_2O_3$ 上负载 Co、Ni、Mo 等，氧化型催化剂有 $CoO\text{-}MoO_3\text{-}NiO\text{-}\gamma\text{-}Al_2O_3$、$MoO_3\text{-}NiO\text{-}\gamma\text{-}Al_2O_3$ 等。

② 加氢裂化的工艺流程。典型的加氢裂化流程中只有一个反应器，原料油的加氢精制和加氢裂化在同一个反应器内进行，所用催化剂具有一定的抗氮能力，主要用于由直馏重柴油生产液化气，由减压蜡油、脱沥青油生产煤油和柴油的过程。其工艺流程如图 3.9 所示。

原料油由泵升压至 16MPa 后与新氢、循环氢和尾油（循环油）混合，再与 420℃ 左右的加氢生成油换热至 320～360℃，进入加热炉。反应器进料温度为 370～450℃，原料油在反应温度 380～440℃、空速 $1.0h^{-1}$、氢/油体积比约 2500 的条件下进行反应。为了控制反应温度，向反应器分层注入冷氢。反应产物经与原料油换热后温度降至 200℃，再经空气冷却，温度降至 30～40℃ 之后进入高压分离器。反应产物进入空冷器之前注入软化水以溶解其中的 NH_3、H_2S 等，以防水合物析出而堵塞管道。自高压分离器顶部分出剩余的氢，经循环氢压缩机升压后，返回反应系统循环使用。自高压分离器底部分出生成油，进入低压分离器，在此将水脱出，并释放出部分溶解气体，作为燃料气送出装置。生成油经加热送入稳定塔，在 1.0～1.2MPa 下蒸出液化气，塔底液体经加热炉加热至 320℃ 后送入分馏塔，分馏出轻汽油、煤油、低凝点柴油和塔底油（尾油），尾油可一部分或全部作循环油，与原料

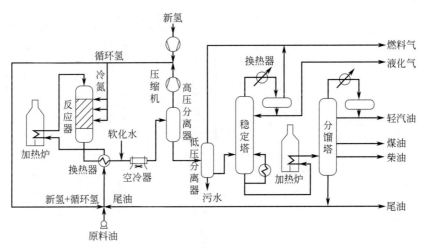

图 3.9　加氢裂化工艺流程示意图

油混合再去反应，以增加低轻质油收率。上述流程为一段加氢裂化，只有一个反应器，原料油的加氢精制和加氢裂化在同一个反应器内进行。

此外，还有两段加氢裂化和串联加氢裂化。两段加氢裂化流程中有两个反应器，分别装有不同性能的催化剂。在第一个反应器中进行原料油的加氢精制，加氢裂化在第二个反应器内进行，并形成独立两段流程体系。串联加氢裂化使加氢精制和加氢裂化两个反应器直接串联起来，由于开发了抗氨、抗硫化氢的分子筛加氢裂化催化剂，省掉了一整套换热器，加热、冷却、减压和分离设备。

从三种方案中进行分析比较表明，以生产航空煤油角度来看，一段流程收率较高，但汽油收率较低；串联流程投资少，但航空煤油收率较低；两段流程灵活性最大，航空煤油收率高，并能生产汽油。

(5) 延迟焦化

延迟焦化就是在加热炉内以极短的时间把原料油加热到所需温度，不发生裂解反应，而延迟到焦化釜进行裂化、缩合反应。焦化工艺是一种提高原油加工深度、促进重质油轻质化的重要的热加工过程，也是唯一能生产石油焦的工艺过程。它以渣油为原料，在高温（500～505℃）下进行深度热裂化反应，主要产物有气体、汽油、柴油、蜡油（重馏分油）和石油焦。焦化包括延迟焦化、釜式焦化、平炉焦化、流化焦化、灵活焦化等五种工艺过程，目前，延迟焦化在国内的工业过程中应用最广。

延迟焦化装置目前已能处理包括直馏（减黏、加氢裂化）渣油、裂解焦油和循环油、焦油砂、沥青、脱沥青焦油、催化裂化油浆、炼油厂污油（泥）以及煤的衍生物等60余种原料。延迟焦化工艺流程如图3.10所示。

原料（减压渣油）经预热至340～350℃后，先进入分馏塔下部与焦化（炭）塔顶部出来的高温油气（430～440℃）在塔内接触换热，一方面高温油气把原料中的轻组分蒸发出来，另一方面将过热的焦化油气降温到可进行分馏的温度，同时将油气中的重组分冷凝下来作为循环油，和原料一起从分馏塔底部抽出，用热泵送入加热炉辐射室，加热到500℃左右，通过四通阀分别进入焦炭塔（切换使用）底部，进行焦化反应。在充分进行裂化（生成油气）和缩合（生成焦炭）反应后，生成的油气从焦炭塔顶引出进入分馏塔，与原料换热后分馏出焦化气体、汽油、柴油和蜡油。焦化塔实际上是一个空塔，主要提供空间使原料油（气）有足够的停留时间进行反应。为防止原料油在炉内结焦，通

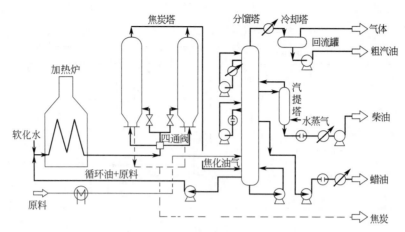

图 3.10　延迟焦化工艺流程

常注软化水。

　　焦炭塔为间歇操作，所以设置两个塔切换使用，以确保装置的连续操作。当焦化生成的焦炭留在焦化塔内一定高度时，停止反应，进行切换除焦，原料通过四通阀切换进另一个焦化塔。一般焦化塔需设两组或四组进行轮换操作，一组进行生焦反应，另一组进行除焦过程。约 24h 切换一次，通过水力除焦将焦炭从塔底排出。延迟焦化的主要目的是生产固体石油焦炭，同时获得气体和液体产物。

3.2.3　原油的三次加工

　　原油的三次加工主要指将二次加工产生的各种气体（炼厂气）进一步加工生产高辛烷值汽油和各种石油化工产品。生产高辛烷值汽油时，将原油一次加工的减压蜡油、二次加工的中间产品进行催化裂化，产生的裂化气经吸收、气体分离，再经烷基化、叠合生产烷基化汽油和叠合汽油等高辛烷值汽油。生产各种化工产品时，炼厂气经吸收、气体分离分出乙烷、乙烯、丙烷、丙烯、丁烷、丁烯等。其中丙烯生产丙醇、丁醇、辛醇、丙烯腈、腈纶；碳四（C_4）馏分生产顺酐、顺丁橡胶；用苯、甲苯、二甲苯生产苯酐、聚酯、腈纶等化工产品，图 3.11 是三次加工示意图。

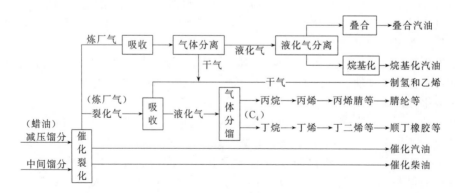

图 3.11　原油的三次加工过程

　　以生产高辛烷值汽油为例，如图 3.11 所示，炼厂气先经吸收、气体分离装置，利用吸收和解吸的方法使干气（C_2 以下气体）与液化气（C_3、C_4）进行分离，然后分别进行加工。例如 C_2 可作为制氢和乙烯的原料，或作为燃料气。C_3 馏分主要用于叠合生产叠合汽油，C_4 组分去烷基化装置，以氢氟酸作催化剂，使异丁烷和丁烯转化成以异构烷烃为主的烷基化汽油。炼厂气在加工之前，需要先除去有害的非烃气体，再分离成不同的单体烃或馏分，这一过程通过气体吸收（精制）和气体分馏来完成。

（1）炼厂气吸收原理

由于炼厂气中含有硫化氢等有害气体，若用其作石油化工原料时，将引起设备和管道的腐蚀、催化剂中毒、环境污染，严重危害人体健康。同时，气体中的硫化氢也是制造硫黄和硫酸的原料。因此，炼厂气精制的主要目的是脱硫。

① 干法脱硫。将气体通过吸附剂床层使硫化物被吸附在吸附剂上，以达到脱硫的目的。常用的吸附剂有氧化铁、活性泡沸石、分子筛等，这类方法适用于处理含有微量硫化氢的炼厂气，以及需要较高脱硫率的场合。

② 湿法脱硫。用液体吸收剂洗涤炼厂气，以除去气体中硫化物。在湿法脱硫中，使用最普遍的是醇胺法。其基本原理是用弱碱性水溶液（醇胺）作吸收剂，吸收气体中的酸性气体硫化氢（H_2S），同时也吸收二氧化碳（CO_2）和其他硫杂质。吸收了 H_2S 等气体的醇胺溶液（富液），再依靠加热把吸收的气体解吸出来，使吸收剂得到再生，再生后的醇胺（贫液）再循环使用。

（2）液化石油气分离原理

液化气主要含有 C_3、C_4 的烷烃和烯烃等，沸点很低。如丙烷的沸点为 $-42.07℃$，丁烷为 $-0.5℃$，异丁烯为 $-6.9℃$ 等。这些组分在常温常压下均为气体，但在一定的压力下（2.0MPa 以上）可呈液态。根据液化气中各种烃类的沸点不同，可以采用加压精馏的方法将其分离，其工艺流程如图 3.12 所示。

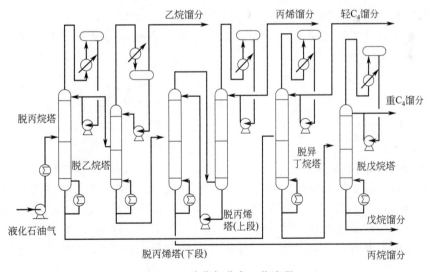

图 3.12 液化气分离工艺流程

经脱硫后的液化石油气用泵打入脱丙烷塔，塔顶为 C_3 馏分（主要成分为丙烷、丙烯和少量乙烷），塔底为 C_4 馏分（主要成分为正丁烷、异丁烷、异丁烯和少量戊烷）。由脱丙烷塔顶分出的 C_3 馏分经冷凝冷却后，部分作为脱丙烷塔顶的冷回流，其余送入脱乙烷塔，塔顶分出乙烷馏分，塔底为丙烷-丙烯馏分。

将丙烷-丙烯馏分送入脱丙烯塔，塔顶分出丙烯，塔底为丙烷。由脱丙烷塔底出来的 C_4

馏分送入脱异丁烷塔，塔顶分出轻 C_4 馏分（主要成分是异丁烷、异丁烯、1-丁烯等），塔底为 C_5 馏分（主要成分为重 C_4 馏分和戊烷馏分），送至脱戊烷塔进行分离，塔顶引出重 C_4 馏分，塔底引出戊烷馏分。

液化气经气体分馏装置分出的各个单体，按实际需要可作不同加工过程的原料，例如：丙烯可以生产聚合级丙烯，或作为高辛烷值汽油（叠合汽油）原料，轻 C_4 馏分可先作为甲基叔丁醚装置的原料，然后再与重 C_4 馏分一起作为烷基化装置的原料，戊烷馏分可掺入车用汽油等。

（3）叠合原理

将两个或两个以上的烯烃分子，在一定温度和压力下结合成较大的烯烃分子的反应，叫叠合反应。以炼厂气中烯烃为原料，在催化剂作用下通过叠合反应生产高辛烷值汽油组分或石油化工原料等过程叫做叠合工艺，又叫催化叠合。

$$C_3H_6 + C_3H_6 \xrightarrow{\text{催化剂}} C_6H_{12}$$
$$C_4H_8 + C_4H_8 \xrightarrow{\text{催化剂}} C_8H_{16}$$

叠合工艺分为两种：其一是非选择性叠合，用未经分离的 $C_3 \sim C_4$ 液化气作为原料，目的产品主要是高辛烷值汽油的调和组分。其二是选择性叠合，将液化气进行分离，用丙烯作原料，选择适宜的操作条件进行特定的叠合反应，生产某种特定的产品或高辛烷值汽油组分，例如丙烯选择性叠合生产二聚丙烯，作洗涤剂或增塑剂的原料，异丁烯选择性叠合生产异辛烯，进一步加氢可得异辛烷，作为高辛烷值汽油组分等。

（4）烷基化原理

在催化剂存在下，异丁烷和烯烃的加成反应叫做烷基化反应。以 C_4 馏分（异丁烷-丁烯馏分）作原料经烷基化反应，生产烷基化油的过程，称烷基化工艺。例如：异丁烷与异丁烯的烷基化，其主要成分是异辛烷，即高辛烷值汽油组分又叫工业异辛烷。其主要反应如下：

由于 C_4 馏分的主要成分有异丁烷、异丁烯、1-丁烯、2-丁烯和少量丙烯、戊烯，因此，除了异丁烷和异丁烯烷基化反应外，还有异丁烷和 1-丁烯、2-丁烯的烷基化反应，生成 2,3-二甲基己烷、2,2,3-三甲基戊烷等，还有异丁烷与少量丙烯、戊烯的烷基化反应。除此之外，原料和产品还可能发生分解、叠合、氢转移等副反应，生成低沸点和高沸点的副产物以及酯类和酸油等。因此，烷基化油实质上是由异辛烷和其他烃类组成的复杂混合物。

尽管原油的加工可以分为一次、二次、三次加工，但在实际原油加工过程中，事实上原油加工方案是各种加工过程的组合，也称为炼油厂总流程。按原油性质和市场需求不同，组成炼油厂的加工方案有不同形式，加工过程的组合可以很复杂，也可能很简单。如最简单的是常压蒸馏-催化重整组合，此外还有常减压蒸馏-催化裂化-催化重整组合、常减压蒸馏-催化裂化-催化重整-焦化组合等。根据目的产品即市场的不同需求，原油加工方案大致分为燃料型、燃料-润滑油型、燃料-化工型三大类。各种加工过程的组合都可以生产以上三种类型的石油产品，其共性是都生产燃料油。根据原油产地不同、性质不同以及对目的产品的需求，采用不同的加工类型。

① 燃料型。这类原油加工方案基本上都是生产燃料油，如汽油、航空煤油（喷气燃料）、柴油等轻质和重质燃料油。根据原油性质，如西欧各国加工的原油含轻组分多，而煤的资源不多，重质燃料不足，因此只采用原油常压蒸馏和催化重整两种组合，得到轻汽油和常压重油（重质燃料油），这种加工流程称为浅度加工，典型的燃料型加工方案如图3.13所示。

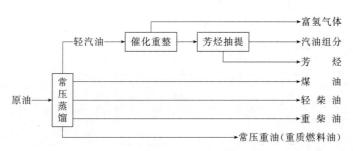

图3.13　浅度加工燃料型加工方案

为了充分利用原油资源和加工重质原油，各国有向深度加工方向发展的趋势，即采用常减压蒸馏-催化裂化-催化重整-石油焦化等过程，以从原油得到更多的轻质油品，如汽油、航空煤油、喷气燃料、柴油等轻质燃料油。除生产部分重质油燃料油外，还可以生产燃料气、芳烃和石油焦炭等。减压渣油通过焦化等轻质化过程再转化成各种轻质燃料油，如图3.14所示。

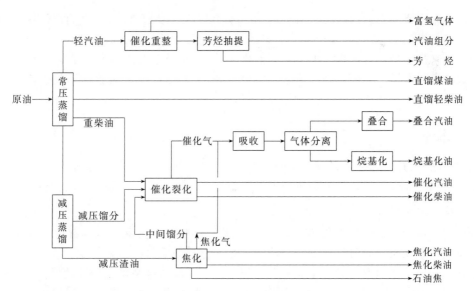

图3.14　深度加工燃料型加工方案

② 燃料-润滑油型。这类原油加工方案除生产燃料油外，部分或大部分减压渣油用于生产润滑油，如图3.15所示。

③ 燃料-化工型。这类原油加工方案除生产燃料油外，还生产苯、甲苯、二甲苯、乙苯等化工原料，如图3.5所示。目前大多数燃料型炼油厂都已转变成了燃料-化工型炼油厂。

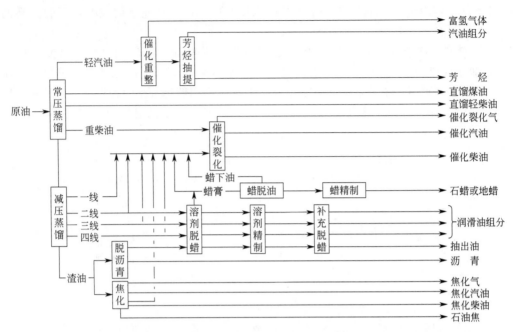

图 3.15　燃料-润滑油型加工方案

3.3　石 油 产 品

石油产品主要分为：汽油类（航空汽油、军用汽油、溶剂汽油）、煤油（灯用煤油、动力煤油、航空煤油）、柴油（轻柴油、中柴油、重柴油）、燃料油、润滑油、润滑油脂以及其他石油产品（凡士林、石油蜡、沥青、石油焦炭等）。有的油品经过深加工，得到石油化工原料（如乙烯、丙烯、丁烯、苯、甲苯、二甲苯等）。石油产品数量繁多，仅以汽油、柴油性能为例说明。

3.3.1　汽油

汽油产品分为无铅汽油（乙醇汽油）和航空汽油（用于航空发动机），汽油品种主要有92 号、95 号和 98 号三种。汽油最重要的性能指标有：抗爆性、蒸发性、安定性和腐蚀性。

（1）汽油的抗爆性

抗爆性是指抵抗爆燃现象的能力。抗爆性能差的汽油，在发动机汽缸内不能很好地燃烧，会出现爆燃现象，同时又有爆震。抗爆性是衡量汽油质量的重要标志。

通常用辛烷值表示汽油的抗爆能力。一般来说，辛烷值越高，抗爆性越好。抗爆性很高的异辛烷（2,2,4-三甲基戊烷）的辛烷值为 100，抗爆性很低的正庚烷的辛烷值为零，将两者按不同比例混合后与汽油产品比较抗爆性。例如 70% 的异辛烷和 30% 的正庚烷混合，其抗爆性与汽油相当，那么该汽油的辛烷值为 70，称 70 号汽油。

直馏汽油由于正构烷烃含量较高其辛烷值很低，一般在 40～60。催化裂化汽油因含大量的异构烷烃和芳烃，辛烷值高达 80～90。为了提高直馏汽油的辛烷值，过去是在汽油（基础油）中加入少量醋酸铅添加剂，因为醋酸铅可大大提高汽油的抗爆能力，但由于铅的毒性，世界各国都已禁止使用。目前提高辛烷值可以采用调和和掺和的方法。

所谓调和就是往辛烷值低的汽油中加入一定数量的高辛烷值汽油。如催化裂化、催化重整、加氢裂化、烷基化等二次加工油，它们的辛烷值较高。掺和是用甲基叔丁基醚或甲醇、乙醇作为汽油的掺和组分，甲基叔丁基醚的辛烷值是110，掺入汽油后不改变汽油的基本性质。但甲基叔丁基醚有一定致癌作用，已逐渐禁用。乙醇的辛烷值为111，无毒，是理想的掺和剂。甲醇的辛烷值为114，有毒。

（2）汽油的蒸发性

评定汽油蒸发性的性能指标是馏程和饱和蒸气压。

① 馏程。馏程能表示汽油的沸点范围和蒸发性能。其10%、50%、90%各馏出温度和终馏点的意义如下。

a. 10%馏出温度：也叫10%点。即将100mL原油蒸出10mL液体时的温度，表示汽油中低沸点馏分的多少。10%点越低，表明汽油中低沸点馏分越多，蒸发性越强，能使汽车发动机在低温下启动，但不能过低，否则易产生气阻中断供油。10%点一般不高于70℃。

b. 50%馏出温度：或50%点。表示汽油的平均蒸发性能。50%点低，确保汽油的组成均匀分布，使发动机具有良好的加速性和平稳性，保证最大功率和爬坡能力。50%点一般不高于120℃。

c. 90%馏出温度和终馏点：这两个温度表示汽油中重馏分的含量。90%点的温度过高，说明重馏分过多，使汽油在汽缸中不能完全燃烧或燃烧不完全易形成积炭影响发动机工作。试验表明：使用终馏点为225℃的汽油，发动机的磨损量比终馏点为200℃的汽油大1倍，多消耗汽油7%。我国车用汽油90%馏出温度不高于190℃，终馏点温度不高于205℃。

② 饱和蒸气压。在一定温度下，液体与其液面上的蒸气呈平衡状态时，蒸气所产生的压力称为饱和蒸气压。蒸气压表示液体在一定温度下蒸发和汽化的能力。石油馏分的蒸气压通常有两种表示方法：一种是汽化率为0时的蒸气压，称为泡点蒸气压或真实蒸气压，用于计算气液相组成或液化条件；另一种是累得蒸气压，是用特定仪器，在规定条件下测定的油品蒸气压，主要用于评价汽油的使用性能。夏季温度较高，蒸气压过高会形成气阻。规定汽油的蒸气压不高于74kPa。

（3）汽油的安定性

汽油抵抗氧化的能力称为氧化安定性，简称安定性。安定性不好的汽油，在储存和输送过程中易发生氧化反应，生成胶质，使汽油的颜色变深，甚至发生沉淀，影响供油。胶状物在高温下会结焦，沉积在汽缸盖或活塞上造成散热不良，引起温度升高造成爆燃现象。

影响汽油安定性的因素主要是温度和储罐的金属表面作用。在较高的温度下，汽油氧化速度加快，生成胶质倾向加大。当储存温度上升10℃，胶质生成速度加快2～6倍。另外，在各种金属储存和运输中，铜的影响最大，不仅变色，而且胶质增长加快。其他依次是铁、锌、铝和锡。

（4）汽油的腐蚀性

一般来说，汽油的烃类没有腐蚀性，但汽油中存在有机酸（环烷酸）、硫化物（硫醇）、SO_2、SO_3以及水溶性酸碱都会对金属引起腐蚀作用。

3.3.2　柴油

柴油产品分为轻柴油和重柴油。轻柴油适用于高速柴油机，重柴油适用于中、低速柴油机。轻柴油按凝固点分为10号、0号、－10号、－20号、－35号和－50号六个牌号。重柴油按 50℃ 运动黏度分为 10 号、20 号、30 号三个牌号。柴油最重要的性能有：燃烧性、蒸发性、流动性、安定性和腐蚀性。

（1）柴油的燃烧性

评定柴油燃烧性能的主要指标是十六烷值。规定正十六烷的十六烷值为 100，α-甲基萘的十六烷值为零，按一定比例配成标准燃料。例如，某柴油的燃烧性与含 52％ 正十六烷的标准燃料的燃烧性相同，则该油品的十六烷值等于 52。十六烷值高表明燃烧性能好，燃烧均匀。十六烷值低表明燃烧困难。但十六烷值不能太高，否则局部燃烧不完全。一般高速柴油机十六烷值在 40～45，中速柴油机十六烷值在 30～35，低速柴油机十六烷值在 25 左右。

十六烷值与组成有关，一般来说，正构烷烃的十六烷值最高，异构烷烃次之，芳烃最低，这和汽油的辛烷值相反。直馏柴油的十六烷值最高，催化裂化因含有较多的芳烃，十六烷值较低。柴油的十六烷值可加入硝酸烷基酯添加剂来提高。

（2）柴油的蒸发性

评定柴油蒸发性的指标为馏程和闪点。馏程主要项目是 50％、90％ 和 95％ 馏出温度。其中 50％ 馏出温度＜300℃，说明柴油中轻组分多，耗油量少。90％ 馏出温度不高于 355℃。95％ 馏出温度不高于 365℃。闪点是指柴油蒸气和空气混合与火焰接触会发生短促闪火现象的最低温度。例如：－20 号轻柴油闪点不低于 60℃。

（3）柴油的流动性

柴油的流动性采用黏度和低温流动性评价。黏度是保证柴油供油量、雾化状态、燃烧情况的重要指标。黏度过大，油泵抽油效率下降，减少供油；黏度过小，喷射太快，柴油集中在喷嘴附近，燃烧不完全。低温流动性是指低温下失去流动性的温度（凝点）和通过过渡器每分钟流量不足 20mL 的最高温度（冷滤点）。

（4）柴油的安定性（稳定性）

安定性是指柴油在储存、运输和使用过程中，外观、组成和使用性能不变的能力。安定性差的柴油，颜色变深，甚至有沉淀。不安定因素主要有不饱和烃和环基芳烃。

（5）柴油的腐蚀性

柴油与汽油一样，有酸度、碱度、硫含量、水分等指标要求。

3.4　小　　结

当前，我国石油化工面临着资源和环境等方面的重大挑战，化工技术创新对于促进我国石油化工可持续发展以及保障国家能源安全等意义重大。本章概述了石油和油品的基本知识、石油炼制的原理和工艺过程，以及石油产品（柴油和汽油）的概念和分类等。石油化工行业横跨能源采掘加工以及原材料制造两大工业门类，产业投资强度高，工程技术密集，产品加工链长，对国家工业产值快速增长贡献率大。"十二五"期间我国石化行业已经感受到实现可持续发展的紧迫性，认识到在原料上向能源化工型转变、生产过程实现绿色低碳清洁化以及产品结构实现差异化与高端化的重要性。可持续发展上，推进传统石油化工产业向能源化工产业的转型已成为共识，随着我国石化产业高层对现代煤化工为主的石化二次创业的日益重视，化工原料的煤炭替代和构建具中国特色的"煤油化一体化新模式"等方面会取得新的进展。可以预期，未来我国在石油化工领域，不仅在产能产量上，而且在产品档次和节能减排上，赶超美欧世界一流的努力将取得实质性的进展。

本章思考题

[1] 什么是石油？石油中的化合物主要有哪几种类型？

[2] 提高采油收率的方法有哪些？

[3] 石油分馏所得的各种馏分及其对应的分馏温度是多少？简要绘制石油分馏塔装置。

[4] 石油蒸馏工艺中有哪些主要设备？

[5] 石油的加工方法有哪些？为改善燃油品质，可采用哪些二次加工工艺？主要作用是什么？

[6] 石油的催化裂化过程中烃类催化裂化的主要反应有哪些？催化裂化的主要产物是什么？

[7] 催化重整的主要反应类型有哪些？

[8] 什么是延迟焦化工艺？

参考文献

[1] 李为民，等. 石油化工概论. 北京：中国石化出版社，2013.

[2] 梁朝林，等. 延迟焦化. 北京：中国石化出版社，2007.

[3] 唐孟海，等. 原油蒸馏. 北京：中国石化出版社，2007.

[4] 孙兆林，等. 原油评价与组成分析. 北京：中国石化出版社，2005.

[5] 方向晨，等. 加氢精制. 北京：中国石化出版社，2006.

[6] 梁刚. 2014年全球石油产量突破38亿吨 油气储量略有增长. 国际石油经济，2015（2）：93-95.

[7] 李雪静. 世界能源格局调整与炼油工业发展动向. 石化技术与应用，2015，33（1）：1-9.

[8] 梁凤印，等. 流化催化裂化. 北京：中国石化出版社，2005.

[9] 米镇涛. 化学工艺学. 北京：化学工业出版社，2006.

[10] 中国石油和化学工业联合会. 2019年中国石油和化学工业经济运行报告. 现代化工，2020，40（03）：230-232.

[11] 张勇，李小明. 中国石油化工科技发展五十年及展望. 石油化工，2008，37：83-90.

[12] 梁文杰，等. 石油化学. 2版. 东营：中国石油大学出版社，2009.

[13] 李淑培，等. 石油加工工艺学：上、中、下册. 北京：中国石化出版社，1991.

[14] 洪定一. 2012年我国石油化工行业进展及展望. 化工进展，2013，32：481-500.

[15] 周彤，邓德刚，秦丽姣. 石油化工废碱液处理技术开发及工业应用. 现代化工，2019，39（06）：187-189.

[16] 李世雄，等. 石油炼制工程. 北京：石油工业出版社，2009.

[17] 任晓娟，等. 石油工业概论. 北京：中国石化出版社，2007.

[18] 沈本贤，等. 石油炼制工艺学. 北京：中国石化出版社，2009.

[19] 朱耕青，等. 石油炼制工艺学：上、下册. 北京：中国石化出版社，1998.

[20] 曾心华，等. 石油炼制. 北京：化学工业出版社，2009.

[21] 谢在库，刘志成，王仰东. 面向资源和环境的石油化工技术及展望. 中国科学：化学，2014，44（9）：1394-1403.

[22] 宋倩倩，慕彦君，侯雨璇，王春娇，郑轶丹. 中美两国石油化工产业实力对比分析. 化工进展，2020，39（05）：1607-1619.

[23] 闵恩泽. 工业催化剂的研制与开发：我的实践与探索. 北京：中国石化出版社，1997.

[24] 刘中民，魏迎旭，李金哲，陈景润，徐舒涛. 分子筛催化的重要工业应用进展及DMTO技术//于吉红，闫文付. 纳米孔材料化学：催化及功能化. 北京：科学出版社，2013：21-30.

[25] 何鸣元，孙予罕. 绿色碳科学化石能源增效减排的科学基础. 中国科学：化学，2011，41：925-932.

[26] 寿德清，山红红. 石油加工概论. 东营：中国石油大学出版社，1996.

[27] 程丽华. 石油炼制工艺学. 北京：中国石化出版社，2005.

[28] 刘进龙. 国内外石化行业环境保护管理对比. 化工环保，2019，39（02）：225-230.

[29] 杨宝忠. 浅议我国石油石化工业的发展战略：全球石油石化产业结构调整给我们的启示. 石油化工技术经济，2001，3：10-15.

[30] 蔡世干，王尔菲，李锐. 石油化工工艺学. 北京：中国石化出版社，1993.

[31] 薛荣书，谭世宇. 化工工艺学. 重庆：重庆大学出版社，2001.

[32] Wang J. Front Eng Manag，2017，4（3）：242-255.

[33] 武向红，等. 石油化工设计手册. 北京：化学工业出版社，2001.

第4章
天然气

本章学习重点

◇ 了解天然气的组成和分类。

◇ 了解各类天然气综合利用技术，掌握天然气转化为高附加值产品如乙烯、苯、甲醇等过程技术。

◇ 掌握非常规天然气的性质特点及利用技术。

4.1　天然气基础知识

天然气与煤炭、石油并称为目前一次能源的三大支柱。天然气，广义上泛指自然界中天然存在的一切气体，包括大气圈、水圈、生物圈、岩石圈以及地幔和地核中所有自然过程形成的气体。狭义的天然气是从能量与资源利用角度考虑，专指天然蕴藏于地层中油田气、气井气、煤层气、泥火山气和生物生成气中，以甲烷为主的烃类混合物。天然气是一种优质、经济、清洁的能源和化工原料，燃烧后无废渣、废水产生，与煤炭、石油等能源相比，具有使用安全、热值高、洁净等优点，是一种公认的绿色燃料，被广泛用作城镇燃气。天然气也是宝贵的化工原料，可以生产汽油、甲醇等附加值很高的下游产品。

天然气在公元前1000年前就已经被发现。中国是世界上最早发现并进行利用的国家之一。古籍《易经》中就有"泽中有火""上火下泽"，这是古人对湖泊池沼中逸出的天然气燃烧现象的最早的文字记载。《史记》中记载着公元前3世纪，蜀郡太守李冰在现今四川邛崃一带凿井汲卤，利用天然气煮卤熬盐的内容。《汉书·地理志》中也有汉宣帝神爵元年（公元前61年）"西河鸿门县有天封苑火井祠，火从地中出"的记载。西晋张华的《博物志》对天然气作为能源来使用做了"临邛（今四川邛崃）火井一所，纵广五尺，深二、三丈，井在县南百里，昔时人以竹木投以取火"的较为详细记载，至今，天台山附近的火井镇仍有保存完好的汉代古火井。从公元13世纪开始，中国古代劳动人民在对四川自贡、富顺和荣县一带的浅层天然气进行大规模的开发和利用时，为了克服天然气运输困难，严防泄漏而造成的危害，在缺少金属材料的情况下，他们利用当地的竹子和木材，创造性地制造出一种叫做"笕"的运输管线。"笕"能翻山越岭，还能穿河过湖，把天然气和盐水输送到一二十公里（1公里＝1km，下同）以外的地方。到明朝中期，自流井天然气的开发已经初具规模，地面的输送管线已经形成比较完善的集输系统。

4.1.1 天然气的成因

与石油相比，天然气的成因具有更广泛、多样及复杂的特点。各种类型的有机物质都可以形成天然气（腐泥型有机质既生油又生气，腐殖型有机质主要生成气态烃），同时，一些可燃气体及无机盐类也可以通过各种作用而形成天然气。此外，天然气与石油不同，不仅存在于地层深处，也存在于地表及宇宙空间。虽然在很多书中都把天然气归类于石油，但从其成因、组成及实际应用来看，天然气与石油具有相当大的差别，作为天然气中的一种类型——石油伴生气，其形成与石油的形成密切相关，但其在天然气中所占的比例很低。天然气有自身发生、发展、形成矿藏的地质规律。

天然气的成因，与石油的成因相似，也有两种说法，即有机成因说及无机成因说。有机成因说认为天然气主要由深埋地下的有机质经过厌氧菌分解、热分解、聚合加氢等过程而形成；无机成因说认为天然气是受地球深部岩浆活动、无机盐类分解以及宇宙空间孕育而成的可燃气体。两种学说中，有机成因说为更多人接受。在有机成因说中，将天然气的形成分为生物催化、热降解、热裂解几个阶段。

生物催化阶段：有机质在厌氧菌作用下发生分解，部分有机质被完全分解成二氧化碳、甲烷、氨等简单分子；部分有机质被选择分解为娇小的生物化学单体，如苯酚、氨基酸、单糖、脂肪酸等。分解产物之间又相互作用，形成较复杂的高分子固态化合物。

热降解阶段：生物催化阶段形成的高分子固态化合物进一步发生热解和聚合加氢作用，转化成气态烃类（天然气）和液态烃类（石油）。

热裂解阶段：催化分解和热裂解的生成物发生强烈的热分解反应，高分子烃分解成低分子烃，液态烃裂解为气态烃，最终形成以甲烷为主的天然气。天然气在陆地与海洋中都有大量的储藏。

4.1.2 天然气的开发利用进程

天然气的开发利用大体分为五个阶段。第一阶段为 1821 年以前，是古代天然气开发利用阶段。在此阶段，天然气主要作为燃料来小规模地使用。在中国、伊朗、日本、意大利等均有相关记载。第二阶段为 1821～1925 年，是天然气气田发现阶段，开始天然气较大规模的应用。在 1821 年，中国四川富顺县出现的自流井气田是世界上开发最早的天然气气田；同年，美国人 William Hart 建立了天然气照明公司，用天然气进行照明和烹调；1839 年，美国人 Findley 将天然气用于家庭燃料及照明，并作为熬盐的燃料。第三阶段是 1925～1944 年，是天然气进入现代工业利用的阶段。1925 年，美国铺设的第一条天然气长输管道是天然气进入现代工业利用的标志。而四川石油沟发现天然气气田，也开始了中国的现代天然气工业。到 1945 年为止，美国一共找到大型和较大型气田 220 个，年产天然气 1145 亿立方米，占当时全世界天然气总产量的 90% 以上。第四阶段是 1945～1970 年，是世界天然气大发现的阶段。第二次世界大战结束后，各国开始大力发展经济建设，投资天然气的勘探开发，推动了天然气的利用。美国、苏联、西欧、中东相继发现了大型及超大型气田。第五阶段是 1970 年至今，是世界天然气大增长的阶段。在 20 世纪 70 年代初，当时最长的一条天然气输送管线在苏联诞生。管线全长 5470km，将位于北极圈的西伯利亚气田的天然气输送到东欧，途经乌拉尔山和 700 条大小河流。新气田的发现，天然气液化技术的应用，大口径、高运输量、长距离输气管道的建成，使世界天然气的生产取得了巨大的增长。

4.1.3　天然气的组成

表 4.1 是国外一些气田的天然气组成。分析表明，天然气的组成可能上百种，大致可分为烃类和非烃类两大类。烃类主要以烷烃为主，其中，甲烷是大多数天然气的主要成分，约占 60%～90%，并含有乙烷、丙烷和丁烷等。部分天然气可能还有戊烷以及更重的烃类 C_6^+。非烃类主要有硫化物（包括硫化氢、硫醇等）、含氧化合物（包括 CO_2、H_2O 等）及其他无机气体（包括 N_2、H_2、He 等）。由于天然气成因的多样性，其组成也不同，不同地区的气藏中采出的天然气组成差别很大，而且同一气藏的不同气井采出的天然气组成也有区别。

表 4.1　国外一些天然气的组成　　单位:%

国家	产地	甲烷	乙烷	丙烷	丁烷	戊烷	C_6^+	CO_2	H_2S	N_2
美国	Louisiana	92.18	3.33	1.48	0.79	0.25	0.05	0.90	1.02	—
	Texas	57.69	6.24	4.46	2.44	0.56	0.11	6.00	7.50	15.00
加拿大	Alberta	64.40	1.20	0.70	0.80	0.30	0.70	4.80	0.70	26.30
荷兰	Goningen	81.40	2.90	0.37	0.14	0.04	0.05	0.80		14.26
英国	Leman	95.00	2.76	0.49	0.20	0.06	0.15	0.04		1.30
法国	Lacq	69.40	2.90	0.90	0.60	0.30	0.40	10.00		15.50
俄罗斯	Capa ToBскoe	94.70	1.80	0.20	0.10	—		0.20		
委内瑞拉	San Joaquin	76.70	9.79	6.69	3.26	0.94	0.72	1.90	—	

天然气为气体形态，能量密度低，在使用过程中，存在运输与储存的问题。由表 4.1 可知，甲烷是天然气的主要成分，其临界温度为 -82.57℃，所以，在常温下，不能仅依靠加压将其液化。通常，在一定压力下，将其冷却至约 -162℃ 时，天然气由气态转变成液态，称为液化天然气（Liquefied Natural Gas，为 LNG）。LNG 无色、无味、无毒且无腐蚀性，其体积约为同量气态天然气体积的 1/600，重量仅为同体积水的 45% 左右，热值为 2.52×10^8 cal，体积能量密度为汽油的 72%，有利于输送和储存。

在实际过程中，要注意区分液化天然气（LNG）、液化石油气（LPG）、压缩天然气（CNG）这三个容易混淆的概念。

LPG 是由炼厂气经加压、降温、液化得到的一种无色、挥发性气体。由炼厂气所得的液化石油气，主要成分为丙烷、丙烯、丁烷、丁烯，同时含有少量戊烷、戊烯和微量硫化合物杂质。由天然气所得的液化气的成分基本不含烯烃。LPG 的主要组分是丙烷（超过 95%），还有少量的丁烷。LPG 在适当的压力下以液态储存在储罐容器中，常被用作炊事燃料，在国外 LPG 被用作轻型车辆燃料。

CNG 是经加压并以气态储存于容器中的天然气。CNG 与 LNG 相比，虽然主要成分基本相同，但因其储存压力高，存在许多安全隐患；同时，其体积能量密度也偏低，为汽油的 26%，仅为 LNG 的 1/3 强；此外，天然气在液化前必须经过严格的预净化，因此，LNG 中的杂质含量远远低于 CNG。

4.1.4　天然气的分类

目前，天然气的分类标准各有不同，每个国家都有自己的习惯分法。常见的分类方法有以下几种：

（1）按产状分类

按照天然气的状态，可分为游离气和溶解气两类。游离气即气藏气，溶解气即油溶气和气溶气、固态水合物以及致密岩石中的气等。

（2）按来源分类

按照天然气的来源，可分为与油有关的气（包括油田伴生气、气藏气）、与煤相关的气（煤层气）、与微生物作用有关的气（沼气）、与地幔挥发性物质有关的气（深源气）、与地球形成有关的化合物气（固态水合物）等。

（3）按矿藏特点分类

按矿藏特点的不同，可将天然气分为气井气、凝析气和油田气。前两者合称为非伴生气，后者也称为油田伴生气。

气井气：在开采各个阶段，储集层流体均呈气态，但随其组成不同，采到地面后在分离器中或管线中则可能有少量液体烃析出。气体中甲烷含量高。

凝析气：在原始状态下呈气态，但开采到一定阶段，随储集层压力下降，流体状态进入露点线内的反凝析区，部分烃类在储集层及井筒中呈液态（凝析油）析出。这类气田的井口流出物除含有甲烷、乙烷外，还含有一定量的丙烷、丁烷及 C_5^+ 以上的烃类。

油田气：即油田伴生气，是在油藏中与原油呈相平衡的气体，其包括游离气和溶解在原油中的溶解气。油田气的特点是组成和气油比（一般为 $20 \sim 500 m^3$ 气/t 原油）因产油层和开采条件不同而异，不能人为地控制，一般富含丁烷以上组分。

（4）按照经济价值分类

按照经济价值可分为常规天然气和非常规天然气。常规天然气主要指按照目前的科学技术和经济条件可以进行工业开采的天然气，主要包括油田伴生气（即油田气、油藏气）、气井气以及凝析气。非常规天然气主要指煤层气、水溶气、页岩气和固态水合物等。其中，除煤层气和页岩气外，其他均由于目前的技术条件限制未投入工业开采。

（5）按酸气含量分类

按酸气（指 CO_2 和硫化物）含量多少，天然气可分为酸性天然气和洁气。酸性天然气指含有显著量的硫化物和 CO_2 等酸气，这类气体必须经处理后才能达到管输标准或商品气质量标准。洁气或称甜气，指硫化物含量甚微或根本不含的气体，它不需净化就可外输和利用。

4.1.5 世界天然气储量与分布

天然气的蕴藏量和开采量十分可观。天然气除了可以作为化工原料外，它更主要的是作为燃料使用。这是因为天然气热值高、燃烧产物对环境污染少，被认为是优质洁净燃料。随着世界经济的发展，石油危机的冲击和煤、石油所带来的环境污染等问题，能源结构开始逐渐变化，天然气的重要性凸显，其消费量急剧增长。近几十年来，天然气工业发生了根本性的变化，不仅天然气探明量和产量不断增加，而且预测的可采资源量也大幅增加。

根据英国石油公司（BP）统计数据显示，1980~2012 年，世界天然气勘探储量不断增加，年均增速为 3.05%，2012 年世界天然气已探明储量（这里是指剩余技术可采储量）为 187 万亿立方米，产量为 3.36 亿立方米，储采比高达 55.7，世界天然气资源较为丰富。从全球天然气资源分布结构来看，天然气主要分布在中东、欧洲和欧亚，总储量超过全球的 70%（见表 4.2）。同时，美国页岩气开发取得突破，年产量已超过千亿立方米，对全球天然气市场供应格局产生了重大影响，出现了天然气现货价与油价关联度降低的趋势。专家普遍认为，世界天然气资源完全可以满足经济发展的需要，尤其是美国页岩气的快速发展，供应能力将进一步增强。

表 4.2 世界天然气已探明储量及分布

国家	储量/万亿立方米	占世界总储量的比重/%	世界排名
伊朗	33.2444	17.8	1
俄罗斯	32.5640	17.4	2
卡塔尔	24.7828	13.3	3
土库曼斯坦	17.3068	9.3	4
美国	8.4000	4.5	5
中国	3.0604	1.6	13

在我国大力发展天然气产业能够优化能源消费结构,符合节能减排政策要求。天然气占我国一次能源消费总量的比例由 2000 年的 2.7% 增加到 2012 年的 5.3%,占我国一次能源生产总量的比例则由 2000 年的 2.2% 增加到 2012 年的 4.4%,但仍远低于世界平均水平 24%。表 4.3 为 2019 年世界一次能源消费结构。

表 4.3 2019 年世界一次能源消费结构　　　　　　　　单位:EJ(10^{18}J)

国家或地区	原油	天然气	原煤	核能	水力发电	再生能源	总计
美国	36.99	30.48	11.34	7.60	2.42	5.83	94.66
加拿大	4.50	4.33	0.56	0.90	3.41	0.52	14.22
德国	4.68	3.19	2.30	0.67	0.18	2.12	13.14
俄罗斯	6.57	16.00	3.63	1.86	1.73	0.02	29.81
英国	3.11	2.84	0.26	0.50	0.05	1.08	7.84
伊朗	3.92	8.05	0.05	0.06	0.26	<0.005	12.345
沙特阿拉伯	6.92	4.09	<0.005	—	—	0.02	11.04
南非	1.18	0.15	3.81	0.13	0.01	0.12	5.40
澳大利亚	2.14	1.93	1.78	—	0.13	0.42	6.40
中国	27.91	11.06	81.67	3.11	11.32	6.63	141.70
印度	10.24	2.15	18.62	0.40	1.44	1.21	34.06
日本	7.53	3.89	4.91	0.59	0.66	1.10	18.68
世界总计	193.03	141.45	157.86	24.92	37.66	28.98	583.90
OECD	89.63	64.84	32.10	17.77	12.32	16.77	233.43
非 OECD	103.40	76.61	125.75	7.16	25.34	12.21	350.47
欧盟	26.39	16.90	7.69	7.33	2.94	7.54	68.79

注:资料来源于《BP Statistical Review of World Energy 2020》。

从表中可以看出,在 2019 年,中国是一次能源消费最多的国家,消费结构以煤炭为主,天然气占 7.8% 左右。作为一种优质、高效、清洁的低碳能源,天然气在一次能源的比重提高,可以调整优化我国的能源结构、有效降低环境污染、对缓解气候变化具有重要的战略意义。

4.2　天然气的利用

天然气是一种优质的能源形式,可直接作为民用燃气使用,也可作为电力生产的燃料,或经过压缩作为车用燃料。此外,天然气化工转化可生产氨、甲醇、乙炔等。随着天然气开采量的增加,从天然气出发获得合成油等液体燃料越来越引起关注。

不同地区的天然气组成有显著的差别,多数存在少量的杂质。天然气在输送或加工利用之前,需要净化以达到一定的质量指标要求。我国天然气及液化气的质量指标如表 4.4 所示,为达到天然气应用的技术指标,井口出来的天然气通常需经过脱硫、脱碳、脱水、脱

C_2 以上烃等分离净化环节。

表 4.4 天然气的技术指标 (GB 17820—1999)

项目	一类	二类	三类
高发热量/(MJ/m³)		>31.4	
总硫/(mg/m³)	≤100	< 200	≤460
硫化氢/(mg/m³)	≤6	≤20	≤460
二氧化碳(体积分数)/%	≤3.0		—
水露点/℃	在天然气交接点的压力和温度条件下,天然气的水露点应比最低环境温度低5℃		

注:1. 本标准中气体体积的标准参比条件是 101.325kPa,20℃。
2. 本标准实施之前建立的天然气输送管道,在天然气交接点的压力和温度条件下,天然气中应无游离水。无游离水是指天然气经机械分离设备分不出游离水。

4.2.1 天然气的分离和净化

天然气在开采和集输中往往混有砂、铁锈等固体杂质,以及水、硫化物和二氧化碳等有害物质。其中,固体杂质容易造成设备仪表的损坏;存在的水汽可以引起水蒸气从天然气中析出,形成液态水、冰或天然气的固体水合物,增加管路压降,严重时有可能堵塞管道,从而减小了管道的输送能力和气体热值;存在的酸性组分如 H_2S、CO_2、二硫化物 (RSSR′)、硫化羰 (COS)、硫醇 (RSH) 等,在开采、集气和处理过程中会对管路、设备产生腐蚀作用,将其用作化工原料还会引起催化剂中毒,影响产品的质量和收率;当采用冷凝回收轻烃时,CO_2 的存在会使装置中的中冷、深冷部位出现干冰(CO_2 的冰点是−56.6℃),堵塞管道;在燃烧过程中,硫化物的存在,不但会降低天然气的热值,还会污染环境,对人体的健康产生较大的危害。因此,进行天然气的分离和净化是天然气利用的前提。

天然气的分离和净化过程如图 4.1 所示,包括以下四个基本过程:①原料气首先经过相分离脱除固体杂质;②从气体中回收可凝析组分和烃蒸气;③从气体中除去水蒸气;④从气体中除去其他有害组分并回收有用组分,如除去硫化物及二氧化碳、回收硫黄。

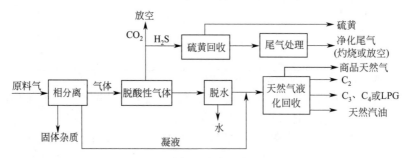

图 4.1 天然气的分离和净化流程图

原料气净化处理符合有关质量指标和要求后,就称为净化气。脱水前的天然气称为湿净化气,而脱除的酸气一般还要回收其中的硫元素,就是所谓的硫回收。当回收硫黄后的尾气若不符合大气污染物排放标准时,还要对尾气进行处理。

(1) 天然气脱除固体杂质

重力分离和离心分离是天然气脱除固体及液体的常用方法。重力分离是利用固体及液体杂质受重力作用而自然沉降,达到与气体分离的目的;离心分离是将进入的流体旋转,通过调整流体的流速,可使流体所受到的离心作用力达到重力加速度的几百倍以上,在离心力的作用下,将固体及液体与气体分离。将两种方法结合所制备的重力分离器,具有以下特点:

①有一个离心式进气口，可以使沿切线进入分离器的部分液、固体，在离心力作用下与气体初步分离；②能提供一个足够长和足够高的空间，使气流中的小液滴及小颗粒沉降下来，并为固体和液体分离提供足够的缓冲空间；③在气体出口处配备捕雾器、除雾器或过滤网（袋），以捕集由于粒度小而不能沉降下来的微小颗粒与小雾滴，沉降下来的液、固混合物还可以进一步通过过滤的方法进行分离。

（2）天然气的脱硫脱碳

从天然气中脱除酸性组分的工艺过程统称为脱硫脱碳或脱酸气。如果此过程主要是脱除 H_2S 和有机硫化物，则称为脱硫；主要是脱除 CO_2，则称为脱碳。天然气脱硫脱碳的方法有很多种，主要分为以下几种：化学吸收法、物理吸收法、化学-物理吸收法、直接转化法、膜分离法、生物化学法等，图 4.2 列举了几种天然气脱硫脱碳的常见方法。

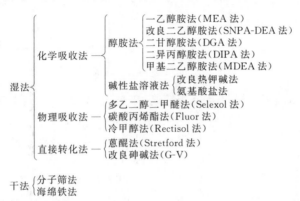

图 4.2 天然气脱硫脱碳常见方法

① 化学吸收法。采用弱碱性溶液为吸收剂，与酸性组分（H_2S 和 CO_2）反应生成化合物。吸收了酸气的富液，在高温低压的条件下解吸放出酸气，使溶液再生，吸收过程连续进行。各种醇胺溶液是使用最广泛的吸收剂，醇胺法也是最常用的天然气脱硫脱碳方法。

醇胺溶液主要由烷醇胺和水组成。图 4.3 是醇胺法典型工艺流程，原料气经过进口分离器除去液体和固体杂质后，由吸收塔下部进塔，自下而上流动，与由塔顶自上向下流动的醇胺溶液在塔板上逆流接触，醇胺溶液吸收酸气后，离开吸收塔顶部的是含饱和水的湿净化气，经过出口分离器进一步处理，脱除携带的溶液液滴后出装置，得到净化气。通常，湿净化气脱水后再作为商品气，或管输走，或去下游的天然气液化回收装置或液化天然气生产装置。吸收酸气的富醇胺液由吸收塔底流出，降压后进入闪蒸罐，放出被醇胺溶液吸收的烃类气体。然后，富液经过滤器进贫富液换热器，利用热贫液将其加热后进入在低压操作的汽提塔上部，使大部分酸性组分在汽提塔顶部塔板上从富液中闪蒸出来。随着溶液自上而下流至底部，溶液中残余的酸性组分就会被在重沸器中加热汽化的气体（主要是水蒸气）进一步汽提出来。因此，离开汽提塔底部的是贫液，只含少量未汽提出来的残余酸性气体。此热贫液经换热器换热、升压泵增压和溶液冷却器冷却后，温度降至比塔内气体烃露点高 5～6℃，然后由醇胺溶液泵送入吸收塔循环使用。从富液中汽提得到的酸性组分和水蒸气离开汽提塔顶部，经塔顶冷凝器冷凝后，冷凝水作为回流返回汽提塔顶部。由回流罐分出的酸气，根据其组成和流量，或去硫黄回收装置，或经处理后焚烧。

② 物理吸收法。物理吸收法是利用有机溶剂对原料气中酸性组分和烃类的溶解度差别，从天然气内脱除酸气。溶液的酸气负荷正比于气相中酸气的分压，当气相中酸气分压高于其平衡分压时，溶液就吸收酸性气体。因为酸气的平衡分压与温度成正比，所以，此方法一般

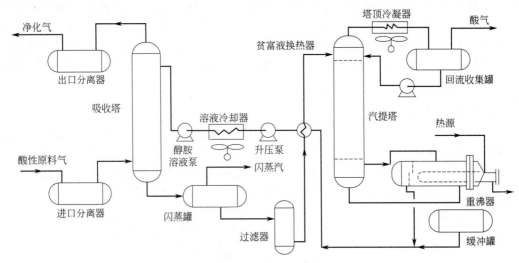

图 4.3　醇胺法典型工艺流程

在高压低温下进行，适用于酸性组分分压较高（345kPa）的天然气脱硫脱碳过程。因为物理溶剂对天然气中的重烃有较大溶解度，不适用于重烃含量高的天然气，同时，物理吸收法受再生程度的限制，净化度不如化学吸收法。常用的方法有碳酸丙烯酯法（Fluor 法）、多乙二醇二甲醚法（Selexol 法）、冷甲醇法（Rectisol 法）等。

③ 化学-物理吸收法。该方法兼具有化学吸收和物理吸收的特点，又称为混合溶液法或联合吸收法。目前，典型的化学-物理吸收法为砜胺法，该法的脱硫脱碳溶液由环丁砜（物理溶剂）、醇胺（DIPA 或 MDEA 等化学溶剂）和水复配而成。其操作条件和脱硫脱碳效果大致上与相应的醇胺法相当，但物理溶剂的存在使溶液的酸气负荷大大提高，尤其是当原料气中酸性组分分压高时，此法更为适用。此外，此法还可以脱除有机硫化物。砜胺法自问世以来，由于具有能耗低、可脱除有机硫、装置处理能力大、腐蚀轻、不易起泡和溶剂变质少的优点，被广为应用，现在已成为天然气脱硫脱碳的主要方法之一，其工艺流程和设备与醇胺法相同。

④ 直接转化法。此类方法是以氧化-还原反应为基础，借助溶液中的氧化剂将碱性溶液吸收的 H_2S 氧化为单质硫，然后使用空气使溶液再生，最终达到脱硫和硫回收的双重目的。此法虽然在天然气的净化工艺中应用不多，但是在水煤气、焦炉气、合成气体脱硫和尾气处理方面却有广泛的应用。与醇胺法相比，其流程简单，投资低，主要脱除 H_2S，仅吸收少量的 CO_2，基本无气体污染，但存在废液处理和耗电量大的问题，在操作过程中故障率较高。

（3）天然气脱水

天然气脱水是指从天然气中脱除饱和水蒸气或从天然气凝液（NGL）中脱除溶解水的过程。在未处理的天然气中，水蒸气是最常见的有害杂质，在低温、高压条件下，水蒸气会变成液态水，并进一步形成固态的天然气水合物，这不但会影响天然气的长距离输送，还有可能堵塞管道和其他设备；即使不形成水合物，也可能造成段塞流现象，降低管道通流效率。此外，当有液态水存在时，天然气中所含的二氧化碳或硫化氢会形成酸，腐蚀管道与设备。因此，在天然气凝液回收、天然气露点控制、压缩天然气及液化天然气生产过程中均需要脱水。而且采用湿法脱硫后的样品也要脱水。天然气及其凝液的脱水方法有吸收法、吸附法、低温法、膜分离法、汽提法和蒸馏法等，其中，吸收法、吸附法和低温法应用较多。

① 吸收法。吸收法脱水就是依据吸收原理，选择亲水的溶剂与天然气逆流接触，吸收

天然气中的水蒸气，从而达到脱水的目的。用来脱水的液体被称为液体干燥剂或脱水吸收剂。常用的脱水吸收剂是甘醇类化合物，包括乙二醇（EG）、二甘醇（DEG）、三甘醇（TEG）及四甘醇（TREG）等。最早用于天然气脱水的是 DEG，但因为 TEG 脱水具有更大的露点降，而且投资和操作费用较低，逐渐取代了 DEG。乙二醇主要用于注入天然气中以防止水合物的生成。

　　三甘醇脱水装置工艺流程如图 4.4 所示，该装置由高压吸收系统和低压再生系统两部分组成。通常，将再生后提浓的甘醇溶液称为贫甘醇，吸收水蒸气后浓度降低的甘醇溶液称为富甘醇。在吸收塔顶部设有除沫器（捕雾器），可以脱除出口干气所携带的甘醇液滴，减少三甘醇的损失。

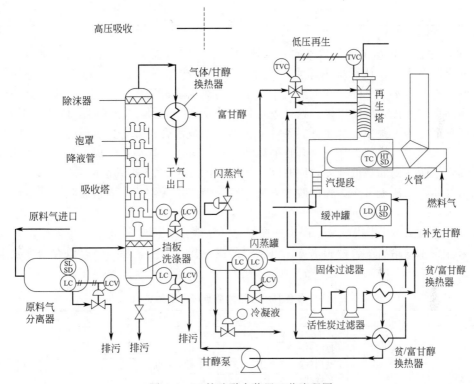

图 4.4　三甘醇脱水装置工艺流程图

　　三甘醇脱水与吸附法脱水相比，具有投资低、系统压降较小、可以连续运行、脱水时补充三甘醇比较容易、再生时所需的热量少等优点。同时，该方法常发生甘醇损失过大和设备腐蚀的问题，不宜对酸性天然气及温度低于−34℃的气体脱水。

　　② 吸附法。所谓吸附是指当气体或液体与多孔固体表面接触时，使气体或液体分子在固体表面聚集浓度增大的现象。被吸附的气体或液体分子称为吸附质，多孔固体称为吸附剂。吸附法脱水就是依据吸附原理，利用亲水性吸附剂将水从天然气中分离出来的过程。根据吸附质与吸附剂表面之间的作用力不同，吸附可分为物理吸附和化学吸附。物理吸附是由吸附质分子与吸附剂分子之间的范德华力引起的，吸附过程类似于气体液化和蒸气冷凝的物理过程，一般是可逆过程，如分子筛吸附脱水；化学吸附由吸附质分子与吸附剂分子之间的化学键引起，吸附过程是化学反应过程，有新的物质生成，一般是不可逆过程，如氧化钙吸附脱水。在工业过程中，通常采用物理吸附进行脱水，常用的吸附剂有分子筛、氧化铝和硅胶。这些吸附剂的性能如表 4.5 所示。

表 4.5　一些吸附剂的物理性质

性质	分子筛		氧化铝		硅胶	
	4A	13X	Alcoa H-151	Alcoa F-1	微球 R	微球 H
堆密度/(kg/m³)	600～800		830	830	785	720
粒度/mm	3～5		球 $\phi6$	球 $\phi2～6$	球 $\phi2～5$	球 $\phi2～7$
孔径/nm	0.4	1.0				
比表面积/(m²/g)	800		>300	>300	400～700	400～700
比热容/[kJ/(kg·℃)]	0.754(20℃) 1.00(250℃)		0.840	—	1.050	1.050
吸附热/[kJ/kg(H₂O)]	4186.8		—	—	2932	2932
再生温度/℃	200～300		170～300	170～300	<250	<250
吸湿量[①]/%	21		20～35	20～35	32～40	32～40
干气水含量/(mL/m³)	0.1	0.1	5.1	0.1	5.1	5.1

①相对湿度100%条件下。

③ 低温法。在常压下，天然气的含水能力随温度降低而下降，在冷却过程中，过量的气态水变成液态水，并从系统中除去；气体压缩机具有部分脱水器的作用，因为压力较高时，天然气饱和含水量下降。在天然气中，水的冷凝温度远远大于甲烷，当进行高压低温操作时，高沸点的水优先凝结出来，这样就可以实现天然气脱水。冷却温度越低，压力越高，分离程度越高。为了避免在高压低温条件下天然气形成水合物，在进行低温法脱水时，经常将乙二醇注入其中，抑制天然气水合物的生成。这一方法流程简单，成本低廉，通常水露点略高于其降温所达到的最低温度，同时满足烃露点的要求，特别适用于高压气体。对要求深度脱水的气体，此法也可作为辅助脱水方法，将天然气中大部分水先行脱除，然后用分子筛法深度脱水。

此外，20世纪90年代以来，国内外在膜分离法脱水方面也开展了一些工作，并取得初步的成果。表4.6给出了各种脱水方法可获得的露点降以及主要特点，可以在选择脱水方法上给予参考。

表 4.6　各种脱水方法的露点降及主要特点

脱水剂	露点降/℃	主要特点
TEG	>40	性能稳定,投资及操作费用低
DEG	约28	投资及操作费用较TEG法高
CaCl₂	17～40	费用低,需更换,腐蚀严重,与H₂S产生沉淀
分子筛	>120	投资及操作费用高于甘醇法,吸附选择性高
硅胶	约80	可吸附重烃,易破碎
活性氧化铝	约90	可吸附重烃,不宜用于含硫气
膜分离	约20	工艺简单,能耗低,有烃损失问题

(4) 硫黄回收及尾气处理

天然气中的硫主要以 H_2S 的形式存在。将天然气中的有毒气体硫化氢进行提取、回收，不但有利于天然气的利用，还可以避免污染环境、变害为宝。目前，全世界50%的硫黄来源于含硫的天然气中。迄今为止，酸气处理的主题仍是以空气为氧源、将 H_2S 转化为硫黄的克劳斯（Claus）工艺，酸气处理的主要产品是硫黄。在天然气利用过程中，胺法及砜胺法等脱硫溶液再生所析出的含 H_2S 酸气，大多进入克劳斯装置回收硫黄。在酸气 H_2S 浓度较低且潜硫量不大的情况下，也可采用直接转化法，在液相中将 H_2S 氧化为元素硫。除此之外，还可利用其生产一些硫的化工产品。将 H_2S 转化为元素硫及氢气，具有很高的技术经济价值。

① 克劳斯（Claus）工艺。克劳斯法是用空气中的氧气直接将 H_2S 燃烧（氧化）生成单质硫黄的过程。该过程分为两个阶段：第一阶段是热反应阶段或燃烧阶段，即在反应炉中将

1/3 体积的 H_2S 燃烧生成 SO_2，并放出大量热，酸气中的烃类也全部在此阶段燃烧；第二阶段是催化反应或催化转化阶段，即将热反应阶段中燃烧生成的 SO_2 与酸气中其余 2/3 体积的 H_2S 在催化剂上反应生成元素硫，放出较少的热量。其主要反应如下：

热反应阶段：$H_2S + \dfrac{3}{2}O_2 \rightleftharpoons SO_2 + H_2O; \Delta H(298K) = -518.9 kJ/mol$

催化阶段：$2H_2S + SO_2 \rightleftharpoons \dfrac{3}{x}S_x + 2H_2O; \Delta H(298K) = -96.1 kJ/mol$

总反应为：$3H_2S + \dfrac{3}{2}O_2 \rightleftharpoons \dfrac{3}{x}S_x + 3H_2O; \Delta H(298K) = -615.0 kJ/mol$

通常，克劳斯装置包括热反应、余热回收、硫冷凝、再热和反应等部分。这些部分可以组成各种不同的硫黄回收工艺。目前，常用的克劳斯法有直流法、分流法、硫循环法及直接氧化法等，其原理流程如图 4.5 所示。不同工艺流程的主要区别在于保持热平衡的方法不同。在这些工艺方法的基础上，又根据预热、补充燃料气等方法不同，衍生出各种不同的变体工艺，其中，直流法和分流法是主要的工艺方法。

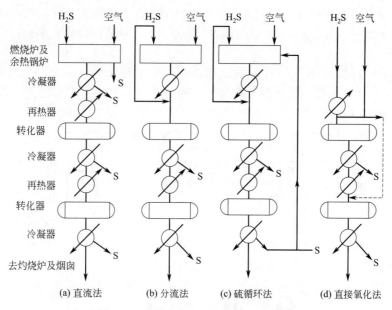

图 4.5　克劳斯法主要工艺原理流程图

采用克劳斯方法回收硫时，由于克劳斯反应是可逆反应，受热力学和动力学的限制，以及存在有其他损失等，硫的回收率一般只能达到 $92\% \sim 95\%$，尾气中的残余硫化物通常经焚烧变成毒性较小的 SO_2 气体排放至大气中。但是随着环保要求的日益严格，当排放气不符合当地排放标准时，必须配备尾气处理装置。

② 克劳斯尾气处理工艺。克劳斯尾气处理工艺可以按照处理的工艺原理不同，分为低温克劳斯法、还原-吸收法和氧化-吸收法三种。低温克劳斯法是在低于硫露点的温度下继续进行克劳斯反应，从而使包括克劳斯装置在内的总硫收率接近 99%，尾气中的 SO_2 浓度约为 $1500 \sim 3000 mL/m^3$。还原-吸收法是将克劳斯装置尾气中各种形态的硫转化为 H_2S，然后采用吸收的方法使其从尾气中除去。此法包括克劳斯装置在内的总硫收率接近 99.5%，甚至达到 99.8%。氧化-吸收法是将尾气焚烧使各种形态的硫转化为 SO_2，然后再采用吸收的方法除去尾气中的 SO_2，此类方法在实际中应用较少。

（5）天然气凝液回收

天然气除含甲烷外，还含有一定量的乙烷、丙烷、丁烷、戊烷以及更重的烃类，为了符合商品天然气质量指标和管输气烃露点的质量要求，同时获得液化燃料和化工原料，需要分离和回收天然气中乙烷以上组分的烃类。天然气中除了乙烷有时是以气体形式回收外，其他烃类都是以液体形式回收。这种由天然气中回收得到的液烃混合物称为天然气凝液（NGL），我国习惯上称为轻烃。从天然气中回收凝液的过程称为天然气凝液回收或天然气液烃回收（NGL回收），我国习惯上称为轻烃回收。回收到的天然气凝液或直接作为商品，或根据有关产品质量指标进一步分离为乙烷、液化石油气（即LPC）以及天然汽油（C_5^+）。因此，天然气凝液回收也属于天然气分离净化过程。

虽然天然气凝液回收是一个十分重要的工艺，但是否回收天然气凝液，取决于天然气的类型、天然气凝液回收目的、方法及产品价格等，特别取决于那些可以回收的烃类组分是作为液体产品还是作为商品气体组分时的经济效益比较。我国习惯上根据是否回收乙烷而将天然气凝液回收装置分为两类：一类以回收丙烷及更重烃为目的，称为浅冷；另一类则以回收乙烷及更重烃为目的，称为深冷。

天然气凝液回收基本属于物理过程，主要的回收方法包括吸附法、油吸收法和冷凝分离法三种，分离方法的选择依据天然气的组成、压力、所需凝液组分吸收率，以及相关的技术因素来决定。

① 吸附法。吸附法回收天然气凝液，活性炭是用得最多的吸附剂，它选择吸附烃类，并且对 C_2 到 C_{11} 的各种烃类气体的吸附容量，随着碳原子数的增多而增大。该方法主要处理气量小以及较贫的天然气（液烃含量＜40mL/m³）。这种方法所用的装置比较简单，不需要特殊材料和设备，投资费用较小，其典型的工艺流程如图 4.6 所示。

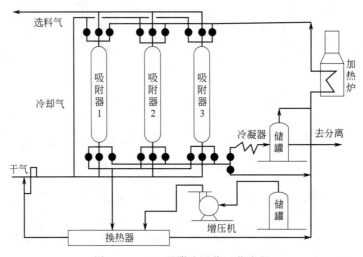

图 4.6　NGL 吸附法回收工艺流程

② 油吸收法。油吸收法是利用天然气中各组分在吸收油中溶解度的不同而达到分离不同烃类的目的。吸收油的分子量约为 100～200，随吸收温度不同，通常选用石脑油、煤油或柴油作为吸收油。通常在吸收塔内，吸收油与气体逆流接触，吸收大部分丙烷、丁烷和天然汽油。在富油稳定塔中，脱出不需要回收的轻组分（如甲烷），然后蒸馏富油，得到轻烃产品，吸收油经冷却后再打入吸收塔。油吸收法是早期广为使用的一种天然气凝液的回收方法。但是，由于此法投资和操作费用较高，20世纪70年代以后已逐渐被更加经济与先进的

冷凝分离法所取代。

　　③ 冷凝分离法。冷凝分离法是利用在一定压力下，天然气中各组分的挥发度不同，将天然气冷却至烃露点温度以下，得到一部分富含较重烃类的天然气凝液。此法的特点是需要向气体提供足够的冷量使其降温。按照提供冷量的制冷系统不同，冷凝分离法可分为冷剂制冷法、直接膨胀制冷法和联合制冷法三种，工艺流程图如图 4.7 所示。每种方法的适用范围各不相同，与原料气的压力、组成、产品的收率及规格要求等有关。需要根据具体情况来选择合适的工艺方法。其选择一般遵循的原则如下。

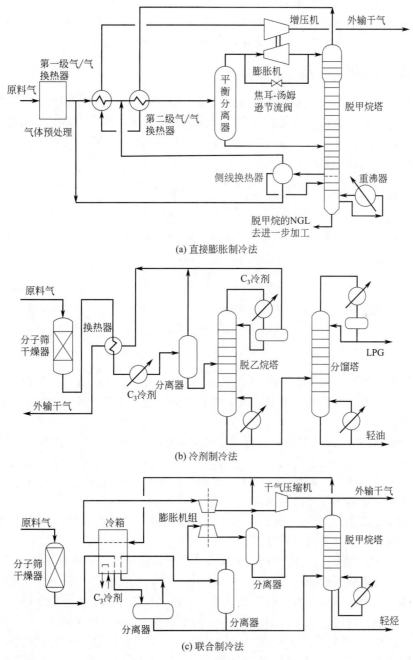

图 4.7　冷凝分离法工艺流程图

a. 当原料气压力与输出干气压力之间有压力降可供利用，且原料气中轻烃含量又不太高时，可采用直接膨胀制冷法。

b. 当原料气压力与输出干气压力之间有压力降可供利用，且原料气中轻烃含量很高，装置规模又较大，靠自身压降膨胀制冷不足以保证目的产物所需的收率时，需适当地辅以外加冷源，采用膨胀制冷和冷剂制冷相结合的联合制冷法。

c. 当原料气压力较低，没有压力降可供利用，如油田伴生气的情况，此时只能采用冷剂制冷法，并视外界冷源所能达到的低温温度大小及分离压力确定是否需要辅以原料气增压。气体加工的压力应大于外输管线的压力。

压力和温度对气相的量和组成影响很大，在分离过程中，必须依据装置的经济效益，综合考虑压力、温度和轻烃回收率三者之间的关系后，选择冷凝温度与压力。

4.2.2 天然气的化工利用

天然气化工是以天然气为原料生产化工产品的工业。经过净化处理后的天然气通过裂解、蒸汽转化、氧化、氯化、硫化、芳构化、异构化、脱氢、蒸汽重整部分氧化等反应可以合成氨及尿素、甲醇及其加工产品（甲醛、醋酸等）、乙炔、炭黑、氢氰酸、甲烷氯化物等其他产品。天然气的化工利用如图4.8所示。

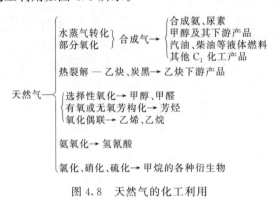

图4.8 天然气的化工利用

目前利用天然气生产的大宗产品大部分是先将天然气转化为合成气，再以合成气生产合成氨、甲醇、乙二醇、低碳烯烃等重要化工原料，继而生产出几百种化工产品。天然气化工利用的主要途径如下：

① 转化为合成气（$CO+H_2$），再进一步加工制造成合成氨、甲醇、高级醇等。

② 在930～1230℃裂解生成乙炔、炭黑。以乙炔为原料，可以合成多种化工产品，如氯乙烯、乙醛、醋酸、醋酸乙烯酯、氯化丁二烯等。炭黑可作橡胶补强剂、填料，是油墨、涂料、炸药、电极和电阻器等产品的原料。

③ 通过氯化、氧化、硫化、氨氧化和芳构化等反应转化成各种产品，如氯化甲烷、甲醇、甲醛、二硫化碳、氢氰酸及芳烃等。

④ 湿天然气经热裂解、氧化、氧化脱氢或异构化脱氢等反应，可加工生产乙烯、丙烯、丙烯酸、顺酐、异丁烯等产品。

近年来随着世界各国对天然气的广泛重视，天然气化工得到了较快的发展，逐渐成为化学工业的一大支柱。目前，全球天然气化工年消耗量约占世界消费量的5%，天然气化工一次加工品总产量在11.6亿吨以上，其中包括合成氨、甲醇、乙炔、甲烷氯化物、甲醛和醋酸乙烯等，用途几乎涉及国民经济各个领域。我国天然气消费量占一次能源消费总量的4.7%左右，主要用于化工、工业燃料、城市燃气和发电四大行业，分别占34%、29%、

23％和 14％，其中以天然气为原料的合成氨和甲醇生产能力分别占其总能力的 20％和 25％。近年来，由于石油资源的匮乏，目前以天然气为原料合成液体燃料也成为世界石油天然气化工界关注的焦点之一。

4.2.3　天然气制合成油

(1) 天然气制合成油简介

由于全球天然气的储采比远大于石油，预计天然气的产率将不断增长。以天然气为原料合成液态燃料，补充世界石油资源的不足，已成为一种重要的战略选择。全球已探明的天然气储量中有很大一部分位于边远地区，常规的管输方法不经济。因此，将天然气转化为液体燃料是一条潜在的解决途径。

当前，世界炼油业正面临生产低硫和超低硫汽柴油以满足日益苛刻的环境法规的要求。以天然气为原料制合成气（CO 和 H_2 的混合气体），再催化转化为液态烃的方法，即天然气制合成油路线（GTL），其具有比以煤为原料的生产路线更清洁、更环保的特点，为生产清洁燃料开辟了一条新途径，越来越多的国家和跨国石油公司已经或准备加入发展 GTL 的行列中。

(2) 天然气制合成油的发展历程

天然气制合成油也是合成气制合成油（GTL）技术的一种，依赖于费-托合成。该技术是 1923 年由德国科学家 Frans Fischer 和 Hans Tropsch 发明的，简称费-托（F-T）合成，最早的 F-T 合成技术以煤为原料。1936 年，首先在德国实现工业化，到 1945 年为止，在德国、法国、日本、中国、美国等国共建了 16 套以煤基合成气为原料的合成油装置，总的生产能力为 136 万吨/年，主要使用钴-钍-硅藻土催化剂，这些装置在第二次世界大战后先后停产。

第二次世界大战后，GTL 的发展经历了 20 世纪 50 年代、70 年代和 90 年代 3 个阶段的发展，无论是催化剂还是工艺，都取得了突破性的进展。20 世纪 50 年代采用新的 GTL 技术，陆续建立了基于煤炭资源发展的三座大型煤基合成油工厂，即 SASOL-Ⅰ、SASOL-Ⅱ、SASOL-Ⅲ，产品包括发动机燃料、聚烯烃等多种产品。20 世纪 70 年代，美孚（Mobil）公司开发出一系列具有独特择形作用的新型高硅沸石催化剂，为由合成气出发选择性合成窄分子量范围的特定类型烃类产品开辟了新途径。20 世纪 90 年代，石油资源日趋短缺和劣质化，而天然气探明的可采储量持续增加，通过 GTL 开发利用边远地区和分散的天然气资源，显得更为迫切。世界各大石油公司均投入巨大的人力和物力开发新型催化剂和新工艺。如 Shell 公司的 SMDS 工业装置，南非 SASOL 公司的 SSPD 浆态床工艺，Syntroleum 公司开发的 GTL 工业，Exxon 公司的 AGC-221 工艺，Energy International 公司的 Gas Cat F-T 新工艺等，都标志着 GTL 技术进入了一个崭新的时代。

从目前 GTL 的发展看，不论是 GTL 装置的投建数量，还是规模都有所突破，GTL 技术可分为两大类：直接转化和间接转化。天然气（甲烷）如可直接转化，则可节省生产合成气的费用，但甲烷分子很稳定，反应需高的活化能，而且一旦活化，反应将难以控制。现已开发的几种直接转化工艺，均因经济上无吸引力而尚未工业化应用。间接转化则通过生产合成气，再经费-托（Fischer-Tropsch，F-T）合成即可生产合成油。现代化费-托法合成技术，基于新型钴基催化剂的淤浆床工艺，已成为公认的合成工艺路线。

(3) 天然气制合成油的工艺

GTL 技术由合成气制备、F-T 法合成和产品精制三个部分组成。其中，将天然气转化制合成气部分，约占总投资的 60%；在费-托合成部分，将合成气合成液体烃，占总投资的 25%～30%；最后，在产品精制部分，将得到的液体烃经过精制、改质等具体操作工艺，变成特定的液体燃料、石化产品或一些石油化工所需的中间体，占总投资的 10%～15%。其工艺流程如图 4.9 所示。

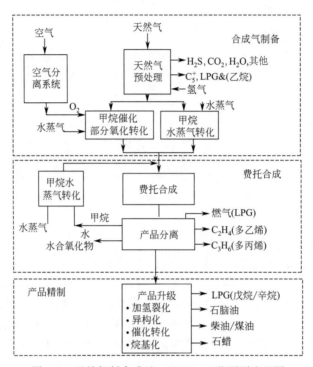

图 4.9 天然气制合成油（GTL）工艺原则流程图

F-T 合成工艺可分为高温 F-T 和低温 F-T 合成两种。前者一般使用铁基催化剂，合成产品加工可以得到环境友好的汽油、柴油、溶剂油和烯烃等，这些油品质量接近普通炼油厂生产的同类油品，无硫但含芳烃。后者使用钴基催化剂，合成的主产品石蜡原料可以加工成特种蜡或经加氢裂化/异构化生产优质柴油、润滑油基础油、石脑油馏分，产品无硫和芳烃。天然气生产合成油产品的最大优势是可按不同模式改变产品。采用低温和（或）无加氢裂化模式，主要生产石蜡、润滑油和柴油产品；而采用较高温度和（或）缓和氢裂化模式，使润滑油和石蜡转化，可增产柴油、直链石蜡基石脑油和 LPG。石蜡和润滑油生产范围 0～30%，柴油 50%～80%，轻质油品可高达 25%。

当今世界上拥有 F-T 合成技术的公司主要有 Shell 公司、SASOL 公司、Exxon Mobile 公司、Syntroleum 公司、Conocophilips 公司、Rentech 公司等。F-T 反应器目前主要有四种形式：列管式固定床反应器、循环流化床反应器、固定流化床反应器和浆态床反应器。这些 F-T 合成工艺都采用低温 F-T 合成技术，其主要优点是能更好地控制反应温度、使用较高活性的催化剂、提高装置的生产能力、降低装置的投资成本，这在一定程度上代表了 F-T 合成技术的发展方向。这四种工艺的优缺点如下。

① 列管式固定床工艺。操作简单；无论 F-T 产物是气态、液态还是混合态，在宽温度范围内都可以使用；不存在催化剂与液态产品的分离问题；液态产物易从出口气流中分离，适宜蜡等重质烃的生产；催化剂床层上部可吸附大部分硫，从而保护其下部床层，使催化剂活性损失不严重，因而受原料气净化装置波动影响较小。但是反应器中存在着轴向和径向温

度梯度；反应器压降高，压缩费用高；催化剂更换困难，必须停工；装置产能低。

② 循环流化床工艺。反应器产能高，在线装卸催化剂容易，装置运转时间长，热效率高，催化剂可及时再生。但装置投资高，操作复杂，进一步放大困难，旋风分离易被催化剂堵塞，催化剂损失大，此外，高温操作可导致积炭和催化剂破裂，增加催化剂损耗。

③ 固定流化床工艺。去热效果好，CO 转化率高，装置产能大，建造和操作费用低，装置运转周期长，床层压降低，用固定流化床代替循环流化床，工厂总投资可降低 15%。缺点是高温操作易导致催化剂积炭和破裂，催化剂耗量增加。

④ 浆态床工艺。结构简单，除热容易，易于放大，传热性能好，反应混合好，可等温操作，从而可用较高的操作温度获得更高的反应速率；操作弹性大，产品灵活性大；可在线装卸催化剂，更换催化剂无需停工；反应器压降低，不到 0.1MPa，而固定床反应器可达 0.3～0.7MPa，并且管式固定床反应器循环量大，因而新型浆态床反应器可节省压缩费用；CO 单程转化率高，C_5 以上烃选择性高。缺点是浆液中存在着明显的浓度梯度，不利于碳链增长形成链烃；需要解决产品与浆液的分离问题。

在天然气制合成油的工艺中，最为关键的技术就是 F-T 反应催化剂的开发。目前 F-T 合成反应催化剂主要包括铁催化剂、钴催化剂和钌催化剂。

a. 铁催化剂。一般高温 F-T 工艺使用铁基催化剂，合成产品经加工可得到环境友好汽油、柴油、溶剂油和烯烃等。用于 F-T 合成的铁催化剂目前研究最多的是沉淀铁和熔铁。铁催化剂对 F-T 合成具有较高的活性，但其寿命较钴催化剂短，失活原因主要是被氧化、烧结、中毒和积炭，催化剂对硫中毒比较敏感，必须对进料气进行脱硫处理。

b. 钴催化剂。以铁为催化剂的转化率受反应产物水抑制效应的影响，而钴催化剂则没有这种影响，因此，接近理论转化率。但对于钴催化剂，要获得合适的选择性，必须在低温下使用，使反应速率下降，导致时空产率比铁催化剂低，同时由于钴催化剂在低温下反应，产品中烯烃含量低。

c. 钌催化剂。钌作为 F-T 催化剂具有较大的科学意义。能在较低温度下工作生成分子量较高的烃类。它像镍一样，升高反应温度，选择性变得主要倾向于生成甲烷。

(4) 天然气制合成油的发展前景

GTL 产品在世界市场上的需求不断增长，中国天然气在能源消费结构中所占的比例远远低于世界的平均水平，并且我国的天然气资源相对丰富，而石油资源日益短缺，所以，大力发展天然气制合成油作为天然气利用的一个重要组成部分，必将为中国调整能源消费结构、大力发展清洁燃料市场开辟新的途径。

4.3　非常规天然气

中国油气工业发展已进入以常规油气为主的储产量连续增长"高峰期"、以常规和非常规油气并重的重大领域战略"突破期"、以非常规油气为主的科技革命创新"黄金期"。不同学者对非常规油气描述不同，一般认为非常规油气是指在现有经济技术条件下，不能用传统技术开发的油气资源。有学者通过详细解剖非常规资源的含油气系统，认为非常规资源是"连续的"或"处于盆地中心"，缺乏常规圈闭。Harris Cander 于 2012 年提出利用黏度-渗透率图版界定非常规油气，即非常规资源是指需通过技术改变岩石渗透率或者流体黏度，使得油气田的渗透率与黏度比值发生变化，从而获得工业产能的资源。石油工程师学会（SPE）、美国石油地质师协会（AAPG）、石油评价工程师学会（SPEE）、世界石油大会

（WPC）2007年联合发布了非常规资源的定义：非常规资源存在于大面积遍布的石油聚集中，不受水动力效应的明显影响，也称为"连续型沉积矿"；认为非常规油气资源与连续型油气概念一致。本书中介绍的非常规天然气主要指低渗透气层气、煤层气、天然气水合物、深层天然气及无机成因油气。

4.3.1　天然气水合物

天然气水合物，又称笼型包合物，是在一定条件（合适的温度、压力、气体饱和度、水的盐度、pH值等）下，由天然气和水形成的类冰状的、笼型结晶化合物。形成天然气水合物的主要气体为甲烷，对甲烷分子含量超过99％的天然气水合物通常称为甲烷水合物。天然气水合物多呈白色或浅灰色晶体，外貌类似冰雪，可以像酒精块一样被点燃，所以又被称为"可燃冰"或"固体瓦斯"和"气冰"。在标准状况下，1单位体积的甲烷水合物分解最多可产生164单位体积的甲烷。因此，天然气水合物是一种重要的潜在资源，其具有分布广泛、资源量大、埋藏浅、能量密度高、洁净等特点。

（1）天然气水合物形成机理

天然气水合物的形成与三个因素有关：温度、压力和原料。首先，温度不能太高。天然气水合物可以在0℃以上生成，但超过20℃便会分解，海底天然气水合物的形成温度一般保持在2～4℃左右。其次，压力要足够大。天然气水合物在0℃时，30atm（1atm＝101325Pa，下同）以上可以生成，水合物之所以能够大量储藏于深海中，就是因为以海洋的深度，30atm（1atm＝101325Pa，下同）很容易保证，并且气压越大，水合物就越稳定。最后，要有气源及水。在地下的空隙中及海底都有大量的含碳化合物，这些含碳的化合物经过化学或生物转化，可产生充足的气源，当这些气源在低温、高压条件下与地下水或海水接触，就会形成天然气水合物。

关于天然气水合物的生成机理，苏联学者提出了气体水合物属于固体溶液的假设，认为气体水合物是水分子与气体分子构成的配合物，按照固体溶液理论，由水分子构成的结晶体晶格是"溶剂"，而气体分子则被看做是"溶质"。在生成水合物时，体系中存在两种平衡，即准化学平衡和气体分子在空穴中的物理吸附平衡。首先通过准化学反应生成基础水合物，由于基础水合物之间存在空穴，可以使一些气体小分子，如Ar、N_2、O_2、CH_4等吸附于其中，形成水合物。水合物的生成是晶核形成和晶体成长的过程，从动力学上看，其形成可分为具有临界半径晶核的形成、晶核的长大和组分向处于聚集状态晶核的固液界面转移等3步。晶核的形成比较困难，一般都包含一个诱导期，当过饱和溶液中的晶核达到某一稳定的临界尺寸，系统将自发进入水合物的快速生长期。在一定压力条件下，当温度过低达到一定摄氏度时，即可形成天然气水合物。

（2）天然气水合物的性质

① 天然气水合物的结构性质。天然气水合物是一种较为特殊的包络化合物，可以看成是一类主-客体物质。水分子（主体分子）间以氢键相互结合形成一种空间点阵结构（笼型空隙），气体分子（客体分子）则靠范德华力与水分子结合，填充于点阵间的空穴中。笼中空间的大小必须与客体分子相匹配，才能生成稳定的水合物。例如，单原子的氩、氖，双原子的氧气、氮气，轻烃，氯氟烃，硫化物等都能形成水合物，而氢气、氦气（直径小于0.3nm）因太小不能形成水合物。由于客体分子在空隙中的分布是无序的，不同条件下晶体中的客体分子与主体分子的比例不同，因此水合物没有确定的分子式，是一种非化学计量的化合物，可用M·nH_2O表示，其中M代表水合物中的气体分子（客体分子），n为水分子

数（即水合指数）。组成天然气的主要成分是浓度大约为 $84\%\sim99.9\%$ 的甲烷。在多数情况下，甲烷至少占天然气混合物的 96%，余下的是二氧化碳，偶尔有以微量存在的硫化氢、乙烷和重烃气体。从结晶学上说，甲烷水合物就是甲烷和水的笼型结构物。

② 天然气水合物的物理性质。天然气水合物中水的质量分数至少为 85%，从结构上看，与冰比较类似。Davidson 测量后发现，水合物的氢键仅比冰中的氢键长 1%，客体分子对水合物的性质影响应该很小，天然气水合物和冰在物理性质上具有相似之处。John L. Cox 对比了水合物与冰的部分物理性质，如表 4.7 所示，从中可以看出，在很多方面天然气水合物和冰的物理性质非常相似。

表 4.7　天然气水合物与冰的物理性质比较

项目	冰	水合物	
		Ⅰ 型	Ⅱ 型
晶体直径(0℃)/Å	4.52	11.97	17.14
体积热膨胀系数/K^{-1}	1.5×10^{-4}	1.5×10^{-4}	1.7×10^{-4}
等温杨氏模量(-5℃)/10^9Pa	9.5	8.4	8.2
泊松比	0.33	0.33	0.33
绝热体积压缩系数(0℃)/10^{-11}Pa	12	14	14
纵向声速/(km/s)	4.0	3.8	3.8
水晶格熔值(0℃与气体比较)/(kJ/mol)	-51.01	-50.2	-50.2
晶格能力(0K)/(kJ/mol)	-47.3	略低于冰	略低于冰
剩余熵(0K)/(J/kmol)	3.43	略低于冰	略低于冰
密度(0℃)/(g/cm^3)	0.912	CH_4 0.910 C_2H_6 0.951	C_3H_8 0.883 i-C_4H_{10} 0.892

注：1Å＝0.1nm，下同。

（3）天然气水合物的资源分布

到目前为止，海底天然气水合物已发现的主要分布区是大西洋海域的墨西哥湾、加勒比海、南美东部陆缘、非洲西部陆缘和美国东海岸外的布莱克海台等，西太平洋海域的白令海、鄂霍次克海、千岛海沟、冲绳海槽、日本海、四国海槽、日本南海海槽、苏拉威西海和新西兰北部海域等，东太平洋海域的中美洲海槽、加利福尼亚滨外和秘鲁海槽等，印度洋的阿曼海湾，南极的罗斯海和威德尔海，北极的巴伦支海和波弗特海，以及大陆内的黑海与里海等。我国的可燃冰资源也非常丰富，主要分布在我国东沙群岛（海底可燃冰）、青藏高原（陆地可燃冰）。

（4）天然气水合物的能源利用

天然气水合物是全球第二大碳储库，仅次于碳酸盐岩，其蕴藏的天然气资源潜力巨大。据保守估算，1m^3 可燃冰可转化为 164m^3 的天然气和 0.8m^3 的水，燃烧后只生成水和二氧化碳，对环境污染小。据专家估计，全世界石油总储量在 2700 亿吨到 6500 亿吨之间。按照目前的消耗速度，再有 $50\sim60$ 年，全世界的石油资源将消耗殆尽。海底可燃冰分布的范围约 4000 万立方米，占海洋总面积的 10%，据保守统计，全世界海底天然气水合物中储存的甲烷总量约为 1.8×10^8 亿立方米，约合 1.1×10^8 万吨石油，可供人类使用 1000 年。

作为新型的高效清洁能源，天然气水合物具有广阔的开发前景，据估计，目前至少有 30 多个国家和地区针对天然气水合物进行了调查和研究。1960 年，苏联在西伯利亚发现了第一个可燃冰气藏，并于 1969 年投入开发，采气 14 年，总采气 50.17 亿立方米。美国较早地在阿拉斯加冻土带开展了水合物的钻采实验，1969 年就开始实施可燃冰调查，1998 年，把可燃冰作为国家发展的战略能源列入国家级长远计划，计划到 2015 年进行商业性试开采，目前美国没有实现 2015 年投入开发的目标，但 2012 年康菲公司在阿拉斯加陆上北坡冻土区

用 CO_2 置换可燃冰取得了 30 天采出 CH_4 近 $3\times10^4\,m^3$ 的成绩。日本关注可燃冰是在 1992 年，目前，已基本完成周边海域的可燃冰调查与评价，钻探了 7 口探井，圈定了 12 块矿集区，并成功取得可燃冰样本。2013 年 3 月，日本成功地将近海底层蕴藏的水合物分离出甲烷气体。加拿大在 2001 年在其北部永冻土带进行的马利克水合物钻采实验，首次证实了水合物开采在经济上的可行性，并给出了降压法等多种水合物开采方法。印度、韩国、挪威也各自制定了"可燃冰"的取样和探矿计划。我国从 1999 年起开始实质性的调查和研究，已在南海北部陆坡、南沙海槽和东海陆坡等地发现"可燃冰"存在的证据。2017 年 5 月我国在南海海域试采可燃冰成功，成为全球首个实现了在海域可燃冰试采中获得连续稳定产气的国家。

（5）天然气水合物勘探和开发中存在的问题

由于天然气水合物特殊的矿藏特点，勘探和开发天然气水合物存在很多技术难题和环境风险。开采"可燃冰"最大的难点是保证井底稳定和甲烷气不泄漏、不引发温室效应。天然"可燃冰"呈固态埋藏于海底的岩石中，不管是勘探还是开发，最终都需要通过钻探来实现，一方面需要深水作业，对技术要求很高，另一方面，"可燃冰"遇减压便会迅速分解，如果处理不当，或者"可燃冰"矿藏受到破坏，都会导致甲烷气体的大量泄漏，加剧全球温室效应。此外，海底开采还可能破坏地壳稳定和平衡，在海底，天然气水合物极其脆弱，轻微的温度增加或压力释放都有可能使它失稳而产生分解，从而影响海底沉积物的稳定性，甚至导致海底滑坡造成大陆架边缘动荡而引发海底塌方，导致海啸。

目前许多国家都在研究开采方法。科学家们提出的开采方案主要有三种，第一种是热解法，使其由固态分解出甲烷蒸气，但如何布设管道并高效收集是难以解决的问题；第二种是降压法，利用核辐射效应使其分解，但也面临着布设管道和收集的难题；第三种是置换法，设想将二氧化碳液化注入"天燃冰"储层，用二氧化碳将甲烷分子置换出来。

4.3.2 煤层气

（1）煤层气的形成与组成

煤层气俗称"瓦斯"，其主要成分是 CH_4（甲烷），与煤炭伴生，是以吸附状态存储于煤层内的非常规天然气。在煤形成与演化过程中，煤层里的有机质产出以甲烷为主的天然气，被称为"煤型气"，或称"煤成气"。在漫长的地质历史中，产出的气体运移出生气层。如果气体进入适宜的储气层，又有适宜的盖层和圈闭，这就形成常规天然气气藏。世界上很多常规天然气气藏的气源被论证为"煤成（型）气"。煤型气属腐殖型气，其成分以甲烷为主。由于煤层中含有数量不等的腐泥质，在煤型气中还可能检测到腐泥型天然气的成分。煤层气就是储存在煤层内的煤型气。煤层是良好的"生气层"，还具有储气性能。煤层气不一定是原地生成，气体在煤层内一直处于运移的动态平衡状态。煤层气常被称为自生自储的天然气。煤层既是生气层又是储气层。由一个含煤岩系生成的"煤成（型）气"中，现今储集在煤层内的煤层气是其很少部分，大部分气体逸散。

煤层气是多种气体的混合物，其成分有烃类气体、非烃气体和微量杂质，其中烃类气体主要包括甲烷和少量乙烷、丙烷、丁烷；非烃气体包括二氧化碳和氮；微量杂质主要有氢、一氧化碳、二氧化硫、硫化氢、氦、氖、氩、氪、氙等。

煤层气比空气轻，其密度是空气的 0.55 倍，稍有泄漏会向上扩散，但只要保持室内空气流通，即可避免爆炸和火灾。而煤气、液化石油气密度是空气的 1.5~2.0 倍，泄漏后会向下沉积，所以危险性要比煤层气要大。煤层气爆炸范围为 5%~16%，水煤气爆炸范围

$6.2\%\sim74.4\%$，因此，煤层气相对于水煤气不易爆炸，煤层气不含 CO，在使用过程中不会像水煤气那样发生中毒现象。煤层气热值是通用煤的 $2\sim5$ 倍，$1m^3$ 纯煤层气的热值相当于 1.13kg 的汽油、1.21kg 标准煤，其热值与天然气相当，可与天然气混输混用，而且燃烧后很清洁，不产生任何废气，是良好的工业、化工、发电和居民生活燃料。

（2）煤层气的开采和提纯

煤层气的开采主要以地面钻井开采和抽放瓦斯为主。通过地面开采和抽放后可以大大减少风排瓦斯的数量，降低了煤矿对通风的要求，改善了矿工的安全生产条件。地面钻井开采方式，国外已经使用，我国有些煤层透气性较差，地面开采有一定困难，而井下瓦斯抽放系统抽出是当前主要的采集方式。

井下抽采煤层气由于在抽排过程中掺进了大量空气，CH_4 浓度只有 $20\%\sim40\%$。如何有效对其分离提纯，从而获得高浓度甲烷含量的煤层气，成为制约煤层气后续发展的一个主要因素。煤层气中 CH_4 含量提高到 80% 以上，就能作为燃料和化工原料，CH_4 含量达到 95%，就能并入天然气管道输送，应用于各种化工领域。因此煤气层的提纯尤为重要。目前主要的提纯方法有：低温精馏法、膜分离法、溶剂法、合成水合物法和变压吸附法等。

（3）煤层气资源分布

根据国际能源机构（IEA）估计，全球煤层气资源总量达 260 万亿立方米。世界煤层气储量约占世界天然气总储量的 30% 以上。据不完全统计，世界煤层气资源主要分布在北美洲、俄罗斯/中亚和亚太地区，其中，北美地区占 35%，俄罗斯/中亚占 32%，亚太占 21%，欧洲占 10%，非洲占 2%。目前，许多国家都开展了煤层气的开发利用研究工作，除美国、加拿大两国以外，20 多个国家已钻探了煤层气探井以开展研究，但是商业煤层气开发，目前主要在美国、加拿大、澳大利亚等三国，中国、印度、波兰、英国等国家正在积极推进之中。

我国煤层气资源丰富，继俄罗斯、加拿大之后居世界第三位。目前，我国 45 个聚煤盆地埋深 2000m 以内煤层气地质资源量为 36.8 万亿立方米。按照煤层气资源的地理分布特点可分为东部、中部、西部及南部四个大区，其中，东部区地质资源量 11.32 万亿立方米、可采资源量 4.32 万亿立方米，分别占全国的 30.8% 和 39.7%，是中国煤层气资源最为丰富的大区；中部区煤层气地质资源量 10.47 万亿立方米，可采资源量 2.00 万亿立方米，分别占全国的 28.4% 和 18.4%；西部区煤层气地质资源量 10.36 万亿立方米，可采资源量 2.86 万亿立方米，分别占全国的 28.1% 和 26.3%；南部区煤层气地质资源量 4.66 万亿立方米，可采资源量 1.70% 万亿立方米，分别占全国的 12.7% 和 15.6%。

（4）煤层气的发展前景

煤层气的开发利用具有一举多得的功效。首先，提高瓦斯事故防范水平，具有安全效应；其次，有效减排温室气体，产生良好的环保效应；最后，作为一种高效、洁净能源，产生巨大的经济效益，可用于发电燃料、工业燃料和居民生活燃料，还可液化成汽车燃料，也可广泛用于生产合成氨、甲醛、甲醇、炭黑等。

我国煤层气资源丰富，分布集中，发展前景广阔，有效勘探开发可以对常规天然气形成重要补充。煤层气产业发展的关键是研究开发并形成适合本国煤层气地质条件的勘探开发技术，而建设完善管网系统，也直接影响着煤层气产业的发展。

4.3.3 页岩气

（1）页岩气的概念

页岩是指有机质含量小于 50%（质量分数）的沉积岩。页岩气是泛指储存于富含有机质的暗色页岩或高碳泥页岩中，是主要以吸附或游离状态为主要方式存在的非常规天然气资源。经地质、生物作用生成的天然气游离于基质孔隙和裂缝中，或吸附于有机质和黏土矿物表面，在一定地质条件下就近聚集，形成页岩气藏。页岩气是非常规天然气的一种，与常规天然气的理化性质完全一样。页岩深藏地层深处，封闭性强，渗透性差，为挤进其间的天然气提供了天然的生存、转移、积累和储藏条件，但采集难度大，成本也很高。近几年美国国内页岩气开采领域取得重要的技术突破，导致美国页岩气产量猛增。页岩气的成功开采，不但使美国摆脱了"能源危机"，由长期短缺变成供应过剩，而且深刻影响了世界天然气市场以及各国的能源战略。

（2）页岩气藏的特点

页岩气藏与煤层气相似，具有自生自储自保特点，页岩既是烃源岩，又是储层，没有（或仅有极短距离）运移，通常就近聚集成藏，不受构造控制，无圈闭、无清晰的气水界面。页岩气藏分布受页岩分布控制，面积大，范围广，常呈区域连续性分布；埋藏深度范围大，从浅于200m到深于3000m都可能有页岩气藏。

页岩气主要成分为甲烷，含有少量的液态烃、CO_2，部分气藏中还可能含有 N_2。页岩气主要以吸附或游离状态赋存于页岩储层中，其吸附气含量为20%～85%，少量页岩气以溶解状态存在，一般不超过10%。

页岩气藏压力低，气体渗流阻力大，开发难度大，技术要求高。通常无自然产能，采收率较低，单井产量低，一般情况下需要进行压裂施工才能获得工业气流，但产量递减速度慢，生产周期长，一般超过30年。

影响页岩气成藏的主要因素主要有岩石矿物成分、吸附气含量、总有机碳含量、含气量、渗透率、有机质成熟度、埋藏深度、有效厚度、孔隙度、地层压力、温度等。目前，页岩气的评价，主要分为生气能力、储气能力和易开采性三方面。

页岩气的基本评价标准为：①有机碳含量>0.3%；②成熟度（R_o）≥0.4%；③埋藏深度<4500m；④富有机质泥页岩集中发育，有效厚度>9m；⑤含气量>0.5m^3/t；⑥黏土矿物含量>30%，脆性矿物含量>45%；⑦孔隙度>1%；⑧渗透率>$0.001×10^{-3}mm^2$。

（3）页岩气的储量及分布

2015年美国能源信息署（EIA）发布了最新的全球页岩气资源评价结果，包括美国在内的46个国家，页岩气可采资源量约为214万亿立方米。由于页岩气的加入使全球天然气资源总量提高47%，达到650万亿立方米。

中国待发现的页岩气可采资源量为31.6万亿立方米，占全球页岩气资源总量的15%，排名世界第一位。其他页岩气储量丰富的国家还包括阿根廷、阿尔及利亚、美国和加拿大等国，排名前10位的资源国页岩气资源量合计达163万亿立方米，占全球页岩气资源量的79%。

页岩的储层性质、流体性质和开发技术水平影响着页岩气的产量。目前世界上只有美国、加拿大和澳大利亚3个国家实现了页岩气的商业化开采，其中美国的开发程度最高。美国自20世纪80年代初期就开始探索页岩气的开发，经过30年的努力，采用水力压裂技术和水平钻井技术相结合的方法，在巴捏特地区成功开采了55口页岩气井。

水力压裂技术是利用高压将掺有大量沙子及少量化学试剂的水注入地下岩层，通过压裂制造裂缝，使岩层破碎提高储层导流性，为蕴藏在其中的天然气打开一条通道，使其能够被开采收集。实际应用过程需要根据储层的特点，选择适宜的化学试剂和压裂工艺才能达到最好的开采效果。

水平钻井技术是利用先进的井底动力工具和随钻测量仪，钻井至一个特定深度后，沿一个角度（一般大于86°小于90°）向侧面继续钻井。这项技术使井体能够接触到更多的油气，大大提高了油气采收率。

（4）我国页岩气的开发现状及前景

2005年以来，我国开始关注页岩气，并开展了一些研究工作，但页岩气商业化开发总体上处于前期探索和准备阶段。通过国际交流与合作，中国石油等企业已经开展了国内页岩气的一些前期调研和技术准备，进行了初步的资源潜力研究。2006年，中国石油与美国新田石油公司联合开展了四川盆地威远气田页岩气资源评价。2007年组织开展了"中国页岩气资源评价与有利勘探领域优选"。2008年，国土资源部设立了页岩气项目"中国重点地区页岩气资源潜力及有利区带优选"，重点研究四川、松辽等盆地和南方海相页岩区。2008年11月，中国石油在地处四川盆地的宜宾地区完钻了我国首口页岩气井，井深200m，全井段采集样品，获取了大量第一手资料。2009年，中国石油与挪威石油、埃克森美孚、壳牌、康菲等跨国石油公司开展联合研究，探索页岩气开发的国际合作方式，并计划建立页岩气开发先导试验区。2010年3月15日，西南油气田长宁区块点线试验区拉开了勘探序幕，标志着我国独立地进行页岩气勘探开发的正式开始。全国累计探明页岩气地质储量5441亿立方米，2015年全国页岩气产量45亿立方米。2030年力争实现页岩气产量（800～1000）亿立方米。

我国页岩气资源丰富，储量约为常规天然气量的两倍，其中，我国四川、吐哈等盆地页岩十分发育，具备了页岩气成藏的基本条件，勘探潜力巨大。页岩气资源的开发和利用，可以解决我国能源短缺的问题。我国页岩气的储量比美国还丰富，大力开发页岩气，不但可以提高天然气的产量，减少能源对外的依赖程度，同时，页岩气的大规模开发也有助于国内相关产业的增长及环境的改善。

4.4 小　结

本章主要介绍了天然气的基础知识，天然气的开发利用过程及其组成和分类，天然气的利用，非常规天然气的形成机理、特点及利用等。国家对温室气体排放的约束和控制将会越来越严格，清洁、低碳发展方式越来越受到推崇和鼓励。现阶段或未来很长一段时间内，我国应加快发展可再生能源，同时扩大清洁能源——天然气的利用规模，最大限度地增加其在我国一次能源消耗结构中的比例。中国天然气工业的发展呈现出机遇与挑战并存的状况。首先，从面临的机遇看，随着国民经济的快速发展与人们生活水平的不断提高，天然气需求量不断攀升，为我国天然气工业快速发展提供了良好的发展机遇。其次，我国天然气产量增长与需求量相比，仍有较大差距，未来天然气发展仍面临许多挑战：需求量快速增长与保障供应能力的矛盾将长期存在；国内天然气勘探开发难度增加，常规与非常规天然气开发并举；国外进口天然气量快速增长，对外依存度和保供难度增大；天然气管网和储气库等基础设施仍有待大力发展。中国天然气有良好发展前景，但资源品质总体偏差，未来发展面临巨大挑战，因此应加强理论、技术攻关，以推动中国天然气快速发展。

本章思考题

[1]　天然气按其形成分为哪几类？

[2]　天然气的分离和净化包括哪些主要步骤？

[3]　天然气主要化学转化类型有哪些？各自的主要反应是什么？

[4]　如何从天然气制备合成油？

[5]　可燃冰有什么性质特点？如何利用？存在什么问题？

[6]　煤层气的特点是什么？主要提纯方式有哪些？

参考文献

[1]　樊栓狮，徐文东，解东来. 天然气利用新技术. 北京：化学工业出版社，2012.

[2]　王遇冬. 天然气处理原理与工艺. 北京：中国石化出版社，2011.

[3]　徐文渊，蒋长安. 天然气利用手册. 2版. 北京：中国石化出版社，2006.

[4]　郭博云，阿里·格兰伯. 天然气工程手册. 陈建军，陈晓玺译. 北京：石油工业出版社，2012.

[5]　王开岳. 天然气净化工艺：脱硫脱碳、脱水、硫磺回收及尾气处理. 北京：石油工业出版社，2005.

[6]　戴金星，等. 中国天然气地质学：卷二. 北京：石油工业出版社，1996.

[7]　胡杰，朱博超，王建明. 天然气化工技术及利用. 北京：化学工业出版社，2006.

[8]　郭揆常. 液化天然气（LNG）应用与安全. 北京：中国石化出版社，2010.

[9]　汪寿建，等. 天然气综合利用技术. 北京：化学工业出版社，2003.

[10]　程惠明. 基于天然气为原料的化工开发. 化学工业与工程技术，2009，30（6）：35-38.

[11]　胡国松，张欢. 世界天然气消费趋势及我国天然气消费的策略. 天府新论，2010，1：77-81.

[12]　孔祥永. 美国"页岩气革命"及影响：兼论对中国页岩气开发的启示. 国际论坛，2014，16（1）：71-76.

[13]　钱伯章，朱建芳. 天然气制合成油（GTL）技术的新进展. 石油与天然气化工，2012，41（4）：399-404.

[14]　徐兴恩，蒋季洪，白树强，等. 天然气水合物形成机理与开采方式. 天然气技术，2010，4（1）：63-65.

[15]　郭平，刘士鑫，杜建芬. 天然气水合物气藏开发. 北京：石油工业出版社，2006.

[16]　张大椿，刘晓. 天然气水合物的形成与防治. 上海化工，2009，34（4）：17-20.

[17]　胡春，裘俊红. 天然气水合物的结构性质及应用. 天然气化工，2000，25（4）：48-52.

[18]　黄文件，刘道平，周文铸，等. 天然气水合物的热物理性质. 天然气化工，2004，29（4）：66-71.

[19]　王龙林. 页岩气革命及其对全球能源地缘政治的影响. 中国地质大学学报（社会科学版），2014，14（2）：35-40.

[20]　孙鹏. 页岩气产业远景展望及风险分析. 石油天然气，2014，36（1）：21-24.

[21]　董立，赵旭，涂乙. 页岩气成藏条件与评价体系. 石油地质与工程，2014，28（1）：18-21.

[22]　王卓宇. 从"页岩气革命"到"能源独立"：前景、影响与挑战. 经济纵横，2014，4：143-148.

[23]　姜瑞忠，汪洋，刘海成，等. 页岩气生产机理及影响因素分析. 特种油气藏，2014，21（1）：84-87.

[24]　江怀友，鞠斌山，李治平，等. 世界页岩气资源现状研究. 中外能源，2014，19（3）：14-22.

[25]　涂乙，邹海燕，孟海平，等. 页岩气评价标准与储层分类. 石油与天然气地质，2014，35（1）：153-158.

[26]　曹增辉. 液化天然气冷能利用方法的研究与展望. 化工管理，2020，16：56-57.

[27]　葛静涛. 非常规天然气开发及利用现状. 石化技术，2020，4：332-333.

[28]　康慧. 天然气合理利用问题探讨. 中国能源，2020，2：15-20.

[29]　陈骥，吴登定，雷崖邻，等. 全球天然气资源现状与利用趋势. 矿产保护与利用，2019，5：118-125.

第 5 章
生物质能

本章学习重点

◇ 了解生物质能的特点、来源及发展意义。

◇ 了解生物质能源利用原理。

◇ 掌握生物质能源转化及利用技术。

5.1 生物质能基础知识

5.1.1 生物质

生物质是指经过光合作用产生的各种有机体，它们是除了化石燃料外所有来源于动物、植物、微生物等的可再生物质。随着科学技术和应用领域的扩大，生物质的含义和范围也不断扩大，但人类长期作为食物的有机物，如粮食、肉类等一般不归类为生物质。一般而言，糖类、淀粉、蛋白质、油脂、纤维素、半纤维素和木质素等组成了生物质。如表 5.1 所示，生物质主要是由 C、H、O、N、S 等元素组成的，也被喻为即时利用的"绿色煤炭"。与逐年减少的化石燃料不同，生物质可以年年再生，它具有挥发组分高，硫、氮含量低（含 S 0.1%~1.5%；含 N 0.5%~3%），灰分低（0.1%~3%）的优点，但也存在含碳量低、含氧量高、水分高、热值及热效率低等不足。

表 5.1 主要农作物秸秆的基本成分   单位:%

成分	碳(C)	氢(H)	氧(O)	氮(N)	硫(S)
小麦秸秆	49.04	6.16	43.41	1.05	0.34
玉米秸秆	49.95	5.97	43.12	0.83	0.13
水稻秸秆	48.87	5.84	44.38	0.74	0.17
高粱秸秆	48.63	6.08	44.92	0.36	0.01

世界上生物质资源数量庞大，形式繁多，对于它的分类，有着不同的标准。根据能否大规模代替化石能源，可将其分为传统生物质资源和现代生物质资源。前者比如薪柴、木炭、稻草和动物粪便等，后者比如工业性的木质废弃物、甘蔗渣、城市废物、生物燃料（沼气和能源型作物）等；根据来源及转化技术的不同，生物质资源可分为农业生物质，林业生物

质、城镇有机生活垃圾、生活污水和工业有机废水等；根据状态不同，可将其分为绿色生物质和非绿色生物质、固体生物质和液体生物质；根据有效成分，可将其分为糖类生物质、淀粉类生物质、纤维素类生物质、油料生物质、活性物原料生物质等。

我国的生物质资源非常丰富，主要包括农业废弃物（各类秸秆、稻壳、蔗渣）；林业废弃物（废木材、枝丫材、树皮、木屑）；工业废弃物（造纸厂、家具厂、碾米厂产生的废料）；生活垃圾和有机废水（城市生活垃圾、人畜粪便、城市污水、工业有机废水）等。其中作物秸秆基本上作为薪柴、饲料、还田或者直接焚烧，造成局域雾霾现象。

5.1.2　生物质能

生物质能是指储存在生物质中的一种能量形式，是一种以生物质为载体的能量，它直接或间接地来源于植物的光合作用，可转化为常规的固体、液体、气体燃料，取之不尽，用之不竭，是一种可再生能源。生物质能的原始能量来源于太阳，所以从广义上讲，生物质能是太阳能的一种表现形式。

生物质能是人类最早利用的能源物质之一，在各种可再生能源中，生物质能极为独特。首先，它蕴藏量巨大，只要有阳光照射，绿色植物的光合作用就不会停止，生物质能也就不会枯竭。其次，与传统能源相比，生物质能在利用过程中，对环境污染小；再次，在可再生能源中，生物质能是唯一可以存储和运输的能源，这有利于加工转换和连续使用；最后，在各种可再生能源中，生物质能是唯一可再生的碳能源，加之在其生长过程中吸收大气中的 CO_2，构成了生物质能中碳的循环。

生物质能是仅次于煤炭、石油和天然气，而居于世界能源消费总量第四位的能源。开发生物质能可以有效缓解资源紧张，释放环境压力，促进经济增长，提高生活水平，改善生态平衡。实际上，生物质能在世界能源总消费量中已占 14%。有关专家估计，生物质能极有可能成为未来可持续发展能源系统的主要组成部分，到 21 世纪中叶采用新技术生产的各种生物质替代燃料将占全球总能耗的 40% 以上。如美国、巴西等国家从 20 世纪 70 年代开始发展燃料乙醇，制定了"燃料乙醇计划"，到 2005 年，美国燃料乙醇的产量已达 1200 万吨。巴西也达到了 1200 万吨，为 10 万多人提供了就业机会。奥地利推行了建立燃烧木材剩余物的区域供电站的计划，生物质能在总能耗中的比例由原来大约 2% 激增到 2000 年底的 25%；瑞典和丹麦正在实行利用生物质进行发电的计划，使生物质能在转换为高品位电能的同时满足供热的需求，以大大提高其转换效率。在瑞典，生物质能源为其供热和发电提供了 26% 的燃料。目前为止，欧盟是全球生产和消费生物质燃料最多的地区，美国排第二，这两大主体引领着全球生物质能源发展。2020 年美国生物质能利用占一次能源消耗总量的 4% 左右。生物质能在欧盟 28 个成员国的总产量已达到 123Mtoe（百万吨油当量），预计到 2030 年将进一步增加。

我国是一个能源资源短缺、"缺油少气"、消费结构单一的国家。煤炭资源尽管储量丰富，但分布不均，生物质能源产业直面我国能源、环境和"三农"三大主题，通过可再生生物质能源开发利用，替代一次化石能源，可缓解能源危机，使能源供应多元化；通过使用清洁、商品化可再生能源，减少温室气体排放，降低化石燃料引起的城市环境污染；通过农业生产剩余物增值综合利用，延伸农业生产链，提升农业综合生产力，促进农村就业和农民增收。因此，发展生物质能源对改善我国能源结构，降低二氧化碳排放，为环境减压，为"三农"解困，促进经济社会可持续发展具有重要意义。例如我国可种植能源植物的土地面积约有 1 亿公顷，可人工造林土地面积 4667 万亩（1 亩 $= 666.67m^2$，下同），按 20% 利用率计算，每年可生产 10 亿吨生物质资源。如果其中的 20% 用于能源作物如木薯、甜高粱的种植，用于生产燃料乙醇和生物柴油，每年约可生产酒精、生物柴油 1 亿吨，相当于 2 个大庆油田。生物质能源有可能成为我国的"绿色大庆"。常见生物质资源中，以农业废弃物、林业废弃物以及牲畜排泄物为主，三者的比重达八成以上。

5.1.3 生物质能的加工利用

生物质原料种类多，分布广，储量大，收储季节性强，规模化收集成本高。而它们的加工转化生产过程要求集中、规模、持续性的原料供应。生物质资源的集储成本直接关系到后续加工转化的成本和产品的市场竞争力。农业作物秸秆的收储运包括田间、临时存储站、生物质能工厂等。林业生物质的收储运因地理位置、原料类型的不同差别很大。城市有机生活垃圾的收储运是一个系统的操作过程，一个完整的过程包括三个操作过程：垃圾从源头到收集点暂存；垃圾从收集点转运至中转站；中转站的预处理和填埋场填埋。

人类在发现化石能源之前，一直依靠生物质资源获取食物、材料和能源，但随着化石能源的开发利用，生物质能源在人类生活中的地位逐渐下降。随着石油危机的出现，环境污染日益严重，为了保持化工产业的可持续发展，人类正在积极寻找能够代替化石原料的替代资源，生物质资源被认为是替代化石资源的最佳选择，是支撑人类可持续发展的一种重要资源。目前生物质化学利用途径归纳如图 5.1 所示。

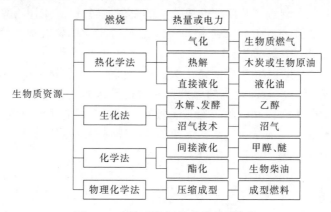

图 5.1　生物质资源的化学利用途径

从生物质出发，可以获得电力、热能、燃气和燃料油等，其转化利用过程主要依赖于化学化工产业。与石油化工类似，要使各种生物质转化为各种化学品也需要经过复杂的化工过程。石油化工和生物质化工有很多相似的地方，石油化工积累起来的知识对发展生物质化工具有十分重要的参考价值，但生物质的化学组成和石油的组成具有很大的差别，成熟的化工工艺路线并不能直接嫁接于生物质化工上。

近几十年来，生物质化工在世界范围内迅速发展，特别是热化学转化技术已大量成功地应用于工业生产中。如生物质通过热化学过程可以得到大量的可燃性气体，这些物质可以作为下游化工过程的原料，用于生产其他各种各样的化学品。尽管生物质化工技术的研究取得了较大的进展，但在生产原料的筛选、液态转化、活性物质的提取和分离、催化转化效率的提高等、配套设施的研制以及生产过程的绿色化方面仍然还存在一系列有待解决的问题。其中，生物质资源的高效、清洁转化问题，以及生物质替代化学品的绿色合成和生物质化学化工的系统化是未来的发展方向。

5.2 生物质制取燃料乙醇

5.2.1 燃料乙醇的应用和发展

燃料乙醇是指浓度为 95％ 左右的乙醇经过进一步脱水和添加 5％（体积分数）的变性剂（一般为无铅汽油或无铅的烃类）所得的变性无水乙醇，其水分小于 0.8％。虽然乙醇的能量仅是汽油的 67％，但燃料乙醇的能量等同甚至高于汽油。燃料乙醇作为替代能源之一，与普通汽油相比，以其燃烧完全、废气排放量低等优点被称为 21 世纪"绿色能源"，它不仅能提高汽油的辛烷值和抗爆性能，还可以提高汽车运行平稳性和延长主要部件的使用寿命。此外，燃料乙醇可以作为基础增氧剂，改善燃烧，降低一氧化碳等有害物质的生成和排放。但是燃料乙醇也存在不足之处，在运输和储存的过程中，对含水量的要求十分苛刻，含水量一旦超标就会分层，影响使用效果；对金属和橡胶部件容易产生腐蚀和溶胀现象等。

燃料乙醇的发展主要经历了如下几个阶段。

① 缓慢发展期。早在第一次世界大战期间就有乙醇作为燃料的记载，20 世纪 50 年代，由于原油的价格只有 1～2 美元/桶（1 桶＝3.785L，下同），乙烯作为石油化工产业的副产品，其价格也随之降低，促进了化学法合成乙醇的发展，经过 60 年代乙醇技术的长足发展，化学法合成乙醇有了更强的竞争力，到 70 年代初，西方发达国家合成乙醇占总量的 80％ 以上，发酵乙醇严重萎缩，发展缓慢。

② 稳步发展期。20 世纪 70 年代的第一次石油危机使乙烯价格上涨，推动了各国对发酵乙醇的研究，1981 年第二次石油危机的爆发再次推动了燃料乙醇的发展，利用生物技术和生物质进行乙醇工业化生产，并以此代替石油能源，成为各国的研究热点。美国、巴西率先推行燃料乙醇计划，随之，加拿大、法国、西班牙、瑞典等国也纷纷推行，形成了一定规模的燃料乙醇生产和应用市场，燃料乙醇进入稳步发展期。

③ 快速发展期。进入 21 世纪，随着石油资源的日益枯竭，石油价格持续上扬，由美国和巴西领衔的生物燃料乙醇登上了发展的快车道，中国、欧盟相继跟随。表 5.2 为 2009～2019 年世界燃料乙醇产量，以 2019 年为例，美国产量为 4712 万吨，巴西 2560 万吨，欧盟 430 万吨，总产量达 8670 万吨。2009～2019 年的 10 年间，美国燃料乙醇净增 1446 万吨，巴西净增了 596 万吨，欧盟净增了 120 万吨，中国净增了 107 万吨。

表 5.2　2009～2019 年世界燃料乙醇产量　　　　　　　单位：万吨

项目	2009 年	2010 年	2011 年	2012 年	2013 年	2014 年	2015 年	2016 年	2017 年	2018 年	2019 年
美国	3266	3972	4160	3948	3970	4275	4422	4603	4760	4806	4712
巴西	1964	2067	1664	1660	1872	2019	2150	2019	1995	2392	2560
欧盟	310	351	358	340	409	432	414	411	418	427	430
中国	162	162	166	166	208	190	243	252	257	314	269
总产量	5834	6873	6677	6515	6998	7492	7697	7819	7954	8569	8670

注：数据来源于 RFA Analysis。

巴西的燃料乙醇产业的发展始于 20 世纪 20 年代，主要以甘蔗为原料，1925 年，甘蔗乙醇汽车首次完成了 400km 的长距离测试。1973 年第四次中东战争爆发，引发石油危机，巴西启动"全国实施发展燃料乙醇生产计划"，选择了乙醇代替石油的发展之路。20 世纪 80 年代中期，巴西每年生产的汽车中，有 3/4 以上采用乙醇燃料，燃料乙醇的利用达到了一个高峰。但 20 世纪 80 年代末到 90 年代初，由于国内政策影响和国际石油价格的下跌，巴西燃料乙醇的供应量急剧萎缩。1993 年又重颁了乙醇振兴计划，直到 21 世纪，巴西的燃料乙醇才进入稳定快速发展期。目前，巴西共有 360 家燃料乙醇生产企业，在建 120 家。

美国自 1976 年开始以玉米为原料小规模生产燃料乙醇，但玉米乙醇的开发并未受到重视，八九十年代，美国的燃料乙醇产量一直只有巴西的 1/3，然而，进入 21 世纪，考虑到国家的能源安全及环境保护，美国的燃料乙醇业发展迅速。2005 年其燃料乙醇产量与巴西持平，2006 年反超巴西，跃居世界第一。

我国燃料乙醇起步较晚，但发展迅速，已成为继美国、巴西之后世界第三大燃料乙醇生产国。2007 年之前我们主要利用陈化粮生产燃料乙醇，2007 年之后则主要利用薯类和甘蔗生产燃料乙醇。目前，我国已经开始在全国范围内逐步推广使用乙醇汽油，要使其在未来的两三年内的市场份额达到 20%～30%。

5.2.2　生产燃料乙醇的主要方法

工业上乙醇的生产方法有两种：化学合成法和发酵法。

(1) 化学合成法

化学合成法于 20 世纪 30 年代首先出现在美国，指利用炼焦、石油工业中石油裂解产生的废气为原料经化学合成生产乙醇的方法，包括间接水合法和直接水合法。

间接水合法，又称硫酸吸附法。该法制备乙醇的单程转化率高，对原料纯度的要求不苛刻，反应温度及压力不高，但生产过程中产生大量的稀硫酸，对设备有严重腐蚀。其反应方程式为：

$$2C_2H_4 + H_2SO_4 \longrightarrow (C_2H_5O)_2SO_4$$
$$(C_2H_5O)_2SO_4 + 2H_2O \longrightarrow 2CH_3CH_2OH + H_2SO_4(稀)$$

直接水合法因其具有工艺流程合理、对设备腐蚀小、易规模化生产等优点，逐渐代替间接水合法。它以磷酸为催化剂，在高温高压下，乙烯与水蒸气直接反应生产乙醇。但该法制备的乙醇浓度仅为 10%～15%，含有大量的水和少量的乙醚、乙醛、丁醇等有机化合物。其反应方程式为：

$$C_2H_4 + H_2O \xrightarrow{\text{磷酸,230～300℃,7～9MPa}} C_2H_5OH$$

(2) 发酵法

发酵法指酵母等微生物以可发酵性糖为食物，摄取原料中的养分，通过体内的特定酶系，经过复杂的生化反应进行新陈代谢，产生乙醇及其他副产品的过程。按生产所用的主要原料不同，发酵法又分为淀粉原料生产乙醇、糖类原料生产乙醇及纤维素原料生产乙醇。发酵法制得的乙醇的质量分数约为 6%～10%，并含有乙醛、高级醇、酯类等杂质，经精馏得质量分数为 95% 的工业乙醇并副产杂醇油。

玉米和甘蔗是发酵法制取乙醇的优质原料，但存在与民争粮、与农争地的问题，甜高粱、木薯、菊芋类生物质可以利用非农荒地、盐碱地等边际性土地大面积种植，工业和农业废弃物如木屑和秸秆可作为纤维素类生物质，以这些非粮原料生产燃料乙醇是可持续发展的方向。

5.2.3　发酵法制取燃料乙醇

不同生物质原料经水解发酵制取燃料乙醇所采用的生产工艺并不完全相同，表 5.3 为不同生产工艺及其技术特性对比表。由表可见，在各原料制备燃料乙醇的生产工艺中，预处理和水解/糖化阶段区别较大，发酵和乙醇提取精制属于共性技术。下面按类别对木薯、甜高粱和纤维素三种典型生物质制取燃料乙醇的工艺做以说明，再对共性技术做以说明和对比。

表 5.3　不同原料燃料乙醇生产工艺技术特性对比

种类	淀粉类	糖类	纤维素类
预处理	粉碎、蒸煮糊化	压榨、调节	粉碎、物理或化学处理
水解/糖化	酸或酶糖化，易水解，产物单一，无发酵抑制物	无水解过程，无发酵抑制物	酸或纤维素酶，水解较难，产物复杂，有发酵抑制物
发酵	产淀粉酶酵母发酵六碳糖为乙醇	耐乙醇酵母发酵六碳糖为乙醇	专用酵母或细菌发酵六碳糖和五碳糖为乙醇
乙醇提取与精制	蒸馏、精馏、纯化	蒸馏、精馏、纯化	蒸馏、精馏、纯化

(1) 木薯原料燃料乙醇生产工艺

木薯属淀粉类原料，首先要经过酸或酶使淀粉水解为葡萄糖单糖，然后经酵母的无氧发酵作用转化为乙醇，其工业生产工艺如图 5.2 所示。

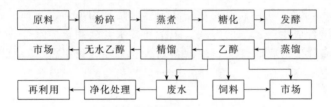

图 5.2　木薯原料燃料乙醇生产流程图

木薯发酵生产燃料乙醇一般包括原料预处理工段、糖化工段、发酵工段及提取和纯化工段。预处理使淀粉软化、糊化，为糖化酶提供必要的催化条件（足够的水分和接触表面积）；糖化是以糖化酶水解淀粉为葡萄糖；发酵工段利用酵母将葡萄糖转化为乙醇；最后提取和纯化工段以蒸馏或其他萃取方法提取乙醇并精制为燃料乙醇。

(2) 甜高粱原料燃料乙醇生产工艺

甜高粱属于糖类原料，主要是蔗糖，酵母菌可利用自身的蔗糖水解酶系将蔗糖水解为葡萄糖和果糖，并在无氧条件下发酵产生乙醇，其工艺流程如图 5.3 所示。

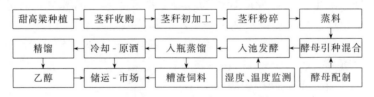

图 5.3　甜高粱原料燃料乙醇生产流程图

甜高粱茎秆汁发酵前的预处理包括加水稀释、加酸酸化、灭菌处理，稀释至酵母能利用的糖度，调配发酵所必需的无机盐。甜高粱榨汁糖度一般在 $16\sim22°Bx$，用无机盐调配即可作为发酵液使用。当前，以固定化酵母发酵是较有前景的工艺，固定化酵母可重复使用，抗杂菌能力强，发酵时间短。另外，甜高粱茎秆固态发酵也是当前较实用的工艺，固态发酵指利用自然底物做碳源，或利用惰性底物做固体支持物，其体系无水或接近于无水的发酵过程。固态发酵具有产率高、含水量低、所需生物反应器体积小、不需废水处理、环境污染小的优点，但由于传质传热效果差，导致反应器无法放大、无法实现规模化生产。

（3）纤维素原料燃料乙醇生产工艺

木质纤维素生产燃料乙醇的方法主要是把原料中的纤维素和半纤维素水解为单糖，再把单糖发酵为乙醇，其工艺流程如图 5.4 所示，其工艺与淀粉和糖类原料生产燃料乙醇的差别仅在于预处理与水解工艺。

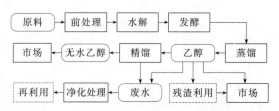

图 5.4　纤维素原料燃料乙醇生产流程图

以木质纤维素为原料生产燃料乙醇的预处理步骤较为复杂，主要目的是除去木质素、溶解半纤维素及破坏纤维素的晶体结构，从而增大酶与纤维素的可接触表面，提高水解产率。常用预处理方法有物理法、化学法和生物法。物理法指通过机械粉碎来破坏纤维素的晶体结构；化学法指采用碱处理、稀酸处理或臭氧处理来破坏木质素的结构；生物法是利用自然界存在的褐杆菌、白杆菌和软杆菌等来降解木质素。

经预处理的纤维素原料必须通过水解过程将纤维素和半纤维素水解为可发酵性糖类物质，主要有酸水解和酶水解两种方法。酸水解包括浓酸水解和稀酸水解，浓酸水解法由于成本高、污染严重等原因逐步被稀酸水解法替代，目前比较成熟和已经工业化的是稀硫酸渗滤水解法。酶水解是利用纤维素酶催化水解，具有可在常温下反应、水解副产物少、糖化得率高及可以与发酵过程耦合等优点，有很大的开发潜力。

（4）发酵工艺及提取精制

乙醇发酵是燃料乙醇最重要的工段，主要产物是乙醇和 CO_2。乙醇发酵过程大体可分为前发酵期、主发酵期和后发酵期三个阶段。在前发酵期，醪液中的酵母数量不多，由于醪液中含有少量溶解氧和充足的营养物质，所以酵母菌迅速繁殖，此阶段发酵作用不强，发酵温度一般不超过 30℃，延续时间 10h 左右。主发酵期，由于醪液中的氧气已耗尽，酵母菌停止繁殖而主要进行乙醇发酵作用，发酵温度控制在 30～34℃，延续时间 12h 左右。后发酵期，醪液中糖分大部分已消耗掉，尚存部分糊精继续被糖化酶作用，生成葡萄糖，但此作用十分缓慢，乙醇和 CO_2 产生量很少，发酵温度控制在 30～32℃，一般需要 40h 左右才能完成。

根据发酵醪液注入方式的不同，可以将发酵法分为间歇式、半连续式和连续式三种。间歇式发酵法指全部发酵过程始终在一个发酵罐中进行；半连续发酵是指在主发酵阶段采用连续发酵，而后发酵则采用间歇发酵的方式；连续发酵又分为循环式和多级式，可以提高设备利用率、淀粉利用率，便于实现自动化。按发酵过程物料存在状态，发酵法分为固体发酵法、半固体发酵法和液体发酵法。固体发酵法和半固体发酵法一般采用间歇式发酵方式；液体发酵法则可以采用间歇式、半连续式和连续式发酵。

乙醇提取与精制工艺是制备燃料乙醇成品的最后一道工段，包括蒸馏工艺和脱水等环节。用普通蒸馏法制得的乙醇，浓度最高只能得到体积分数为 95% 的乙醇和水的恒沸物，为得到 99.5% 的无水乙醇，还需进一步精制，主要有溶剂萃取、吸附分离、汽提分离、气提分离、渗透气化等工艺。

5.2.4　燃料乙醇的应用展望

石油的短缺和环保法规的日益苛刻，使以燃料乙醇为代表的可再生石油替代能源成为全球燃油市场的新秀。目前世界上有近 20 个国家在大力推广使用乙醇汽油，乙醇汽油呈现出迅猛的发展势头。近期的发展方向如下：

① 继续降低纤维素原料生产燃料乙醇的成本。纤维素原料生产燃料乙醇的预处理以及水解过程成本仍然很高，制约其发展，因而有待在技术和菌种上进一步突破。

② 扩大乙醇的利用范围。由于乙醇易于生产乙烯，因而目前 95% 来自石油的合成聚合物都可以从生物质制取乙醇出发。

③ 提高生物质整体化工程的技术经济性。未来生物质加工厂的经济效益来自多种产品而不是依靠一种产品，正如石油炼厂的多模式一样，生物质加工厂也应面向市场，因地制宜，具有足够的灵活性。总之，生物质燃料乙醇技术是一个新兴的领域，未来发展空间广阔。

5.3　生物质制取汽柴油

从热化学法出发，生物质制取汽柴油的路径基本类似于煤的液化，包括气化生物质得到合成气，通过费-托合成制取汽柴油；直接热裂解制取生物油，经稳定化或重整制备汽柴油；生物质直接脱氧液化制取汽柴油。前两条路径在之前的章节中已做介绍，本节主要介绍生物脱氧液化法。

生物质直接脱氧液化是一种在密闭环境中，不加氢气和其他任何载气，以 CO 和 CO_2 形式脱除氧而得到高热值、低含氧量和高 H/C 比液体燃料的反应方法。在直接脱氧液化过程中，脱氧和液化同时进行，O—H 键断裂、C—H 键重组成烃类化合物、C—O 键重组成 CO 和 CO_2，从而脱除生物原料中的氧。其脱氧液化实验装置如图 5.5 所示。

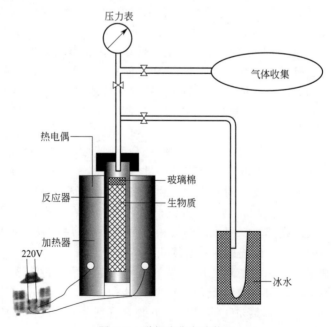

图 5.5　脱氧液化实验装置

5.4 生物质制取生物柴油

5.4.1 生物柴油的性质

生物柴油（biodiesel）是指以动植物油脂等可再生生物资源为原料生产的长碳链脂肪酸单酯，可用于压燃式发动机的清洁替代燃料。它是油脂与甲醇等低碳醇在酸、碱或酶等催化剂的作用下进行酯交换反应生成的。分子量接近柴油，与柴油性能相似，是石化能源良好的替代品。

1896 年，德国工程师研制出世界上第一台柴油机，在尚没有石化柴油的年代，植物油一直被用作燃烧原料。1983 年 Craham Quick 利用亚麻籽油与甲醇发生酯交换反应，首次制备出一种脂肪酸甲酯，将其应用于柴油机，持续燃烧了近 1000h，后来他正式将这种可再生的脂肪酸甲酯命名为"biodiesel"，这便是狭义的生物柴油。1984 年美国和德国科学家采用脂肪酸甲酯或乙酯代替柴油作为燃料，这就是广义的生物柴油，即以动植物油脂、废餐饮油等作为原料，通过一定的工艺技术制备的甲酯或乙酯燃料。

目前，实际生物柴油的应用产品大多是生物柴油与石化柴油掺杂而成的混合柴油。研究者在研究中比较了生物柴油与石化柴油的理化性质，同时研究了生物柴油、石化柴油、混合柴油的污染物排放情况，见表 5.4、表 5.5。

表 5.4 生物柴油与石化柴油的有关性质对比

指标	生物柴油	石化柴油
净燃烧能/(MJ/kg)	37.02	43.47
冷滤点/℃	−8	−15
十六烷值	54	52
密度(20℃)/(kg/m^3)	876	821
黏度(20℃)/(mm^2/s)	7.15	4.01
硫含量/%	<0.02	<0.26
闪点/℃	100	60

表 5.5 生物柴油与石化柴油污染物排放比较

指标	B20[①]比石化柴油减少的比例/%	B100[①]比石化柴油减少的比例/%
颗粒物	18	55.4
碳氢化合物	11	56.3
CO_2	15.7	78.3
有毒空气	12-20	60-90
CO	12.6	43.2
NO_2	1.2	1.8
SO_2	11.5	55.7

①20%的生物柴油与80%的石化柴油掺杂混合的产品命名为 B20,而100%的生物柴油则命名为 B100。

生物柴油含水率较高，最大可达 30%～45%。水分有利于降低黏度，提高稳定性，但也降低了热值；生物柴油 pH 值低，储存装置需要使用抗酸腐蚀的材料；具有"老化"倾向，加热不宜超过 80℃，宜避光，避免与空气接触保存；具有可再生性、优良的润滑性、良好的燃料性、良好的安全性以及环境友好性。生物柴油是良好的"绿色能源"，大力发展生物柴油技术对促进经济可持续发展、推进能源转型、减轻环境压力具有重要意义。

5.4.2 生物柴油的原料

一般地，人们习惯运用热值、密度、运动黏度、十六烷值、闪点等评价原料的优劣。原料不同，生物柴油的性质差别很大。如以豌豆油、大豆油和地沟油制备的生物柴油，闪点较高；以地沟油制备的生物柴油，十六烷值较高；废弃动植物油为原料生产的生物柴油，碘值高。可以用于生物柴油的原料主要包括以下几类：

(1) 废弃动植物油脂

我国每年需要消费 1800 万吨食用油，这将产生数以百万吨计的废食用油，如下脚酸化油、地沟油以及存库油。目前，这些废弃的食用油不但没有得到有效的利用，并且还污染环境，造成饮食威胁。据统计，全国每年可利用的动植物废弃物油脂资源量约为 200 万吨。

(2) 冬闲田油菜

我国是世界上油菜的主要生产国和油菜籽的主要消费国，近年来，我国油菜种植面积基本维持在 700 万公顷以上，油菜籽总产量在 1300 万吨以上。我国油菜的主要生产区是长江中下游地区，其中湖南、湖北、安徽、江苏和四川五省的年产量均在 100 万吨以上。我国南方每年均有 1.3 亿亩的冬闲稻田，可用于油菜种植。油菜是冬季作物，很少与粮棉争地。因此，通过冬季复种油菜，这部分冬闲田可为生物柴油生产提供原料植物油。

(3) 木本油料植物

木本油料植物适应性强，不占用良田耕地，可长期利用。据统计，我国现有 420.6 万公顷主要木本油料种植林，每年能够生产 559.4 万吨含油果实。据国家林业局 2005 年编制的《全国能源林规划》，计划到 2020 年，全国将培育 2 亿亩优质能源林基地，这可以满足每年 600 万多吨生物柴油和装机容量 1500 多万千瓦的发电原料需求。

我国现已查明拥有 151 科 697 属 1554 种油料植物。尽管对于选择培育优质高产油料树种开展了大量的研究工作，也取得了不少的研究进展，但是，分布广、适应性强、可作为建立规模化生物柴油生产原料的树种不足 10 种，如黄连木、文冠果、麻疯树、光皮树等。

(4) 产油微藻

藻类是一种数量巨大的可再生资源，在我国的有机碳组成中，海洋藻类占了三分之一。藻类是生物质能源的潜在资源，其中微型藻类的含油率很高，有数据表明，每公顷玉米能产生物柴油 172L，大豆能产 446L，油菜籽能产 1190L，而微藻能产生 95000L，因此，微型藻类是制取生物柴油的优良原料。

5.4.3 生物柴油的制备方法

生物柴油的生产技术并不复杂，但由于植物油价格高于石化柴油，因此简化生产工艺，尽可能地回收副产甘油，以降低生物柴油成本，成为生物柴油制备的关键。目前，生物柴油的制备方法主要分为直接混合法、微乳化法、高温裂解法和转酯化法四种，工程微藻法制备生物柴油也逐渐引起人们的关注。使用直接混合法和微乳化法生产的生物柴油能够降低原料油的黏度，但积炭和污染等问题难以解决；高温裂解法的主要产品是生物汽油，生物柴油只是副产品。相比之下，转酯化法是一种更好的制备方法，应用最广泛。

(1) 直接混合法

直接混合法是将植物油和石油柴油按不同的比例直接混合使用，又称稀释法。混合油燃烧性能良好，可以用作农用机械的替代燃料，但也存在发动机喷嘴污染等问题，不可以长期连续使用，需要间断性维修，逐渐被研究者淘汰。

（2）微乳化法

该方法是利用乳化剂，将植物油分散到溶剂中，从而降低它的黏度，提高流动性。例如将表面活性剂、石化柴油与大豆油、棕榈油、蓖麻油分别混合，可以制备出微乳液生物柴油，这种微乳系统可以作为替代燃料使用。这种方法受环境影响较大，容易出现破乳现象，使燃料的性质不稳定，且依然没有解决积炭、活塞环粘连、润滑油变稠等问题，不能达到普遍使用的目的。

（3）高温裂解法

高温裂解法是在热和催化剂的作用下，使动植物油迅速断裂为短链分子，尽量减少炭化和氧化，从而获得最多的燃料油。使用该种方法可有效保证产品质量，并且适合长期使用。但是，高温热裂解法的主要产品是生物汽油，生物柴油只是其副产品，而且热裂解工艺复杂，设备庞大，成本较高，不能达到工业化生产和使用的目的。

（4）转酯化法

转酯化法（酯交换法）以长链脂肪酸单酯作为目的产物，用动植物油脂与甲醇或乙醇等低碳醇在催化剂和高温（230～250℃）下进行转酯化反应，生成相应的脂肪酸甲酯（或乙酯），同时副产甘油。如图 5.6 所示。根据使用催化剂的不同，通常把酯交换法分为化学法和生物酶法，化学法是指以酸或碱作为催化剂，生物酶法则以脂肪酶或者微生物细胞作为催化剂。

$$
\begin{array}{l}
\mathrm{CH_2OCOR^1} \\
| \\
\mathrm{CHOCOR^2} \\
| \\
\mathrm{CH_2OCOR^3}
\end{array}
\quad\underset{\mathrm{CH_3OH}}{\overset{\text{催化剂}}{\rightleftharpoons}}\quad
\begin{array}{l}
\mathrm{CH_2OH} \\
| \\
\mathrm{CHOCOR^2} \\
| \\
\mathrm{CH_2OCOR^3}
\end{array}
\;+\; \mathrm{R^1COOCH_3}
$$

$$
\begin{array}{l}
\mathrm{CH_2OH} \\
| \\
\mathrm{CHOCOR^2} \\
| \\
\mathrm{CH_2OCOR^3}
\end{array}
\quad\underset{\mathrm{CH_3OH}}{\overset{\text{催化剂}}{\rightleftharpoons}}\quad
\begin{array}{l}
\mathrm{CH_2OH} \\
| \\
\mathrm{CHOH} \\
| \\
\mathrm{CH_2OCOR^3}
\end{array}
\;+\; \mathrm{R^2COOCH_3}
$$

$$
\begin{array}{l}
\mathrm{CH_2OH} \\
| \\
\mathrm{CHOH} \\
| \\
\mathrm{CH_2OCOR^3}
\end{array}
\quad\underset{\mathrm{CH_3OH}}{\overset{\text{催化剂}}{\rightleftharpoons}}\quad
\begin{array}{l}
\mathrm{CH_2OH} \\
| \\
\mathrm{CHOH} \\
| \\
\mathrm{CH_2OH}
\end{array}
\;+\; \mathrm{R^3COOCH_3}
$$

图 5.6 转酯化反应示意图

① 酸碱催化酯交换反应。目前工业上制备生物柴油主要是使用化学法，即动植物油脂和甲醇或乙醇等低碳醇在酸性或者碱性催化剂等作用下进行转酯化反应，生成相应的脂肪酸酯。化学法生产生物柴油的一般工艺流程如图 5.7 所示。

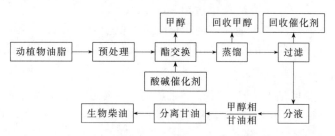

图 5.7 化学法生产生物柴油的一般工艺

酸催化剂主要是布朗斯特酸，常用的有硫酸、磷酸、盐酸以及磺酸、硼酸等，其中硫酸价格便宜，资源丰富，是最常用的一种催化剂。另外有机磺酸也是一种较好的催化剂，酸性强，不会氧化着色。酸催化受游离脂肪酸和水分的影响较小，酸既能充当游离脂肪酸酯化反应的催化剂，又能催化酯交换反应的进行。当使用餐饮废油时，可以免去油脂的预处理步骤。

碱催化剂主要包括氢氧化钠（NaOH）、氢氧化钾（KOH）、碳酸盐及醇盐（如甲醇钠、乙醇钠）等，其中 NaOH 和 KOH 价格相对便宜，目前应用最多。金属醇盐也比较常用，如甲醇钠，它反应条件温和，反应时间短，效率高，催化剂用量小，反应后通过中和水易除去。碱催化转酯化反应速率很快，并且可以获得较高的生物柴油得率。

最近，离子液体（ionic liquids）作为一种新型的环境友好型液体酸碱催化剂在生物柴油的制备研究中受到广泛关注。离子液体通常是指在低于 100℃ 的温度下，完全由有机阳离子和有机或无机阴离子组成的有机液态盐。离子液体具有其他有机溶剂、无机溶剂和传统催化剂不具备的优点，同时拥有液体酸碱的高密度反应活性位和固体酸碱的不挥发性，同时它的结构和酸碱性可调，一些离子液体还具有很强的 Bronsted 和 Lewis 酸性，易与产物分离，可重复使用，热稳定性高。离子液体的物理化学性能在很大程度上取决于阴、阳离子种类，是真正意义上可设计的绿色溶剂和催化剂。因此，离子液体具有取代传统工业催化剂的潜力。

② 酶催化酯交换法。为了解决酸碱催化生物柴油的缺点和问题，相关技术研究人员开始尝试使用生物酶催化动植物油脂转酯化生产生物柴油，生物酶法所用的催化剂有脂肪酶（胞外脂肪酶）和微生物细胞（产胞内脂肪酶）两大类。生物酶法存在一系列的优点，如反应条件温和，可以在常温常压下进行，反应过程中无污染物排放，环境友好，对原料的品质要求较低，原料来源广泛，产品的分离和回收比较方便等。但目前固定化脂肪酶作为生产生物柴油的催化剂仍存在两个主要问题：酶促反应时间长，酶的使用寿命短。为缩短酶促反应时间，可采用一些预处理措施。为降低甲醇的毒性，可加入有机溶剂，稀释甲醇，减少对脂肪酶的毒害作用；用有机溶剂如丙酮定期冲洗固定化脂肪酶可以解决甘油吸附对催化剂的毒害，研究发现，以丙酮定期对 Novozy M 435 固定化脂肪酶进行冲洗，使用 300h 后仍可达到 88.4% 的转化率。但是，酶价格偏高，易失活，反应时间较长，而且低碳醇对酶具有一定的毒性，缩短酶的使用寿命。

③ 超临界法。为解决化学法和酶催化法的不足，国内外研究者正在开发在超临界条件下进行酯交换反应的超临界流体技术。在超临界条件下，甲醇的溶解性相当高，能与油脂很好互溶，从而大幅度加快反应速率。采用超临界流体技术的另一个优点是对原料油的适应性强，即使原料油中脂肪酸的质量分数高达 30% 以上时，对脂肪酸甲酯的收率也基本没有影响；水的质量分数为 30% 的原料油经数分钟反应后，脂肪酸甲酯的收率也可达 90% 以上。Saka 在压力 45～65MPa、反应温度 400℃、醇油摩尔比为 42:1 的条件下使用超临界甲醇使植物油发生酯交换反应，反应转化率达到 95%。

超临界流体技术制备生物柴油无需使用催化剂，具有环境友好、反应速率快、反应时间短和转化率高等优点。该方法的缺点是需在高温、高压下进行，对反应设备有很高的要求。

(5) 工程微藻法

工程微藻法为生物柴油的生产开辟了一条新的技术途径。工程微藻是硅藻类的一种工程小环藻。研究者在实验室条件下可使其中的脂质含量增加到 60% 以上，户外生产也可提高到 40% 以上。而一般的自然状态下，微藻的脂质含量介于 5%～20% 之间。利用工程微藻生产生物柴油具有重要的意义，其优越性在于微藻生产能力高，用海水作为培养基可以减轻耕地压力；油脂含量高；生物柴油产品不含硫，无需脱硫操作，燃烧时不排放有毒气体；可生物降解，无环境污染。因此，发展富含油脂的工程微藻是生产生物柴油的一大发展趋势。

5.4.4 国内外生物柴油的研究进展

全球对生物柴油的需求量，从 2006 年的 6.9×10^6 t 增长至 2010 年的 4.48×10^7 t。到 2010 年，亚洲成为仅次于西欧的世界第二大生物柴油生产地区，棕榈油极为丰富的东南亚正在崛起成为一个主要的生物柴油生产基地。从消费情况来看，新的大型消费市场将出现在中国和印度。生物燃料的原料来源成为生物燃料可持续发展的重要课题。

从 2001 年起开始，国内出现生产生物柴油的企业，最近几年得到迅速的发展，主要原料是皂化油下料和餐饮业废油。我国现在的生物柴油产业发展势头良好，涌现出很多新思路、新方法。但放大生产工艺不成熟，生产过程能耗过高，以及下游处理技术不完善和由此带来的环境污染等一系列问题还都有待进一步研究解决。

5.5 生物质制取生物油

5.5.1 生物质热裂解

生物质在没有氧或缺氧的条件下热裂解，最终生成生物油、木炭和可燃气体。生物质的主要成分是纤维素、半纤维素和木质素。纤维素是若干 D-吡喃式葡萄糖单元通过 β-苷键形式的氧桥键连接而成，半纤维素是两种或两种以上单糖通过氧桥键连接而成的不均一的聚糖，裂解时，氧桥键断裂，产生大量的多聚糖和单糖。木质素是由苯基丙烷结构单元通过碳-碳键和氧桥键连接而成的复杂芳香族聚合物，受热时氧桥键和单体苯环上的侧链键断开，形成活泼的含苯环自由基，有可能与其他分子或自由基发生缩合反应生成结构更稳定的大分子，进而结炭。根据裂解条件的不同，热裂解分为慢速裂解、传统裂解、快速裂解和高压液化。

① 慢速裂解。生物质在极慢的升温速率下长时间（15min 至几天）裂解，可得到最大限度的焦炭产率，约 35%，这个过程也称为生物质炭化。

② 传统裂解。指生物质在 500℃ 下、较低加热速率（10～100℃/min）、裂解产物在短的停留时间（0.5～5s）下裂解，可得到一定比例的气、液、固产品。

③ 快速裂解。生物质在常压、超高加热速率（$10^3 \sim 10^4$℃/s）、超短产物停留时间（0.5～1s）、500℃ 裂解瞬间脱挥发分，然后快速凝结成液体，可获得最大限度的液体产率。

④ 高压液化。生物质在 10.13MPa、250～400℃、停留时间 20min～2h 下，通入合成气，在催化剂作用下裂解，可获得产量为 35% 的油品，其热值较高，但该法成本较高。

5.5.2 生物油的物化性质

生物油的物理化学性质取决于生物质原料的种类、热解过程和产物分离效率等因素，与通常的石油在性质上有所区别：

① 含水量和含氧量。生物油含水量高达 15%～30%，高含水量一方面降低了生物油的黏度，增强了流动性，另一方面也降低了生物油的热值。其含氧量高达 35%～60%，由生物质原料中的含氧量决定。

② 酸性。生物质热解制取的生物油 pH 值介于 2～4 之间，这是由于生物油中含有小分

子有机酸，因此生物油制取对容器的抗腐蚀性要求很高，工业上一般采用聚丙烯或耐酸不锈钢制作容器存放生物油。

③ 黏度。生物油的黏度范围很宽，从 $5\sim350\mathrm{mPa\cdot s}$ 不等，研究表明，添加甲醇可以改变生物油的性能，黏度和密度降低，同时增强了生物油的稳定性，该法的缺点是添加甲醇后，会使生物油的闪点降低。

④ 热值。生物油的热值相对较低，其中油料作物热解生成的生物油的热值比较高，但收率并不高。

⑤ 密度。由生物质制取的生物油密度约为 $1.2\mathrm{g/cm^3}$，其运输和使用较为方便，当热解温度升高时，密度会略有增加，另外，环境温度的变化和存放方式的不同也会使其发生相应的变化。

5.5.3 生物油改质技术及应用

由于生物油与矿物燃油的物理化学性质差别很大，高含水量、高含氧量、高黏度以及低热值等性质大大阻碍了其应用，人们采用了各种分析手段了解生物油性质，研究其改质技术。生物油改质技术有加氢脱氧改质、催化裂解改质、乳化技术、催化酯化改质技术等。

生物油加氢脱氧技术是在高压（$10\sim20\mathrm{MPa}$）和供氢溶剂存在的条件下，通过催化剂作用对生物油进行加氢处理，该技术将生物油中的氧以 H_2O 和 CO_2 形式除去，以降低生物油的含氧量，提高生物油的能量密度和热值；催化裂解改质技术是以沸石分子筛为催化剂，由于沸石分子筛自身的酸性和规则孔道结构，使通过催化裂解生产的生物油含氧量大大降低；生物油乳化是指在表面活性剂的乳化作用下，使生物油和柴油混溶作为燃料使用；催化酯化改质是在固体酸或碱的作用下，生物油中的羧基与醇类溶剂发生酯化反应，减少生物油中反应基团的数目，降低生物油的酸性，提高生物油的稳定性。

生物油可以代替锅炉、窑炉、发动机或涡轮机中使用的燃油，进行发电或供热，其应用较为广泛，但目前，生物油的品质、稳定性、存储及应用还无法与传统矿物燃油相比，随着生物质液化工艺和生物油改质技术的发展，生物油将越来越有竞争力，应用前景十分广阔。

5.6 生物质气化技术

5.6.1 生物质气化过程

生物质气化指有氧化剂参与的热解过程，一般指生物质在高温条件下利用空气中的氧气或含氧物质作为气化剂，将组成生物质的碳氢化合物转化为较低分子量的 CO、H_2、CH_4 等可燃气体的过程。此法得到的气态燃料比固态燃料在使用上具有许多优良性能，因此，生物质气化技术可将低品位的固态生物质转换成为高品位的可燃气体。生物质气化一般包括如下几个过程。

① 固体燃料的干燥。生物质原料进入气化器后，吸着在生物质表面的水分被加热析出，这个过程进行比较缓慢，而且在表面水分完全脱除之前，被加热的生物质温度基本不会上升，保持在 $100\sim150℃$。

② 氧化（燃烧）反应。氧化反应是吸热反应，为维持反应需要足够的热量，所以向反应层供入空气，空气由气化炉底部进入，同炭发生燃烧反应，由于限氧燃烧，反应不充分，生成二氧化碳和一氧化碳，同时放出热量。主要反应如下：

$$C+O_2 \rightleftharpoons CO_2$$
$$2C+O_2 \rightleftharpoons 2CO$$
$$2CO+O_2 \rightleftharpoons 2CO_2$$
$$2H_2+O_2 \rightleftharpoons 2H_2O$$

③ 还原反应。还原层位于氧化层的后方，氧化反应中生成的二氧化碳在还原区同炭及水蒸气发生还原反应生成氢和一氧化碳等，热气体进入上部的裂解区，没有反应完的炭落入氧化区，从而完成了固体生物质原料向气体燃料的转变，主要反应有：

$$C+H_2O \rightleftharpoons CO+H_2$$
$$C+CO_2 \rightleftharpoons 2CO$$
$$C+2H_2 \rightleftharpoons CH_4$$

④ 裂解反应。在氧化区和还原区生成的热气体上行至裂解层，同时将秸秆加热，秸秆受热后发生裂解反应，其大部分的挥发分从固体中分离出去，主要产物为炭、氢气、水蒸气、一氧化碳、二氧化碳、甲烷、焦油及其他烃类物质等。热解产物取决于热解工艺和反应条件，一般来说，低温慢速热解（低于 400℃）产物主要是木炭；中温快速热解（400～650℃）主要生成生物质油；高温闪速热解（650～1100℃）产物以可燃气体为主。

5.6.2 生物质气化制取燃气

生物质气化制取燃气的技术按加热方式分为直接气化和间接气化，区别在于直接气化是气化原料的一部分与氧反应产生热量，间接气化是在外部将原料与气化剂进行加热，在800℃的温度下通过热化学反应气化，主要的生物质原料为木材，此外还有玉米、高粱、甘蔗等植物的茎叶，这些原料是固体，所以气化需要的热量由外部供给比较困难，实际工业上利用直接气化方式，利用设备中的热化学反应气化。直接气化使用气化剂（氧气或空气），理论的氧气比为 1/3～1/2，氧气与生物质原料发生部分氧化反应，在发热的同时进行气化。

间接气化则采用外部间接加热的方式，其气化剂中不含氧气，也称为热分解气化或水蒸气改性。生物质干馏气化是生物质间接气化的主要部分，指在隔绝或限制空气（氧）条件下，将木材、秸秆、树皮等农林剩余物在 400～600℃下转化为可燃气、固体炭、液体产物的过程。生物质干馏流程如图 5.8 所示。

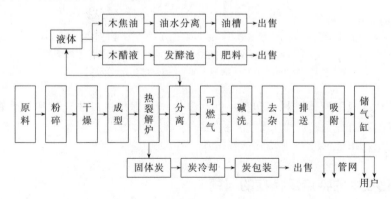

图 5.8　生物质干馏工艺流程图

5.6.3 生物质气化合成液体燃料

生物质气化合成液体燃料是一种间接液化技术，即先将生物质气化，对气相产物净化后与组分调整成为合成气（CO＋H$_2$），再经增压选择催化合成，得到可作为化石燃料替代品的液体燃料。产品包括合成汽油、柴油（费-托合成液体燃料）、煤油及含氧化合物液体燃料（甲醇、二甲醚）。

生物质气化合成汽油、柴油的实质是合成气经费-托合成催化转化为烃类。费-托合成反应是一系列复杂的平行和顺序反应的综合，如下：

$$(2n+1)H_2 + nCO \longrightarrow C_nH_{2n+2} + nH_2O$$
$$2nH_2 + nCO \longrightarrow C_nH_{2n} + nH_2O$$
$$2nH_2 + nCO \longrightarrow C_nH_{2n+1}OH + (n-1)H_2O$$
$$CO + H_2O \longrightarrow CO_2 + H_2$$
$$2CO \longrightarrow CO_2 + C$$

其中，生成直链烷烃和烯烃的反应为主反应，生成醇、醛等含氧有机化合物为副反应，费-托合成体系中伴随着水煤气变换反应，对费-托反应有一定的调节作用，但可能发生析炭反应引起催化剂的积炭。其合成工艺如图5.9。

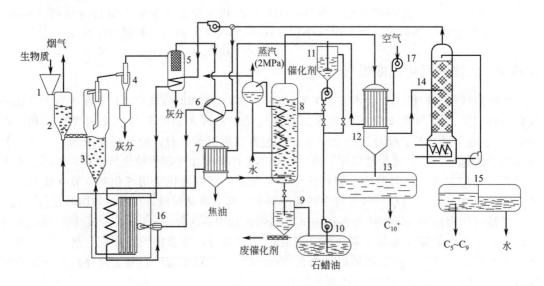

图5.9 生物质合成液体烃工艺流程

1—加料斗（hopper）；2—烘干器（dryer）；3—气化炉（gasifier）；4—旋风除尘器（cyclone）；5—过滤器（filter）；
6，7—换热器（exchange）；8—砂滤器（sand filter）；9—F-T合成反应器（synthesis column）；
10—储罐（vessel）；11—混合器（mixer）；12—冷凝器（condenser）；13，15—集料器（collector）；
14—分馏柱（column）；16—锅炉（tube furnace）；17—鼓风机（blower）

生物质气化合成的液体燃料还包括甲醇，其生产过程是通过热化学和化学有机合成相结合的方式完成的。首先通过生物质气化得合成气，经气体净化、调整 H$_2$/（CO＋CO$_2$）比，然后合成、精制得甲醇产品。

5.6.4 气化技术的特点及存在的问题

气化技术产气能力高达 1300～1600m^3/t，但由于工艺局限性，多采用空气为气化剂，产气 CO 含量超标，安全性差，产气的氮气含量高，燃气热值低；生物质原料挥发分含量高、固定碳含量低，使生物质气体中的焦油含量高，易堵塞管网和灶具；制气设备成本低，但燃气要达到标准，需要净化装备和庞大的输配管网络，工程运行成本高；无副产品，运行成本高，而且燃气净化过程产生大量的污水排放造成二次污染。

生物质气化由于在生产过程中使用气化剂，使气体燃气中含有较多氮气，燃气热值低；焦油问题是影响气化燃气使用的最大障碍，焦油会降低气化效率，堵塞管路，处理困难，会引起二次污染，解决焦油问题最彻底的方法是把焦油裂解为永久性气体；生物质气化造成的二次污染问题也需解决，根本方法是减少焦油的产生；生物质气化的辅助净化系统成本高，与现有的煤气相比优势不明显，降低成本势在必行。

5.7　小　　结

生物质能是新能源和可再生能源的重要组成部分，是唯一可以转化为气、液、固三相燃料的含碳可再生资源。生物质能的规模化应用对缓解化石燃料紧缺、减少污染物及 CO_2 排放都具有重要的意义。本章主要介绍了生物质能的基础概念和发展过程、生物质制取燃料乙醇的应用和发展、生物质制取汽柴油、生物质制沼气等相关原理和工艺过程。

改变能源结构和发展格局，加快包括生物质能源在内的可再生能源的开发和利用，对确保中国占据能源制高点和促进经济社会的可持续发展都有极其重要的作用。总体来看，中国农村地区生物质能利用已经走向成熟阶段，但仍存在生物质资源量及分布情况调查不清、利用率不高、能源化利用技术水平有待提高、产业化程度低等问题。需要在做好农村生物质资源调查评价工作的基础上，提高生物质能利用转化技术水平，加大生物质能开发利用的政策、资金支持力度，建立完善生物质能源市场，加快生物质能源的规模化、产业化开发利用的进程。

综合来看，中国的生物质能技术的发展前景可观。随着中国经济的快速发展，能源需求的进一步增大，生物质能产业发展政策环境的逐渐完善，利用技术的进一步提高，许多大型企业的积极参加，人们环境保护意识的逐渐加强，在国家节能减排的政策环境下，生物质能产业迎来了前所未有的发展机遇，具有广阔的发展前景。

本章思考题

［1］　什么是生物质能？生物质能的特点是什么？发展生物质能的意义是什么？
［2］　我国生物质能的来源有哪些？
［3］　生物质能有哪些化学转化技术？
［4］　生物质制油有几种途径？
［5］　生物质制乙醇和生物柴油的方法有哪些？
［6］　如何看待生物质能的前景？

参考文献

［1］　陆强，赵雪冰，郑宗明. 液体生物燃料技术与工程. 上海：上海科学技术出版社，2013.
［2］　李海滨，袁振宏，马晓茜，等. 现代生物质能利用技术. 北京：化学工业出版社，2012.
［3］　田宜水，姚向君. 21世纪可持续能源丛书：生物质能资源清洁转化利用技术. 北京：化学工业出版社，2014.
［4］　董玉平，王理鹏，邓波，等. 国内外生物质能源开发利用技术. 山东大学学报，2007，37（3）：64-67.
［5］　刘江. 中国资源利用战略研究. 北京：中国农业出版社，2002.
［6］　吴创之，马隆龙. 生物质能现代化利用技术. 北京：化学工业出版社，2003.

[7]　钱博章. 生物质能技术与应用. 北京：科学出版社，2010.

[8]　张建安，刘德华. 生物质能源利用技术. 北京：化学工业出版社，2009：1-14.

[9]　孙永明，袁振宏，孙振钧. 中国生物质能源与生物质利用现状与展望. 可再生能源，2006（2）：77-79.

[10]　胡亚范，马予芳，张永贵. 生物质能及其利用技术. 节能技术，2007，25（4）：344-346.

[11]　袁振宏，等. 生物质能高效利用技术. 北京：化学工业出版社，2015.

[12]　李昌珠，蒋丽娟，程树琪. 生物柴油：绿色能源. 北京：化学工业出版社，2005.

[13]　Kinoshita C M，Wang Y，Zhou J. Tar formation under different biomass gasification conditions. Journal of Analytical and Applied Pyrolysis，1994，29：169-181.

[14]　Brage C，Yu Q，Chen G，et al. Tar evaluation profiles obtained from gasification of biomass and coal. Biomass and Bioenergy，2000，18：87-91.

[15]　骆仲泱，张晓东，周劲松，等. 生物质热解焦油的热裂解与催化裂解. 高等化学工程学报，2004，18（2）：162-167.

[16]　刘荣厚，梅晓岩，颜勇捷. 燃料乙醇的制取工艺与实例. 北京：化学工业出版社，2008.

[17]　Saxena R C，Adhikari D K. Biomass-based energy fuel through biochemical routes：a reviews. Renewable and Sustainable Energy Reviews，2009，13（1）：156-167.

[18]　Wu X，Fang G，Tong Y，et al. Catalytic upgrading of ethanol to *n*-butanol：a progress in catalyst development . Chem Sus Chem，2018，11（1）：71-85.

[19]　Wang Q N，Weng X F，Zhou B C，et al. Direct，selective production of aromatic alcohols from ethanol using a tailored bifunctional cobalt-hydroxyapatite catalysis. ACS Catalysis，2019，9（8）：7204-7216.

[20]　Subramanam S，Guo M F，Bathena T，et al. Direct catalytic conversion of ethanol to C_{5+} ketones：role of Pd-Zn alloy on catalytic activity and stability. Angewandte Chemie International Edition，2020，59（34）：14550-14557.

[21]　Eagen N M，Lanci M P，Huber G W. Kinetic modeling of alcohol oligomerization over calcium hydroxyapatite. ACS Catalysis，2020，10（5）：2978-2989.

[22]　QI L，Zhang Y，Conrad M A. Isolated zinc and yttrium sites grafted onto dealuminated beta zeolite. Journal of the American Chemical Society，2020，142（34）：14674-14687.

第6章
锂离子电池

本章学习重点

◇ 掌握锂离子电池的工作原理、发展过程、制备工艺及发展趋势。
◇ 了解锂离子电池的正负极材料分类及特点。
◇ 了解其他新型锂离子电池种类。

6.1 锂离子电池发展简史

锂电池的研究历史可以追溯到 20 世纪 50 年代,于 70 年代进入实用化。锂电池的负极采用金属锂,在充电过程中,金属锂会在负极上沉积,产生枝晶锂。枝晶锂可穿透隔膜,造成电池内部短路,以致发生爆炸。为了克服锂电池的这种不足,提高电池的安全可靠性,锂离子电池应运而生。

锂离子电池正式研究始于 20 世纪 80 年代,1990 年日本 Nagoura 等人研制成以石油焦为负极、钴酸锂为正极的锂离子二次电池:

$$Li_6C \mid LiClO_4\text{-}PC + EC \mid LiCoO_2$$

1991 年,索尼能源技术公司与电池部联合开发了一种以聚合糖热解炭(PFA)为负极的锂离子电池。同年,索尼公司发布首个商用锂离子电池,随后,锂离子电池革新了消费电子产品的面貌。此类以钴酸锂作为正极材料的电池,至今仍是便携电子器件的主要电源。锂离子电池自 20 世纪 90 年代问世以来迅猛发展,其发明者在 2019 年获得诺贝尔化学奖。目前已经应用于多个领域:交通能源、航天领域、移动电话、笔记本电脑及摄像机等。

我国是锂离子电池产业化开发最早的发展中国家,经过近几年的发展,特别是在国家相关政策导向的积极推动下,凭借丰富的自然资源和较低的劳动力成本,国内锂离子电池取得了突飞猛进的成绩,产品的各种性能取得了相当大的进步,锂离子电池生产链日益完善,产业化程度日益提高,形成了与世界发达国家争先的态势。据《锂离子电池产业发展白皮书(2019 年)》显示,2015~2019 年全球锂电池行业市场规模不断扩大,2018 年全球锂离子电池产业规模为 412 亿美元,同比增长 18.05%。从全球锂电池行业分布来看,中国、日本和韩国形成了三足鼎立的局面。从 2015 年开始,在中国大力发展新能源汽车的带动下,中国锂离子电池产业规模开始迅猛增长,2015 年已经超过韩国、日本跃居至全球首位,并逐步拉大差距。目前,中国、日本及韩国生产的锂电池占全球产量的 95% 以上。近年来 3C 产品对锂电池需求量的稳定增加，以及随着新能源汽车的市场规模和储能电池的需求逐步扩大，我国锂电池产量规模迅速扩张。

6.2 锂离子电池工作原理及结构

6.2.1 锂离子电池的工作原理

锂离子电池是指其中的 Li^+ 嵌入和脱嵌正负极材料的一种可充放电的高能电池。其正极一般采用嵌锂化合物，如 $LiCoO_2$、$LiNiO_2$、$LiMn_2O_4$ 等，负极采用锂-碳层间化合物 Li_xC_6，电解液为溶解了锂盐的有机溶剂。锂离子电池实际上是一种锂离子浓差电池，其充放电过程实际就是锂离子在正负极来回地嵌入和脱嵌的过程，所以被称为"摇椅电池"。充电时，Li^+ 从正极脱出，在外电场的作用下，经过电解液向负极迁移，然后嵌入负极，负极处于富锂状态，正极处于贫锂状态，同时电子的补偿电荷从外电路供给到碳负极，以确保电荷的平衡。放电时则相反，Li^+ 从负极脱出，经过电解液嵌入到正极材料中，正极处于富锂状态。在正常充放电情况下，锂离子在层状结构的碳材料和层状的氧化物的层间嵌入和脱出，一般只引起材料的层间距变化，不破坏其晶体结构。其原理如图 6.1 所示。

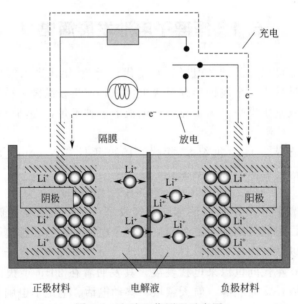

图 6.1　电池工作原理示意图

下面是以钴酸锂（$LiCoO_2$）为正极，石墨为负极，1mol/L 的 $LiPF_6$/EC＋DMC（1：1）为电解液的锂离子二次电池在正负极发生的充放电反应及电池反应：

（一）C│1mol/L $LiPF_6$/EC＋DMC(1：1)│$LiCoO_2$(＋)

正极反应：$LiCoO_2 \xrightarrow{充电} Li_{1-x}CoO_2 + xLi^+ + xe^-$

负极反应：$xLi^+ + xe^- + 6C \xrightarrow{充电} Li_xC_6$

电池反应：$LiCoO_2 + 6C \xrightarrow{充电} Li_{1-x}CoO_2 + Li_xC_6$

6.2.2　锂离子电池的结构

　　锂离子电池的结构与镍氢电池等一样，一般包括以下部件：正极、负极、电解液、隔膜、正极引线、负极引线、中心端子、绝缘材料、安全阀、电池壳。

　　① 正极材料：应具有开路电压高、比能量大、循环寿命长、安全性能好、能快速充放电的特点，常采用具有高嵌锂电位的过渡金属氧化物。目前主要材料有层状钴酸锂、尖晶石型锰酸锂、钴镍酸锂、钴镍锰复合氧化物、磷酸铁锂等。

　　② 隔膜：应具有良好的隔极阻止性、离子穿透性、亲液性、耐液性、耐氧化性、抗充放电性，常用的隔膜有聚丙烯（PP）和聚乙烯（PE）微孔膜。

　　③ 负极材料：与正极材料的要求基本相同，主要体现在比能量大、循环寿命长、安全性能好、能快速充放电等方面。在锂离子电池中，天然石墨和焦炭是使用最为广泛的两类炭素负极材料，目前商业化的锂离子电池主要是以石墨为负极材料。

　　④ 电解液：应满足锂离子电池高电压（＞4V）性能的要求：a. 较宽的电位稳定（充放电）范围；b. 较高的离子传导电导率；c. 良好的热稳定温度范围；d. 良好的化学稳定性；e. 良好的安全性和较低的毒性等。目前应用的主要是 $LiPF_6$ 或 $LiClO_4$ 的 EC＋EMC＋DMC＝1∶1∶1 溶液。

　　⑤ 电池外壳：分为钢壳（现在方型很少使用）、铝壳、镀镍铁壳（圆柱电池使用）、铝塑膜（软包装）等。还有电池的盖帽，也是电池的正负极引出端。

6.3　锂离子电池正极材料

　　正极材料是锂离子电池的一个重要组成部分，它的性能好坏是决定电池性能的一个指标，它的成本通常占整个电池成本的 40%，而且也是制约现在锂离子电池容量的主要因素。为了获得较高的单体电池电压，倾向于选择具有较高电势的嵌锂化合物，一般较理想的正极材料应满足于以下几个条件：

　　① 在所要求的充放电电压范围内，化学稳定性好，不与电解质等发生反应；

　　② 较好的电子电导率和离子电导率，这样可以减小极化，并能进行大电流充放电；

　　③ 锂的嵌入和脱嵌应该高度可逆且主体结构变化较小，这样可以确保良好的循环性能；

　　④ 价格便宜，环境友好，全锂化状态，在空气中稳定。

　　常用的正极材料有 Li-Co-O，Li-Ni-O 和 Li-Mn-O 三个体系。

6.3.1　Li-Co-O 体系

　　作为锂离子电池正极材料的锂钴氧化物能够大电流放电，并且其放电电压高，放电平稳，循环寿命长，是最早用于商品化的锂离子电池正极材料。根据热处理温度的不同，锂钴氧化物可形成两种不同结构：层状的 $LiCoO_2$（图 6.2）一般是通过 $800℃$ 以上的固相反应合成的，而尖晶石型的 $Li_2Co_2O_4$ 在约 $400℃$ 合成获得。当合成温度低

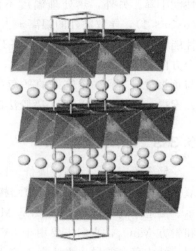

图 6.2　$LiCoO_2$ 的结构示意图

时，由于晶格中有较多缺陷和结晶度低，导致电化学性能较差。因此，通常使用高温合成的层状 $LiCoO_2$ 作为正极材料，其理论比容量为 $274mA \cdot h/g$，实际可逆比容量为 $120\sim150mA \cdot h/g$，即可逆嵌入与脱出晶格的锂离子摩尔分数近 55%。

锂钴氧化物的制备方法较多，通常采用高温固相法。但是高温下离子和原子通过反应物、中间体发生迁移需要活化能，必须延长反应时间，才能制备出电化学性能均比较理想的电极材料。为了克服迁移时间长的问题，可以采用超细锂盐和钴的氧化物混合。同时为了防止反应生成的粒子过小而易发生迁移、溶解等，在反应前加入胶黏剂进行造粒。为了克服固相反应的缺点，采用溶胶-凝胶法、喷雾分解法、沉降法、冷冻干燥旋转蒸发法、超临界干燥和喷雾干燥法等方法进行改进。这些方法的优点是 Li^+、Co^{3+} 间的接触充分，基本上实现了原子级水平的反应。为了提高 $LiCoO_2$ 的容量及进一步提高循环性能或降低成本，亦可进行掺杂，如 LiF、Ni、Cu、Mg、Sn 等。由于 Co 的原料比较稀缺，使得成本比较高，并且 Co 有一定的毒害，从而严重地限制了锂离子的应用领域，所以科学家致力于研究其他正极材料替代 $LiCoO_2$。

6.3.2　Li-Ni-O 体系

氧化镍锂具有和氧化钴锂一样的层状结构，其理论比容量为 $274mA \cdot h/g$，实际比容量已达 $190\sim210mA \cdot h/g$，其自放电率低，没有环境污染，且对电解液的要求低。与 $LiCoO_2$ 相比，$LiNiO_2$ 具有的优势：

① 从市场价格来看，目前镍市场供大于求，而钴市场紧缺，价格昂贵；

② 从储量来看，世界上已探明镍的可采储量约为钴的 145 倍；

③ 从结构上看，二者结构同属 α-$NaFeO_2$ 型结构，取代容易。

但是 $LiNiO_2$ 制备条件比较苛刻，Ni^{2+} 较难氧化为 Ni^{3+}，在通常条件下所合成的 $LiNiO_2$ 材料中会有部分 Ni^{3+} 被 Ni^{2+} 占据，为了保持电荷平衡，应使一部分 Ni^{2+} 占据 Li^+ 所在的位置。由于存在于锂层的 Ni^{2+}（$r_{Ni^{2+}} = 0.068nm$）半径小于 Li^+ 半径（$r_{Li^+} = 0.076nm$），且在脱锂的过程中被氧化成半径更小的 Ni^{3+}（$r_{Ni^{3+}} = 0.056nm$），导致层间局部结构坍塌，使得占据锂位的镍离子周围的 6 个锂位难发生再嵌入，造成材料容量损失，循环性能下降。另外，热处理温度不能过高，否则生成的镍酸锂会发生分解生成 Li_xNiO_{2-x}（$0<x<1$），导致额外的镍离子占据锂位，阻碍锂离子的脱嵌，严重影响 $LiNiO_2$ 的电化学性能，因此实际上很难批量制备理想的 $LiNiO_2$ 层状结构材料。$LiNiO_2$ 改性主要有以下几个方向：①提高脱嵌相的稳定性，从而提高安全性；②抑制容量衰减；③降低不可逆容量，与负极材料达到一个较好的平衡；④提高可逆容量。采用的方法有：掺杂 Co、Al、Mg 等元素提高性能，采用溶胶-凝胶法制备材料。

6.3.3　Li-Mn-O 体系

锰资源丰富、无毒、廉价，因此是最有希望取代锂钴氧化物的正极材料。锂锰氧体系的氧化物主要有三种结构：隧道结构、层状结构、尖晶石结构。锰酸锂的晶体结构如图 6.3 所示。隧道结构的氧化物主要是 MnO_2 及其衍生物，它包括：α-MnO_2、β-MnO_2、γ-MnO_2 和斜方-MnO_2，它们主要用于 3V 一次锂电池。层状结构的氧化锰锂随合成方法和组分不同，结构存在差异，主要有正交 $LiMnO_2$、Li_2MnO_3。其结构的对称性与三元对称的层状 $LiCoO_2$（R3m）相比要差一些，因为 Mn^{3+} 产生的 John-Teller 效应使晶体发生明显的形变，尽管所有的锂均可以从 $LiMnO_2$ 中发生脱嵌，但是在循环过程中，结构变得不稳定，导致衰减较快。而锂化尖晶石 $LiMn_2O_4$ 可以发生锂脱嵌，也可以发生锂嵌入，同时可以掺杂阴阳离子及改变掺杂离子的种类和数量而改变电压、容量和循环性能，再加之 Li-Mn-O 尖晶石结构的氧化电位较高（对金属锂而言 3～4V），因此备受青睐。

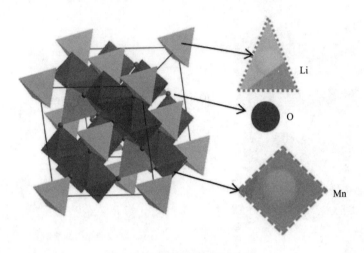

图 6.3　锰酸锂的晶体结构图

$LiMn_2O_4$ 作为电极材料存在如下一些缺点，并对此提出相应的措施：①$LiMn_2O_4$ 在循环过程中发生 Jahn-Teller 效应，导致尖晶石晶格发生畸变，并伴随严重的体积变化，使电极阻抗增大，从而引起容量衰减。采用阳离子掺杂的方式，如在 Mn 位掺入单元素 Ga^{3+}，Al^{3+}，Co^{3+}，Cr^{3+}，Ni^{2+}，Fe^{3+} 等或同时掺入两种及以上元素，以降低尖晶石中 Mn^{3+} 的含量。②$LiMn_2O_4$ 在循环过程中，Mn^{3+} 发生歧化反应，生成 Mn^{2+} 和 Mn^{4+}，由于电解液中存在 HF 和 H_2O，其中 Mn^{2+} 溶入电解液中，堵塞负极微孔，使锂离子难嵌入，导致循环性能下降。采用金属氧化物包覆的方式，如在表面包覆 Al_2O_3，ZrO_2，SnO_2，ZnO，CeO_2，$AlPO_4$，通过隔离正极材料与电解液的直接接触或将电解液中的 HF 反应掉，以提升循环性能。

6.3.4　LiFePO₄

橄榄石结构的 $LiFePO_4$ 作为锂离子二次电池的正极材料最早是由美国得克萨斯州立大学材料科学与工程中心的 Goodenough 博士及其同事于 1997 合成的。由于 $LiFePO_4$ 的颗粒尺寸、分布和形貌比锂离子的扩散系数更能影响材料的电化学性能，因此 $LiFePO_4$ 是一个最具有潜力的正极材料。

$LiFePO_4$ 晶体是由 LiO_6 八面体、FeO_6 八面体和 PO_4 四面体构成的，其晶体结构如图 6.4 所示。FeO_6 八面体导电网络被 PO_4^{3-} 中的 O 原子隔绝，不能形成连续的电子导体，电子的传导只能通过 Fe-O-Fe，使得 $LiFePO_4$ 的电子导电性很低，只有 $10^{-9}～10^{-10}$ S/cm，远低于 $LiCoO_2$（约 10^{-3} S/cm）和 $LiMn_2O_4$（$2\times10^{-5}～5\times10^{-5}$ S/cm）。位于 LiO_6 八面体和 FeO_6 八面体之间的 PO_4 四面体阻碍了 Li^+ 的嵌入和脱出，且在 Li^+ 传输的 1D 通道上存在缺陷和杂质，进一步降低 Li^+ 的传输，使得 Li^+ 的离子扩散系数只有 $10^{-12}～10^{-15}$ cm^2/s。为了解决 $LiFePO_4$ 导电性低的问题，研究者提出了许多方案，包括：①在 $LiFePO_4$ 中掺杂其他离子（如 Ga^{3+}，Ti^{4+}，F^- 和 Cl^-）；②减小尺寸，制备纳米级 $LiFePO_4$；③表

面修饰化学组分（如 CeO_2，ZrO_2 等）；④表面掺杂或包覆导电性物质（如 Cu，Ag，导电聚合物等）。相对而言，制备 $LiFePO_4/C$ 复合物简单易行，碳含量能自由调变，且由于碳的密度低，在提高材料导电性的同时，能保证材料中活性组分的含量。同时，表面包覆的碳层也能防止 Fe^{2+} 在存储过程中氧化变价，而抑制电化学性能下降。

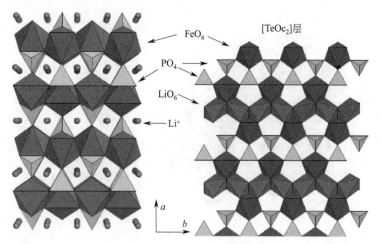

图 6.4　$LiFePO_4$ 晶体结构图

在制备碳包覆的 $LiFePO_4$ 复合物中，碳层必须薄且多孔，以利于 Li^+ 的插入。对于 $LiFePO_4/C$ 复合物而言，碳材料的结构和含量需要调变，在保证倍率性能的同时尽量提高复合物的振实密度。目前，对于碳的作用机理还需要进一步研究，以满足工业化生产需求。

6.3.5　其他正极材料

除上述常用正极材料外，还有富锂型电极、三元电极、纳米电极、钒氧化物电极材料等。纳米电极的高孔隙率为锂离子的嵌入与脱出和有机溶剂分子的迁移提供了足够的空间。目前，国内的研究机构已开发合成了钡镁锰矿型纳米锰氧化物、钡镁锰矿与水羟锰矿型复合层状纳米锰氧化物。共混电极（$LiCo_{1-x}Ni_xO_2$）将锂钴氧化物和锂锰电极反应时收缩与膨胀情况互补，提高了电极的可逆性质。钒氧化物电极（V_2O_5）可提供高比容量、高比能量和稳定的工作电压，也有广泛的应用前景。下面将重点介绍富锂型正极材料和三元材料。

（1）富锂型正极材料

富锂型正极材料最早是由 Koichi Numata 等人于 1997 年提出。当时采用高温固相法，将一定化学计量比的 Li_2CO_3 或 LiOH（稍过量）、$CoCO_3$、$MnCO_3$ 在氧化铝坩埚中混合，在 $900 \sim 1000℃$ 下烧结 20h 得到结构为 Li_2MnO_3-$LiCoO_2$ 的固溶体产物，化学式亦可写为 $Li(Li_{x/3}Mn_{2x/3}Co_{1-x})O_2$，他们证明该材料可作为锂离子电池正极材料使用，但当时的比容量只有 $140mA \cdot h/g$ 左右。随着研究的深入，人们发现将 Li_2MnO_3 与二元或三元材料 $LiMO_2$（M：Co、Ni、Mn）复合能得到比容量超过 $200mA \cdot h/g$ 以上的正极材料，可写作 $xLi_2MnO_3 \cdot (1-x)LiMO_2$（M：Co、Ni、Mn），此类材料统称为富锂型正极材料或富锂锰基正极材料。与传统的锂离子电池正极材料相比，该类材料具有较高的工作电压平台（可高达 4.8 V 以上）、较高的比容量、优异的高温电化学性能、价格便宜、资源丰富等优点，正逐渐成为开发高性能锂离子电池的最有希望的正极材料。

富锂材料由两个组分构成，包括层状 Li_2MnO_3 组分和层状 $LiMO_2$ 组分，两种组分均

为 α-NaFeO₂ 结构。$LiMO_2$ 和 Li_2MnO_3 的层状结构示意图如图 6.5 所示。

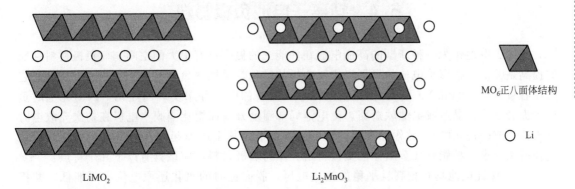

LiMO₂   Li₂MnO₃   MO₆正八面体结构

○ Li

图 6.5 $LiMO_2$ 和 Li_2MnO_3 的层状结构示意图

层状 Li_2MnO_3 组分的 O^{2-} 立方紧密堆积，四面体位绝大部分由 Li^+ 占据，是参与脱嵌的主要部分，剩余的少部分 Li^+ 和 Mn^{4+} 构成了八面体。每个 Li^+ 周围包围着 6 个 Mn^{4+} 形成 $LiMn_6$ 的超晶格结构。$LiMO_2$ 组分属于六方晶系，从属于 R3m 空间群。Li_2MnO_3 的 (001) 晶面与 $LiMO_2$ 的 (003) 晶面具有重合的点位，从而 Li_2MnO_3 中的 Mn^{4+} 和 $LiMO_2$ 中的 Mn^{3+} 理论上能够实现混排，使两种组分以原子级相溶而形成固溶体。

富锂材料结构复杂，因此制备方法对材料性能的影响巨大。制备的核心问题是如何在保持金属元素价态稳定的前提下得到性能稳定的固溶体。目前主要的制备方法包括：溶胶-凝胶法、高低温固相法和共沉淀法。

富锂材料虽有较高的充放电比容量和电压平台，但还存在许多问题，如首次充放电时不可逆容量损失较大，库伦效率较低，循环过程中电压衰减快，容量下降严重，倍率性能较差等。目前主要可通过体相掺杂、表面包覆、表面预处理改性以及颗粒形貌控制等方法来进行电化学性能改进。

(2) 三元材料

在层状 $LiCoO_2$ 的研究过程中发现，将 Co 部分取代为 Mn 和 Ni 可以获得具有优异电化学性能的 $LiNi_{1-x-y}Co_yMn_xO_2$ 材料，即三元材料。其具有较高的比容量和循环稳定性。材料与 $LiMO_2$ 材料具有相同的 α-NaFeO₂ 结构，在三元材料中 Mn 作为骨架稳定材料晶格的结构，镍离子和钴离子参与电化学反应，其中钴离子可以抑制镍离子的阳离子混排。目前 $LiNi_{1-x-y}Co_yMn_xO_2$ 主要分为 1∶1∶1、5∶2∶3、8∶1∶1 三种，其中随着 Ni 含量的提升，材料的容量随之提升。但同时会增大阳离子混排程度，使材料结构稳定性下降，高温下工作电芯有产气的风险。

三元材料与其他材料相比，具有以下优点：①Mn 离子不参与电化学反应过程，只起到稳定材料结构的作用，所以材料不存在 Jahn-Teller 效应；②比容量与钴酸锂等材料相比，有明显的优势；③从成本角度考虑，Co 含量较少，可以降低材料成本；④毒性也比较小。

然而，三元材料也存在一些问题：①镍含量虽然会提高容量，但存在阳离子混排现象，以及安全性的下降；② 材料的振实密度较低。为了改善材料的性能，首先从制备方法上进行改进，包括在前驱体合成、烧结气氛、烧结温度等方面的探索，在此基础上进一步通过体相掺杂和表面涂层修饰等技术提升材料性能。目前三元材料已经广泛应用于动力电池市场，与 $LiFePO_4$ 材料一起成为新能源汽车电池正极材料的重要来源。

6.4 锂离子电池负极材料

锂离子电池作为一种新型的高能电池在性能上的提高仍有很大的空间，而负极材料性能的提高是关键。锂离子电池的发展经历了曲折的过程，早期的负极材料采用的是金属锂，它的比容量高达 $3860mA \cdot h/g$。但是使用锂金属电极的电池并未实现商业化，因为充电时负极表面会形成枝晶造成电池软短路，使电池局部温度升高而熔化隔膜（电极在初次充放电时其表面生成的钝化膜），软短路变成硬短路，电池被毁甚至爆炸起火。解决这一问题的有效途径就是寻求一种能替代金属锂的负极材料。作为负极材料，应该具有以下几个特点：

① 为保证电池具有较高且平稳的输出电压，脱嵌锂时的氧化还原电位尽可能低，并接近于金属锂；

② 良好的导电性；

③ 为保证电池具有较高的能量密度和较小的容量损失，要求有较高的电化学容量和较高的充放电效率；

④ 在电极材料内部和表面，锂离子具有较大的扩散速率，以确保电极过程的动力学因素，从而使电池能在较高倍率下充放电，满足动力学电源的需要；

⑤ 具有较高的结构稳定性、化学稳定性和热稳定性，与电解质不发生反应，以保证电池具有良好的循环性能。

开发具有竞争性的新负极材料时，必须综合考虑上述所有因素，在满足其他条件的基础上，开发高容量的负极材料。

6.4.1 碳基负极材料

碳基负极材料在安全和循环寿命方面显示出较好的性能，并且碳材料价廉、无毒。目前商用锂离子电池大都采用碳材料作负极。众所周知，可以作为锂离子电池负极的碳材料种类繁多，不同类型碳材料的电化学性能差异较大。根据研究情况，碳基负极材料大致可分为传统碳负极材料和新型碳负极材料。

（1）传统碳负极材料

传统碳负极材料有天然石墨、人造石墨、石墨化碳纤维、石油焦、针状焦、中间相碳微球等。其中天然石墨生产成本低，导电性好，结晶度好，具有良好的层状结构，低的嵌锂电位，优良的嵌入-脱出性能，在锂离子电池中应用最为广泛。通常锂离子与此类石墨化碳形成的化合物为 LiC_6，其理论比容量为 $372mA \cdot h/g$。

近年来，随着动力电池的发展，对锂离子电池性能要求逐步提高，传统碳负极材料已无法满足人们的需求，主要表现为过低的可逆容量和较差的倍率性能及与电解液的不相容性而导致的循环性能下降问题。尽管通过对传统碳负极材料进行结构调整和表面改性，如形成纳米级孔结构、进行表面修饰与改性处理（如采用无定形碳包覆）或是掺杂杂原子等手段只能在一定程度上提升碳材料某一方面的电化学性能，但无法解决其他问题。因而，开发制备新型的碳负极材料来取代传统碳负极材料成为研究的热点。

（2）新型碳负极材料

当前，研究热门的新型碳负极材料主要有：碳纳米管、石墨烯和无定形碳材料。通过对这些新型碳负极材料进行结构形貌的控制和表面化学的调变，可以有效提高碳材料的可逆嵌锂容量、循环稳定性和倍率性能，从而扩大碳基锂离子电池的应用领域。

① 碳纳米管。碳纳米管（CNTs）是由单层或多层石墨片卷曲而成的中空纳米级管状材料，管间孔隙相互连通，不存在"死孔"，同时还具有结晶度高、导电性好、比表面积大、孔径范围集中且孔大小可控等特点，被誉为理想的碳负极材料。根据石墨管壁的层数，碳纳米管可分为单壁碳纳米管（SWCNTs）和多壁碳纳米管（MWCNTs）。

碳纳米管在锂离子电池中的应用受到广泛的关注。不同方法制备出的碳纳米管由于微观结构、形态及表面化学性质存在较大差别，其表现出的电化学性能差别很大。虽然通过结构设计和改性，能够在一定程度上提高 CNTs 的电化学性能，但是过低的振实密度和首次库伦效率制约着其在锂离子电池中的应用，如何提高 CNTs 的振实密度和首次库伦效率成为当务之急。

② 石墨烯。石墨烯是碳原子紧密堆积成单层二维蜂窝状晶格结构的一种新型碳材料。石墨烯具有比石墨化碳更加优异的电子导电性，良好的化学稳定性，高的比表面积（$>2600\text{m}^2/\text{g}$），宽的电化学工作窗口等特性。这些特性决定了石墨烯在锂离子电池方面具有巨大的应用前景，有望取代石墨等传统碳负极材料。

Honma 研究组通过控制单层石墨烯的自组装，能够调变石墨烯纳米片（GNS）的层间距、厚度和形貌。研究发现，GNS 的层间距能够影响储锂容量。随着层间距的扩大，可逆比容量线性增加。其中，层间距为 0.365nm 的 GNS 可逆比容量为 $540\text{mA}\cdot\text{h/g}$，远大于石墨（0.335nm）的理论比容量。引入含有 π 电子结构的大分子 CNTs 和富勒烯（C_{60}）后，GNS 的层间距明显增大，分别为 0.40nm 和 0.42nm，可逆比容量分别增加到 $730\text{mA}\cdot\text{h/g}$ 和 $784\text{mA}\cdot\text{h/g}$。因此，研究者认为石墨烯的储锂机理与石墨的不同。为了进一步提升石墨烯的可逆比容量，研究者通过不同方法引入 N、B、P 等杂原子对石墨烯的表面进行修饰。Reddy 等通过化学气相沉积的方法制备了 N 掺杂的石墨烯层，其可逆比容量接近纯石墨烯的两倍。这是因为：一方面，N 的掺杂能够增加石墨烯的表面缺陷，导致无序结构的形成，增加储锂活性位点；另一方面，N 原子比 C 原子具有更高的电负性和更小的直径，使得 Li 能够克服周围已插入的锂离子的排斥作用，继续插入到最近邻的六元环中，从而提升储锂容量。但是，石墨烯具有极大的纵横比，一定程度上限制了其大电流充放电能力。为此，Zhao 等在石墨烯表面刻蚀得到孔洞，发现含有孔洞的石墨烯具有相当优异的倍率性能，适合大电流充放电。

总之，石墨烯的可逆比容量和倍率性能远超过目前商业化的石墨负极，具有良好的应用前景。但石墨烯也存在着首次库伦效率低、循环稳定性差、储锂机理不明确等问题，同时石墨烯的生产成本较高，这些因素严重制约了石墨烯在商业化锂离子电池负极上的应用。

③ 无定形碳。无定形碳是由碳原子形成的层状结构（碳微晶）零乱、不规则地堆积在一起的碳材料。这类碳材料含有开放的纳米级孔洞和通道，具有高的比表面积，锂离子在其中的嵌入/脱出可以按照非化学计量比 Li_2C_6 或 Li_3C_6 进行，可逆比容量提高到 $700\sim1000\text{mA}\cdot\text{h/g}$，明显高于石墨的理论比容量，而且相对于石墨 13% 的体积膨胀率而言，无定形碳材料的体积膨胀基本可以忽略，这些独特的性质引起了研究者们的极大兴趣。制备无定形碳的前驱体主要有沥青类（如中间相沥青、加热沥青和沥青焦炭）和有机分子聚合物，如糖类，聚合物类（如酚醛树脂、环氧树脂、聚丙烯腈）等。无定形碳的结构主要取决于前驱体的种类以及制备方法。

制约无定形碳应用于锂离子电池负极的主要因素有两个：一是振实密度偏低，严重影响了电极的加工过程，涂布后容易掉粉，影响电化学性能，这可以通过加入振实密度较高的材料（如石墨）或是直接制备球形碳材料来解决。另一个因素是首次充放电效率低，一般在 60% 以下。首次充放电效率低是由两方面造成的，一方面，无定形碳材料往往具有高的比表面积，需要消耗大量的锂离子来形成 SEI 膜；另一方面，丰富的表面官能团（—C＝O、—OH 等）会与锂离子发生不可逆反应。可以通过选择降低与电解液的接触面积、表面改性、复合其他物质（如 SnO_2、SnSb）或是退火处理等方法来提高首次库伦效率。

6.4.2 硅基负极材料

硅基材料包括硅、硅氧化物、硅/碳复合材料以及硅的合金，下面主要介绍前面三种材料。

（1）硅

硅一般有晶体和无定形两种形式存在，作为锂离子电池的负极材料，以无定形硅的性能较佳。硅和锂反应可以形成 $Li_{12}Si_7$、Li_3Si_{14}、Li_7Si_3 和 $Li_{22}Si_4$ 等，其作为负极材料时理论比容量高达 $4200mA \cdot h/g$。

作为锂离子电池的负极材料，硅的主要特点包括：①具有其他材料无法匹敌的容量优势（金属锂除外）；②其放电平台略高于碳类材料，因此，在充放电过程中，不易引起锂枝晶在电极表面的形成，安全性高。硅的电化学性能与其形态、粒径大小和工作电压窗口有关。从形态上看，用作电极的硅有主体材料和薄膜材料之分。主体材料的制备可以通过球磨和高温固相法得到；薄膜材料可通过物理或化学气相沉积法、溅射法等制得。硅基材料在高度脱嵌条件下，存在严重的体积效应，容易导致材料的结构坍塌，从而造成电极的循环稳定性较差。将硅与石墨进行机械混合后，通过气相法沉积一层碳材料，将硅包覆在里面，能抑制硅与锂形成合金而产生的体积膨胀。该方法尽管取得了一定效果，但是结果并不尽如人意。也可通过终止电位的控制，使循环性能得到提高。

（2）硅氧化物

在硅中引入氧主要是缓解硅的体积膨胀效应，提高材料的循环性能。对于锂离子电池负极来说，在嵌锂过程中由于 Li^+ 与 O 有良好的化学亲和性，易生成电化学不可逆相 Li_2O，从而增加了材料的首次不可逆比容量。因此，在负极材料的制备和改性中，一般要避免引入过多的含氧材料。

有人研究了几种硅氧化物 SiO_x（$x＝0.8$、1.0、1.1）发现，随着硅氧化物中氧含量的增加，电池比容量降低，但是循环性能提高。随着氧化物颗粒减小到 30nm 以下，在电池充放电过程中会发生颗粒间的黏结，使得循环性能降低。

（3）硅/碳复合材料

针对硅材料严重的体积膨胀，除采用合金化或其他形式的硅化物（SiO_x、SiB_x 等）外，另一个有效的方法就是制备成硅的复合材料。利用复合材料各组分间的协同效应，达到优势互补的目的。碳类负极由于在充放电过程中体积变化很小，具有良好的循环性能，而且其本身是离子与电子的优良导体，因此通常将 Si、C 进行复合，以改善 Si 的体积效应，从而提高其电化学稳定性。但是常温下硅、碳都具有较高的稳定性，很难形成完整的界面结合，故制备 Si/C 复合材料一般采用高温固相反应、CVD 等高温方法合成。硅、碳在超过 1400℃ 时会生成惰性相 SiC，因此高温过程中所制备的 Si/C 复合材料中 C 基体的有序度较低。

6.4.3 锡基负极材料

1997 年 Fuji 公司研究人员发现无定形锡基复合氧化物（简称 TCO）有较好的循环寿命

和较高的可逆比容量，在过渡金属元素中，锡的价格较钴、钛便宜，此后，锡基负极材料引起了人们的广泛注意，被认为是很有前景的负极材料。研究包括锡的氧化物、锡的复合氧化物和锡盐。

（1）锡的氧化物

氧化锡和二氧化锡都有一定的储锂能力，其混合物也能储锂。氧化亚锡的容量同石墨材料相比，要高许多，但是其循环性能并不理想。氧化锡也能可逆储锂，由于制备方法不一样，性能有较大的差别。低压化学气相沉积制备的晶形 SnO 的可逆比容量高达 $500mA \cdot h/g$ 以上，而且循环性能比较理想，100 次循环以后比容量也没有衰减，充放电效率除第一次外，达 90% 以上。而溶胶-凝胶法及简单加热制备的氧化锡的可逆比容量虽然也可高达 $500mA \cdot h/g$ 以上，但是循环性能并不理想。可能原因一方面在于电压的选择。通过选择适当的电压范围，比容量衰减的现象可以得到改善。电压范围过宽，很容易导致锡聚集体的形成，而金属锡具有较好的延展性，熔点低，较易移动，这样易生成两相区，体积不匹配，导致比容量衰减。另一方面可能与粒子的大小有关，低压气相沉淀法所得的粒子为纳米级，其他方法得到的至少为微米级。

（2）锡的复合氧化物

在锡的氧化物中引入一些形成玻璃相的氧化物，如 B、P、Al、Si、Zn 等的氧化物，经热处理即可得到锡基复合氧化物 SnM_xO_y，Fuji 公司宣布的 TCO 负极材料的体积比容量大于 $2200mA \cdot h/cm^3$，质量比容量可达 $600mA \cdot h/g$，为比容量最高的碳负极材料石墨的两倍，可循环 500 次以上，明显高于石墨。Jin Yong Kim 等研究了低温合成 TCO 的不同制备过程、不同条件热处理对电化学性能的影响。在加入相同数量的惰性元素时，生成的产物如果是凝胶，比沉淀产物循环性能要好，Sn 簇的聚集更小。这是因为组分的均匀性被破坏，产生晶体 SnO_2 的偏析。Ian A Curtney 等提出了控制制备过程及保持锡复合氧化物的均匀性可提高循环性能、减缓容量衰减的观点，并利用高温固相烧结合成 TCO，研究了 SnO：$(B_2O_3)_x$：$(P_2O_5)_y (0.1 \leqslant x, y \leqslant 0.5)$ 及 SnO：$(B_2O_3)_{0.25}$：$(P_2O_5)_{0.5}$：$(K_2CO_3)_{0.04}$ 的电化学反应机理，得出锡区尺寸与惰性原子 X：Sn 原子比成反比。在循环过程中，锡原子聚集成簇，直到达到饱和尺寸，X：Sn 原子比越小，最终的锡簇尺寸越大，并给出了 Sn 簇尺寸与 X：Sn 原子比的函数关系。由上可知，原料颗粒尺寸、惰性原子 X：Sn 原子比、工作电压及温度等因素都会对锡基复合氧化物材料的循环性能产生影响。

（3）锡盐

除氧化物外，锡盐也可以作为锂离子电池的负极材料，如 $SnSO_4$ 的最高比容量也可以达到 $600mA \cdot h/g$ 以上，根据合金型机理，不仅 $SnSO_4$ 可以作为储锂的活性材料，其他锡盐也可以，如 $SnPO_4Cl$，40 次循环后比容量可稳定在 $300mA \cdot h/g$，与低温碳材料、天然石墨等相比，可以大电流充放电，同时又容易获得，因此其应用前景非常可观。

6.4.4　镍基负极材料

镍基材料主要包括氧化物、硫化物和磷化物等。镍基材料的储锂机制不同于 C、Si、Sn 等的合金化反应，主要是一种可逆的转换反应，化学反应方程式为：$Ni_xN_y + (yz)Li \Longleftrightarrow xNi + yLi_zN$，N 为阴离子。

其中，氧化镍（NiO）为典型的体心立方结构，理论比容量为 $718mA \cdot h/g$，材料成本相对较低且容易制备，因而受到了较多的关注与研究。NiO 的制备方法主要包括：溶胶-凝胶法、化学沉淀法、水热法和模板法等。NiO 作为锂离子电池负极材料仍然存在一些问题：①NiO 本身导电性较差（$<10^{-13}\,S/cm$）；②基于转换反应机理的 NiO 材料在脱嵌锂时会发生较大的体积变化，从而引起严重的电极粉化现象，导致容量的持续衰减；③在循环过程中，反复的体积膨胀和收缩会在 NiO 电极材料表面形成不稳定的固体电解质膜（SEI），这将会导致电池的循环性能下降。大量研究表明，以下几种改性方法可以有效解决以上问题：①将 NiO 与导电材料复合以改善其自身导电性差的问题；②NiO 的碳包覆处理，一方面可以减小材料在充放电过程中的体积膨胀效应，提高其循环稳定性能，另一方面可以改善材料的整体导电性，提高其倍率性能；③设计并合成纳米化 NiO 材料，纳米材料具有更小的体积效应、更大的活性面积以及更小的离子扩散距离。

由于硫元素比氧元素的电负性更低，所以硫原子与镍原子可以更容易地形成不同化学计量比的镍基化合物，如 $\alpha\text{-NiS}$、$\beta\text{-NiS}$、NiS_2、Ni_3S_2、$\alpha\text{-Ni}_x^{3+}S_2$、$Ni_4S_x^{3+}$、$Ni_6S_5$、$Ni_7S_6$、$Ni_9S_8$ 和 Ni_3S_4。其中，NiS、Ni_3S_2、NiS_2 和 Ni_3S_4 及其复合材料在锂离子电池中被研究得最为广泛。传统制备硫化镍的方法有高温固相反应法和球磨法。上述两种方法制备的硫化镍颗粒的尺寸都在微米级别以上，其电化学性能的表现并不理想。研究表明，具有纳米尺寸的硫化镍电极也可以显著地改善其电化学性能。到目前为止，合成纳米结构最有效的方法包括：水热/溶剂热法、电沉积法以及溶胶-凝胶法。

磷化镍由于其低的成本、高的容量以及适中的储锂电位，非常适合作为锂离子电池的负极材料。镍磷化物主要包括以下几种相：Ni_3P，Ni_2P，$Ni_{12}P_5$，Ni_5P_4，NiP_2 和 NiP_3。在这些不同化学计量比的磷化镍相中，富磷相（P-rich）的 NiP_2 和 NiP_3 具有超高的比容量，如 NiP_3 的可逆比容量可达 $1475\,mA\cdot h/g$。然而，在电池循环过程中 NiP_3 的循环稳定性相对较差。在富镍相（Ni-rich）的磷化镍中（包括 Ni_3P，Ni_2P，Ni_5P_4 和 $Ni_{12}P_5$），$Ni-Ni$ 键相对多于 $Ni-P$ 和 $P-P$ 键，其具有较强的金属特征以及低的电压平台。总之，富磷相和富镍相的磷化镍都表现出了可逆容量快速衰减的趋势，这是由于电化学反应过程中较大的体积变化引起的材料粉化所致。研究表明，磷化镍的改性方法依然是与导电材料复合以及设计合成纳米化材料。

6.4.5 其他负极材料

其他负极材料包括新型合金、钛基材料、铁的氧化物及硫化物、钼的氧化物及硫化物、锰的氧化物等。由于合金具有加工性能好、导电性好、对环境的敏感性没有碳材料明显、快速充放电能力、防止溶剂的共插入等优点，新型合金材料曾一度成为研究热点。合金主要分为锡基合金、硅基合金、锗基合金、镁基合金和其他合金等。比如锡基合金主要是利用 Sn 能与 Li 形成高达 $Li_{22}Sn_4$ 合金，因此理论容量高，但是其体积膨胀较大，加之金属间相 Li_xM 像盐一样很脆，因此，循环性能不好。所以一般是以两种金属 $M\hat{M}$ 作为锂插入的电极基体，其中金属之一 $\hat{M}$ 为非活性物质，但是比较软，这样锂插入活性物质 M 中时，由于 $\hat{M}$ 的可延性，使体积变化大大减小。这里主要介绍钛基材料、铁基氧化物、钴基氧化物、锰基氧化物。

(1) 钛基材料

钛基材料主要包含 TiO_2 和 $Li_4Ti_5O_{12}$ 两种，嵌锂机制与碳基材料相似，均为嵌入型。

其中，TiO_2 由于其储量丰富、价格低廉、环境友好和结构稳定的优点而成为一种适宜的储能材料。TiO_2 有两种晶型结构可以嵌锂，分别是锐钛矿型和金红石型。但是，作为锂离子电池负极材料，TiO_2 也存在一些不足：首先，TiO_2 的导电性较差，电子电导率仅为 10^{-12} S/cm；其次，理论比容量（335mA·h/g）不高，无法满足高能量密度的需要。相关研究表明，包覆导电层、导电添加剂和导电聚合物可以有效地改善上述不足。

$Li_4Ti_5O_{12}$ 材料具有以下两个方面的优势：首先，$Li_4Ti_5O_{12}$ 具有较高的工作电压（约为 1.55V），高的工作电压使 $Li_4Ti_5O_{12}$ 材料基本上不会和电解液发生反应，避免了 SEI 膜的形成，使电池具有较高的首次库伦效率；其次，$Li_4Ti_5O_{12}$ 材料的结构比较稳定，是零应变的插入材料，锂离子嵌入时不会发生较大的体积膨胀，从而使电池具有较好的循环稳定性。$Li_4Ti_5O_{12}$ 作为锂离子电池负极材料，与锂离子反应生成 $Li_7Ti_5O_{12}$，理论比容量（175mA·h/g）较低，这是该材料不能普及使用的主要原因。此外，$Li_4Ti_5O_{12}$ 的电子电导率为 10^{-13} S/cm，这也阻碍了电池在高功率需求领域的应用。针对 $Li_4Ti_5O_{12}$ 比容量不高和电导率低的问题，可以通过以下两种方法进行改善：①引入碳材料对 $Li_4Ti_5O_{12}$ 进行包覆。碳材料一方面可以提高材料整体的电导率，另一方面还可以在一定程度上提高材料的比容量。②将材料纳米化。材料较小的尺寸可以缩短锂离子的传输路径，这有助于提高材料的倍率性能。

（2）铁基氧化物

铁基氧化物为典型的转换反应机制负极材料，以其低成本、无毒性、资源丰富等优点，被广泛应用于可充电锂电池中。铁基氧化物主要包括赤铁矿（$\alpha\text{-}Fe_2O_3$）和磁铁矿（Fe_3O_4），对应的理论比容量分别为 1007mA·h/g 与 926mA·h/g。同时，铁基氧化物在充放电过程中由于本征电导率低、锂离子扩散速率低和体积膨胀大等问题，往往表现出较差的倍率性能和循环稳定性。为了解决上述提及的问题，很多研究都致力于开发制备纳米级铁基氧化物的新方法；另一部分研究通过在铁基氧化物涂碳层以期提高其结构稳定性和导电性能。

（3）钴基氧化物

钴基氧化物与铁基氧化物一样，同为典型的过渡金属氧化物，CoO 与 Co_3O_4 以高的理论比容量（CoO 与 Co_3O_4 的理论比容量分别为 715mA·h/g 和 890mA·h/g），成为备受瞩目的锂离子电池负极材料。这类材料在实际应用中存在的主要挑战为充放电过程中巨大的体积变化导致循环稳定性相对较差。目前，研究人员主要通过探寻不同的合成方法制备独特结构的纳米框架及与导电碳材料复合或进行元素掺杂来改善钴氧化物的综合电化学性能。

（4）锰基氧化物

锰基氧化物（MnO、MnO_2、Mn_2O_3、Mn_3O_4）由于具有较高的理论比容量（对应的理论比容量分别为：756mA·h/g、1233mA·h/g、1018mA·h/g 与 930mA·h/g）、较低的转化电位、资源丰富、成本低廉和环境友好等优点而受到广泛关注。作为一种过渡金属氧化物，电子电导率低下与循环过程中剧烈的体积膨胀依然是锰基氧化物亟待解决的问题。研究表明，将锰基氧化物与导电材料复合并设计合理的纳米结构是解决以上问题的有效途径。

6.5　其他新型二次离子电池

6.5.1　锂-硫电池

单质硫（S）的理论比容量高达 1675mA·h/g，分别是 $LiCoO_2$、$LiMn_2O_4$ 和 $LiFePO_4$ 的 6 倍、11 倍和 10 倍，具有其他正极材料所无法比拟的高能量密度。对于追求高能量密度的锂离子动力电池来说，具有很大的吸引力。以单质硫为正极材料的锂硫二次电池的研究渐多，美国的 Sion Power 公司、Polyplus 公司，韩国的 Samsung 公司和英国的 Oxis 公司都在积极开发此类电池，其中又以 Sion Power 公司的结果最具代表性。可见，国外已将锂-硫电池视为提高二次电池比能量的突破点。近年来，国内对此电池体系也逐渐重视，研究单位渐多。

然而，Li-S 电池存在的主要问题是：活性物质 S 是绝缘体（在 25℃下，电导率为 5×10^{-30} S/cm），在充放电过程中形成的中间产物多硫化物 Li_2S_x（$4 < x \leqslant 8$）易溶解在电解液中，并穿过隔膜到达负极与金属锂发生反应，同时也存在着体积膨胀（约 80%）。这些问题会导致活性物质 S 的利用率不高，循环过程中比容量衰减严重，库伦效率低和安全性差。利用碳材料来提高 S 的导电性，抑制多硫化物的溶出，是硫正极材料研究的发展方向之一。

军事科学院防化研究院与国外的 Nazar 课题组在此方面做了大量的研究工作。最近，具有大孔容和 3D 孔道结构的有序中孔碳材料应用于 Li-S 电池。单质 S 通过熔融浸渍到碳孔道中，保证硫较小的粒度，增强了硫的利用率。并且，单质硫与碳壁接触紧密，既提供良好的导电性，又能抑制多硫化物的溶出，获得了较好的电化学性能。例如，大连理工大学的研究人员设计制备了一种豆荚状介孔碳材料，制备了高硫负载量（84%，质量分数）的锂-硫电池正极材料，并且该含量小于理论最大负载量，因此不存在由于充放电过程中产生的体积膨胀而导致的碳结构破坏，改善了锂-硫电池的循环稳定性（图 6.6）。

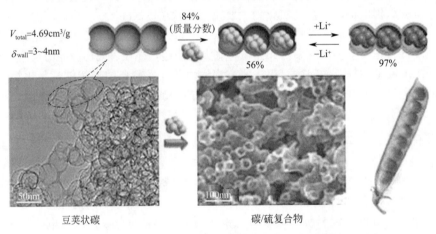

图 6.6　大孔容多孔碳用于制备锂-硫电池示意图

在充放电过程中形成的多硫化物还可以通过介孔孔道溶解到电解液中，造成活性物质的损失和比容量的衰减，因而，长循环寿命和高库伦效率的 C/S 复合材料少见报道。南开大学的高学平课题组采用孔径为 0.7nm 的微孔碳球来限制约束单质 S。当负载量为 42%（质量分数）时，在电流密度为 400mA/g 下，首次比容量将近 800mA·h/g，循环 100 次后，比容量基本无太大变化，即使在 500 次后，比容量保持率仍为 80% 以上。如此优异稳定的循环性能归因于碳载体狭窄的孔径（约 0.7nm），这种微孔的吸附能力强，能有效地防止穿梭效应的发生、活性物质的损失和厚的 Li_2S 绝缘层的形成。因而，利用微孔碳负载单质硫，让电化学反应在微孔里发生，能够显著提高循环稳定性能。此外，通过中孔空心碳球和石墨烯来负载单质硫制备 C/S 复合物，也能获得较高的比容量和相对稳定的循环性能。

6.5.2　锂-空气电池

锂-空气电池是一种用锂作阳极，以空气中的氧气作阴极的电池。放电过程：阳极的锂释放电子后成为锂阳离子（Li$^+$），Li$^+$穿过电解质材料，在阴极与氧气以及从外电路流过来的电子结合生成氧化锂（Li$_2$O）或者过氧化锂（Li$_2$O$_2$），并留在阴极。其电池示意图如图6.7所示。锂-空气电池的开路电压为 2.91V。锂-空气电池比锂离子电池具有更高的能量密度，因为其阴极（以多孔碳为主）很轻，且氧气从环境中获取而不用保存在电池里。理论上，由于氧气作为阴极反应物不受限，该电池的比容量仅取决于锂电极，其比能为 5.21kW·h/kg（包括氧气质量），或 11.14kW·h/kg（不包括氧气）。

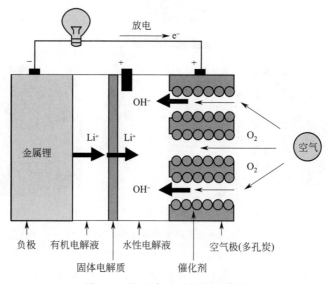

图 6.7　锂-空气电池原理示意图

　　相对于其他的金属-空气电池，锂-空气电池具有更高的比能，因此，它非常有吸引力。但是，锂-空气电池至今都未商业化，原因是它存在致命缺陷，即固体反应生成物氧化锂（Li$_2$O）会在正极堆积，使电解液与空气的接触被阻断，从而导致放电停止。2009 年 2 月，日本产业技术综合研究所能源技术研究部门能源界面技术研究小组组长周豪慎和日本学术振兴会（JSPS）外籍特别研究员王永刚共同开发出了新构造的大容量锂-空气电池。他们通过将电解液分成两种来解决上述问题，在负极（金属锂）一侧使用有机电解液，在正极（空气）一侧使用水性电解液。在两种电解液之间设置只有锂离子穿过的固体电解质膜，将两者隔开，促进电池反应发生，并防止了电解液混合。

6.5.3　钠离子电池

(1) 钠离子电池的工作原理

　　钠离子电池本质与锂离子电池一样，是一种浓差电池，如图 6.8 所示。初始未充放电时，正极为富钠材料，负极为贫钠材料；充电时，钠离子从正极脱出，经过电解液和隔膜嵌入负极，负极处于富钠态，正极处于贫钠态，电子经外电路补偿到负极，保证正负极电荷平衡；放电时则相反，正极处于富钠态，负极处于贫钠态。

表 6.1　金属钠与金属锂的物理化学性质及分布

项目	钠	锂	项目	钠	锂
原子半径/Å	0.98	0.69	熔点/℃	97.7	180.5
摩尔质量/(g/mol)	23	6.9	分布	世界各地	70%位于南美洲
标准电势(vs. SHE)/V	−2.7	−3.04			

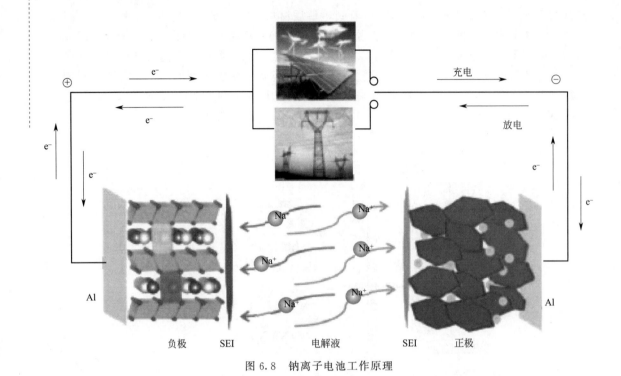

图 6.8　钠离子电池工作原理

　　但与锂离子电池较大的不同在于，钠离子电池所采用的钠离子半径约在 0.98Å，比锂离子半径 0.69Å 大，因此，要求钠离子电池的正负极材料具有更大的嵌钠脱钠离子通道，以保障在充放电过程中，钠离子能够快速迁移。钠与锂的理化性质及分布如表 6.1 所示。

（2）钠离子电池的构成

　　钠离子电池主要是由电极材料、导电添加剂、黏结剂、集流体、隔膜和电解液构成。其中，电极材料无疑是最重要的组成部分，电池的比容量、工作电压等重要参数主要由电极材料决定。因此，开发适合的电极材料是钠离子电池发展的重要方向。电极材料包括高电位区间（vs. Na^+/Na）的正极材料和低电位区间（vs. Na^+/Na）的负极材料。已经得到研究并证明适用于钠离子电池的正极材料主要有层状的过渡金属氧化物、隧道型金属氧化物、聚阴离子化合物以及有机化合物等。为获得最高的能量密度，负极材料的理想选择是金属钠，然而，在实际应用中，考虑到金属钠的高易燃易爆的化学特性及易枝晶的问题，从安全角度出发，替代金属钠使用氧化还原电势较低的材料作为钠离子电池负极材料为宜。适用于钠离子电池负极材料主要有碳材料（石墨烯、硬炭、膨胀石墨）、改性碳材料（N、P、O、S 及 B 掺杂）、钛基材料（二氧化钛、钛酸锂、钛酸钠）、铋基材料、锡基材料、金属氧化物、金属硫化物、金属磷化物、红磷、硅基材料等，而按照钠离子充放电反应机理，负极材料可以分为三种类型，包括嵌入型、合金型以及转化型。

　　钠离子电解质按照相态可以分为液态电解质、固体电解质、离子液体电解质和凝胶态电解质四类。其中，液态电解质又分为有机体系和水系两种。目前应用比较广泛的是有机体系电解质，主要成分包括钠盐（高氯酸钠和六氟磷酸钠等）、有机溶剂（碳酸丙烯酯、碳酸乙烯酯、碳酸二甲酯等）和添加剂（氟代碳酸乙烯酯）。电池的隔膜通常采用玻璃纤维。钠离子电池集流体的选择通常和锂离子电池一致，正极一般用铝箔作为集流体，负极则用铜箔。

研究表明金属铝与钠不发生合金化反应,所以钠离子电池负极也可以用铝箔作为集流体,这将进一步节约电池的生产成本。

(3)钠离子电池的特点

钠离子电池除储量丰富及成本低廉以外,还表现出优异的电化学性能,具体有以下几个特点:

首先,钠离子电池相对于钾/镁/锌离子电池等具有更高的理论比容量,即使相对于锂离子电池,其理论比容量也只是有少量的下降。虽然 Na^+/Na 的化学当量是 Li^+/Li 的三倍以上,但是,它们构成的具有存储性能结构的化合物的质量理论比容量差距明显减小。如具有相同晶体结构的层状氧化物 $LiCoO_2$ 和 $NaCoO_2$,假设钴离子发生单电子氧化还原反应(Co^{3+}/Co^{4+}),计算得到 $LiCoO$ 和 $NaCoO_2$ 的质量理论比容量分别为 $274mA \cdot h/g$ 和 $235mA \cdot h/g$,因此,质量比容量只减少了 14%。如图 6.9 所示,其实际上比容量的差距主要体现在电压差上,这一技术问题在未来可通过材料的创新改性来有效解决。同样,该现象也在两种材料的体积性能上得到体现,由于金属锂($0.0213nm^3$)和金属钠($0.0393nm^3$)的摩尔体积存在较大差异($\Delta V = 0.018nm^3$),金属锂的体积比容量远大于金属钠,但 $LiCoO_2$($0.0323nm^3$)和 $NaCoO_2$($0.0373nm^3$)的摩尔体积之差很小($\Delta V = 0.005nm^3$),使得两者的体积比容量差距缩小。在未来的实际应用中,相信钠离子电池储能系统所用材料会与锂离子电池相似,通常会选用化合物而非金属钠,它们的理论比容量差距将会明显减小。因此,在特定的环境中,钠离子电池是锂离子电池替代品的最佳候选之一。

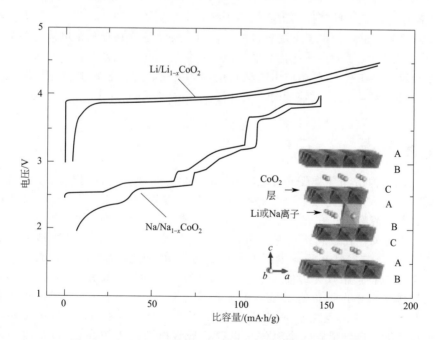

图 6.9 $Li/LiCoO_2$ 和 $Na/NaCoO_2$ 电池充放电曲线对比图

其次,钠离子的离子半径相对较大,这在能量密度的提高上存在明显的缺陷,但却为材料的设计提供了更多的可能性,自然环境中即存在多种含有钠离子的天然矿物。目前,多种含有钠元素的化学物被制备出,被应用于钠离子电池,而具有类似结构的含有锂元素的化学物很难合成,如部分聚阴离子化合物。事实上,到目前为止,部分锂离子电池电极材料的合成，首先是制备含钠化合物前驱体，之后通过 Na^+/Li^+ 离子交换得到了新的锂嵌入材料。

再次，较大的离子半径还有另一个优点，在极性溶剂中具有较弱的溶剂化能，目前已经通过对 Li^+、Na^+、Mg^{2+} 在不同非质子极性溶剂中的情况进行系统的理论研究得到证实。溶剂化能对碱金属离子在电极材料-电解液之间界面的嵌入过程的动力学影响很大，所以，较低的溶剂化能在设计大功率电池时至关重要。与同为一价离子的钠离子相比，较小半径的锂离子在离子周围具有相对高的电荷密度。因此，锂离子需要从溶剂化的极性分子中接受/分享更多的电子来保持能量稳定，换句话说，Li^+ 被归类为一种相对强的路易斯酸。因此，与 Na^+ 相比，Li^+ 去溶剂化过程需要一个相对较大的能量。同样的，基于第一性原理计算的结果表明，$NaCoO_2$ 中 Na^+ 扩散的活化能比 $LiCoO_2$ 小。

最后，与锂离子电池电解液相比，钠离子电池电解液具有高的离子电导率，有利于提高电池性能。通过对 $NaClO_4$ 和 $LiClO_4$ 摩尔电导率的比较，结果表明非质子溶剂的 $NaClO_4$ 溶液的黏度相对较低，电导率比 $LiClO_4$ 溶液高 $10\% \sim 20\%$。

6.5.4 钾离子电池

钾离子电池与锂离子电池有着相同的反应机理。钾离子作为载流子，通过载流子在正负极材料之间来回迁移，实现能量的存储与释放。金属钾的标准还原电势为 $-2.94V$（vs. H^+/H），最接近金属锂的标准还原电势（$-3.04V$），这意味着钾离子电池的理论电位会更加接近金属锂。此外，钾元素在地壳中约 2.47%（质量分数），比锂元素的含量高出了三个数量级，这表明钾资源的成本会比锂资源低很多，因此钾离子电池在成本上更适合于大规模储能体系。并且，溶剂化的钾离子的斯托克斯（Stokes）半径要小于锂和钠的斯托克斯半径，因此钾离子电池的电解液拥有更高的离子电导率。更重要的是，商业化的石墨负极能够实现钾离子的高效存储，钾离子电池负极的开发可以完全建立在锂离子电池完备的石墨负极的产业链中，大大降低了钾离子电池研发的成本。但钾离子电池也存在一些缺陷，如：钾离子较大的原子尺寸会在嵌入/脱出中引起材料结构的粉化，导致较差的循环稳定性；钾离子电池的反应机理与锂电池的反应机理不尽相同，往往会更加复杂，这将导致更高的研究成本。

6.5.5 镁离子电池

镁离子电池的构造与锂离子电池相似，主要由正极材料、金属镁负极、隔膜、电解液及电池壳构成。在放电过程中，电解液中的 Mg^{2+} 在正极一侧进行存储，金属镁负极将溶出 Mg^{2+} 进入电解液中；在充电过程中，正极一侧 Mg^{2+} 从材料中脱出进入电解液，电解液中的 Mg^{2+} 将沉积在金属镁负极一侧。镁在自然界中含量丰富，其在地壳中的含量是锂元素的 1100 倍，并且镁在工业生产中提纯工艺简单，相关技术也十分成熟，这大大降低了生产成本，原料价格仅为锂的 1/15。金属镁在空气中十分稳定，不会发生剧烈反应。金属镁作为电池负极不但可以提供较高的体积比容量（$3833mA \cdot h/cm^3$）和质量比容量（$2205mA \cdot h/g$），而且其电化学沉积/溶出效率可达 100%，在充放电过程中不会产生枝晶。但是由于 Mg^{2+} 自身带有两个单位正电荷，导致电荷密度较高，Mg^{2+} 与主体材料间库伦作用较大，使得 Mg^{2+} 在晶格间隙中扩散困难，致使材料的电化学利用率和倍率性能较差。

6.5.6 锌离子电池

锌离子电池是近年来兴起的一种新型水系二次电池。其正极材料一般采用锰基氧化物、氧化钒、普鲁士蓝衍生物及导电高分子，负极材料一般为改性的金属锌。锌离子电池由于其安全性高、成本低廉、环境友好及易商业化量产而受到人们的广泛关注。但锌离子电池的理论比容量（820mA·h/g）要远低于锂离子电池（3829mA·h/g），比容量的提升是锌离子电池研究的关键。

6.5.7　双离子电池

双离子电池是由双石墨电池（DGBs）或双碳电池（DCBs）发展而来的，源于石墨插层化合物（GICs）的研究。2012 年 Winter 等人首次提出了双离子电池的概念，他们认为在这种储能体系中阳离子和阴离子均参与了电极反应，且并非是石墨作为电极、液态有机溶剂和锂盐作为电解液的单一体系，故将其系统地命名为"双离子电池"。

（1）双离子电池的工作原理与特点

双离子电池在充电过程中，电解液中的阳离子嵌入到负极，同时阴离子嵌入到正极中，而在放电过程中则相反，即阴、阳离子分别从正负极脱出回到并释放到电解质中。与锂离子电池的"摇椅型"机理不同的是，双离子电池属于"消耗电解液离子"机理。因此，在充放电过程中，电解液中的阳离子和阴离子浓度都会发生变化。

在双离子电池中，电解液不仅起到了传输电荷的作用，同时还提供充放电反应中的插层离子。这种特殊的反应机理使双离子电池的电解液成为活性物质的一部分，这也是双离子电池的特点之一。电解液作为活性物质被消耗使得双离子电池的比容量极大地依赖于电解液的种类、用量和浓度，并且由于电解液的离子浓度和溶液体积的剧烈变化需要对电池隔膜也有一定要求，包括较高的气孔率和保液能力。

双离子电池在充放电过程中离子在电解液中的迁移路径仅为单离子电池的一半，因此离子扩散路径的缩短大大提高了电极充放电过程的速度，使其相对于传统锂离子电池具有更高的功率密度。由于阴、阳离子同时参与电池反应，阴离子插层石墨正极具有较高电位，使得双离子电池具有较大的电位窗口，有利于提高电池的能量密度。

（2）双离子电池的正负极材料

① 正极材料。石墨是双离子电池中最主要的正极材料。理想的石墨晶体由石墨烯片依靠弱范德华力堆叠而成，其间距为 0.335nm，因此这种排列良好的结构能够允许充放电过程中阴离子的嵌入/脱出。阴离子插层石墨正极的过程可以由相邻的阴离子嵌入层之间石墨层的数量来描述，即用"stage"来定义。关于阴离子插层石墨正极的机理已有较多报道，所涉及的阴离子包括 PF_6^-、$AlCl_4^-$、$TFSI^-$、ClO_4^- 以及 BF_4^-，其中 PF_6^- 和 $TFSI^-$ 是最为常见的插层阴离子。但这些阴离子一般具有离子尺寸大的特点，不仅降低了理论比容量，而且会造成石墨剧烈的膨胀收缩现象（如当阴离子 PF_6^- 插层时形成 $C_{24}PF_6$，其比容量仅为 93mA·h/g，膨胀率为 136%）。

由于石墨材料的局限性，有机材料作为正极材料在双离子电池中得到了人们广泛的关注。如金属有机骨架（MOF）、p-型有机自由基化合物等。除此之外，还有一些新型正极的例子，比如直接煅烧吡咯单体合成的氮掺杂多孔硬碳（NPHC）、具有单斜结构的多环芳烃（PAH）固体材料。

② 负极材料。双离子电池的负极材料的种类较多，总的来说，根据充放电过程中阳离子与负极材料之间发生反应的不同，可以归纳为：

a. 插层型负极材料，如石墨类碳材料、TiO_2、$FePO_4$、普鲁士蓝等，充放电时阳离子在负极材料中发生嵌入和脱出。

b. 转换型负极材料，通常是过渡金属氧化物和硫化物，与 Li^+ 反应形成 Li_2O/Li_2S 和元素态金属。

c. 合金型负极材料，如 Al、Sn、Si 等，通过与电解液中的阳离子（如 Li^+、K^+、Na^+ 等）发生合金化进行反应。

目前双离子电池仍存在一些不足：其比容量相对较低（80～150mA·h/g），使得它与锂离子电池相比没有竞争力，这在一定程度上归因于电极内有限的活性位点，其中正极是主要的限制因素。另外，双离子电池的高工作电位（>4.5V）为提高能量密度提供了途径，然而高电位超过了许多有机电解液的工作电位范围，电解液的分解会导致全电池的快速失效，易造成在循环过程中库伦效率降低、体系循环寿命短的问题。

6.6 锂离子电池的应用

锂离子电池是继铅酸电池、镍镉电池、镍氢电池之后的又一种可充电电池，相比于其他可充电电池，其具有更高的比能量密度、比功率、无记忆效应等突出优势，自 20 世纪 90 年代初开发成功以来，已成为目前综合性能最好的电池体系。近年来锂离子电池技术进一步提高，锂离子电池已经广泛用于储能和动力领域。

6.6.1 电子产品方面的应用

锂离子电池以其特有的性能优势已经在电子产品中得到普遍应用。应用的电子产品主要包括手机、笔记本电脑、数码相机、摄像机等。

手机是锂离子电池在电子产品最主要的应用领域之一。手机电池是消耗品，使用循环寿命大约在 500～800 次，比手机使用寿命短很多。此外，得益于手机电池容量增长及手机电池模组升级，智能手机电池单价将维持增长趋势。按照 2019 年单部智能手机电池价格为 47 元测算，2019 年，中国智能手机电池需求市场规模为 167.4 亿元，同比增长 4.7%。电池单价的提升，带动智能手机电池需求市场规模增长，对应智能手机电池需求市场规模为 148.5 亿元。因此锂离子电池的市场不但巨大而且长期稳定，极具持久力和潜力。

锂离子电池的另一个十分重要的应用是笔记本电脑。2019 年我国笔记本的产量为 18598 万台，相对于 2009 年增长了 23.9%。现在生产的笔记本电脑使用的电池几乎都是锂离子电池。预计未来每年全球对笔记本电脑配套电池的需求量大约在 25000～30000 万块之间，笔记本用锂电池年均增长率在 10% 以上。由于笔记本电脑为了向轻型化、薄型化发展，新型笔记本电脑越来越多地采用聚合物锂离子电池作为电源。

6.6.2 交通工具方面的应用

电池在新能源汽车中的应用，为电池产业开辟了巨大的发展空间，为处于产业链上下游的各类企业提供了新的机遇。对于处于下游的 HEV、EV 等新能源汽车的制造企业，更安全、高性能的动力锂离子电池的运用，将使其整车生产从试制阶段步入量产，从而真正推动汽车行业的技术革命。虽然，国内外对于动力锂离子电池都投入了大量的财力、物力去研究。但是，动力锂离子电池在新能源汽车中的使用尚有发展瓶颈，首先是 10～15 年的使用寿命，其次是只能在约 30℃到 50℃环境温度范围内有令人满意的性能，最后是成本还不能令人满意。

目前包括丰田 Prius 在内的混合动力汽车都使用镍氢电池，但该电池技术的有效性被认为已经到了极限，而锂离子电池因具备小型轻量、高比容量、高输出功率等优点而得到了北美、欧洲和亚洲汽车制造商的青睐，预计在该领域锂离子充电电池也将逐步替代镍氢电池，而丰田、福特等汽车制造商则明确表示未来其混合动力车将采用锂离子充电电池。此外，电动汽车用锂离子电池对锂离子电解液的需求量高达每辆几十千克，电动汽车市场的快速发展将给锂离子电解液产业带来一个新的飞跃。

6.6.3　国防军事方面的应用

除了民用领域，在航天及军事应用中，锂动力电池也有广阔的前景。锂离子电池一直被称为第三代航天电源，世界各国都对锂离子电池在空间领域的应用进行了研究和评估，NASA、ESA、JAXA 都已经进行了多年的工作，并由英国在 STRV-1d 小型卫星上首先使用了锂离子电池作为储能电源。我国在 2008 年发射的神七伴星也采用了锂离子电池作为储能电源。目前，全世界已经有 20 多颗卫星采用了锂离子电池作为储能电源，计划采用锂离子电池有 10 多颗，而随着锂离子电池材料和技术的成熟，将会有更多的航天器采用锂离子电池作为储能电源。锂离子电池除了用于航天军事中，还用在一些尖端武器中。尖端武器性能好坏的重要标志之一是动力装置，例如水下机器人、潜艇等；而锂离子电池具有非常优良的性能：能量密度高，质量轻，可促进武器向灵活、机动方向发展。美国、法国等军事强国已经在水下蛙人运载器、水下机器人、水下无人运载器（UUV）、鱼雷训练用操雷等军事设备上应用了锂动力电池，并且正在不断推广中。

6.6.4　其他应用

锂离子电池在其他方面的应用包括医学、矿产和石油开采、不间断电源电池、替代性储能电池、动力负荷调节系统等。这些电池不仅仅需要高能量密度和长循环寿命，还需要具备在恶劣环境下维持正常工作的性能。

6.7　小　结

当今社会，能源与环境问题日益突出，发展清洁环保的能量储存系统势在必行。锂离子电池以其高能量密度、高功率密度及良好的安全性等优异性能备受青睐，其应用领域不断扩大。本章主要从锂离子电池发展简史、工作原理及结构、常用正负极材料、新型锂离子电池及其应用方面介绍了有关锂离子电池的相关知识。

锂离子电池设计已经迅速从研究与开发发展到对世界电池市场有重大意义和所占份额日益增长的局面。这种技术之所以如此受到重视和欢迎，是源自它在诸多方面具有高性能水平和卓越能力。随着成本降低、适用于多用途的产品设计增加以及性能提高，可以预见锂离子电池的应用范围将继续增大。尽管如此，当前的锂离子电池技术还不能完全满足人们对高性能电源的需求。需对材料特性和应用需求充分理解，更加有效的机械设计和材料改进将会促进锂离子电池性能的进一步提高，特别是锂离子电池材料已经成为当前世界研究与开发部门极为关注的主题。总之，机遇与挑战同在，随着研究认识的深入，锂离子电池将会在新能源领域发挥越来越重要的作用。

本章思考题

[1] 锂离子电池工作原理是什么？

[2] 锂离子电池正极材料有什么特点？

[3] 锂离子电池负极材料需要具备什么特征？

[4] 简述几种新型二次离子电池的优缺点。

[5] 开发新型二次电池体系需要考虑的问题有哪些？

◆ 参考文献 ◆

[1] Nagaura T，Tozawa K．Prog Batteries Sol Cells，1990，9：209．

[2] 黄可龙，王兆翔，刘素琴．锂离子电池原理与关键技术．北京：化学工业出版社，2007．

[3] Xia L，Xia Y G，Liu Z P．Electrochimica Acta，2015，151：429．

[4] Masashi Okubo，Eiji Hosono，Jedeok Kim，Masaya Enomoto，Norimichi Kojima，Tetsuichi Kudo，Itaru Honma．J Am Chem Soc，2007，129：7444．

[5] Bai Y，Shi H J，Wang Z X，Chen L Q．J Power Sources，2007，167：504．

[6] Heli H，Yadegari H，Jabbari A．J Appl Electrochem，2012，42：279．

[7] Myung S T，Komaba S，Kumaga N．Solid State Ionics，2002，150：199．

[8] 吴宇平，万春荣，姜长印，方世璧．锂离子二次电池．北京：化学工业出版社，2002．

[9] 赵煜娟，陈彦彬，杜翠薇，刘庆国．电源技术，2002，26：56．

[10] Dlemas C．J Power Sources，1997，68：120．

[11] Sadoune I，Dlemas C．J Solid State Chem，1998，136：8．

[12] 吴宇平，戴晓兵，马军旗，程预江．锂离子电池：应用与实践．北京：化学工业出版社，2004．

[13] Hong Y S，Han C H，Kim K，Kwon C W，Campet G，Choy J H．Solid State Ionics，2001，148：A994．

[14] Yoon C，Kim C，Sun Y．J Power Sources，2002，111：176．

[15] Shaju K M，Rao G，Chowdari B．Solid State Ionics，2002，148：343．

[16] Sun Y K．J Appl Electrochem，2001，31：1149．

[17] Padhi A K，Nanjundaswamy K S，Goodenough J B．Journal of the Electrochemical Society，1997，144：1188．

[18] Cheng F，Wang S，Lu A H，Li C W．J Power Sources，2013，229：249．

[19] Cheng F，Li D，Lu A H，Li W C．J Energy Chem，2013，22：907．

[20] 陈学成．碳纳米管的制备新方法和应用 [D]．北京：中国科学院大学，2008．

[21] Yoo Eun Joo，Kim Jedeok，Hosono Eiji，Zhou Haoshen，Kudo Tetsuichi，Honma Itaru．Nano Lett，2008，8：2277．

[22] Arumugam manthiram，Fu Z Y，Su Y S．Accounts of Chemical Research，2013，46：1125．

[23] Scott Evers，Linda F Naza．Accounts of Chemical Research，2013，46：1135．

[24] Li D，Han F，Wang S，et al．ACS Applied Materials & Interfaces，2013，5 (6)：2208．

[25] Guo J C，Xu Y H，Wang C S．Nano Lett，2011，11：4288．

[26] Lia W Y，Zheng G Y，Yang Y，Seh Z W，Liu N，Cui Y．PNAS，2013，110 (18)：7148．

[27] Wang M J，Wang W K，Wang A B，Yuan K G，Miao L X，Zhang X L，Huang Y Q，Yu Z B，Qiu J Y．Chem Commun，2013，49：10263．

[28] Ji X L，Lee Kyu Tae，Nazar Linda F．Nature Materials，2009，8：500．

[29] Zhang B，Qin X，Lia G R，Gao X P．Energy Environ Sci，2010，3：1531．

[30] 安平，其鲁．北京大学学报，2006，42：1．

[31] 小泽一范．锂离子充电电池．宋晓平，译．北京：机械工业出版社，2014．

[32] Liang X，Pang Q，Kochetkov I R，et al．Nature Energy，2017，2 (9)：17119．

[33] 丁玲．锂离子动力电池正极材料发展综述．电源技术，2015，39 (08)：1780．

[34] Liu Z，Yu X Y，Pail U．Advanced Energy Materials，2016，6 (6)：1502318．

[35] Zhang J，Ye J，Qian H，et al．Electrochimica Acta，2018，260：783．

[36]　Wu Y，Li X，Xiao Q，et al. Journal of Electroanalytical Chemistry，2019，834：161.

[37]　Hwang J Y，Myung S T，Sun Y K. Chemical Society Reviews，2017，46（12）：3529.

[38]　Yabuuchi N，Kubota K，Dahbi M，et al. Chemical Reviews，2014，114（23）：11636.

[39]　Wu X，Leonard D P，Ji X. Chemistry of Materials，2017，29（12）：5031.

[40]　Sultana I，Rahman M M，Chen Y，et al. Advanced Functional Materials，2018，28（5）：1703857.

[41]　Zou X，Xiong P，Zhao J，et al. Physical Chemistry Chemical Physics，2017，19（39）：26495.

[42]　Vaalma C，Buchholz D，Passerini S. Current Opinion in Electrochemistry，2018，9：41.

[43]　Zhao J，Zou X，Zhu Y，et al. Advanced Functional Materials，2016，26（44）：8103.

[44]　Zhu Y，Yin Y，Yang X，et al. Angewante Chemie International Edition，2017，56（27）：7881.

[45]　Zhu Y，Yang X，Bao D，et al. Joule，2018，2（4）：736.

[46]　Zhu Y，Zhang Q，Yang X，et al. Chem，2019，5（1）：168.

[47]　Chao D，Zhu C，Song M，et al. Advanced Materials，2018，30（32）：1803181.

[48]　陈丽能，晏梦雨，梅志文，麦立强. 无机材料学报，2017，32（03）：225.

第 7 章
燃料电池

本章学习重点

◇ 了解氢能发展的技术基础。
◇ 掌握新型制氢、储氢及输氢技术。
◇ 掌握燃料电池的组成、分类及工作原理。

7.1 燃料电池概述

燃料电池是一种不经过燃烧直接以电化学反应方式将燃料的化学能转变为电能的发电装置，是一项高效率利用能源而又不污染环境的新技术。燃料电池按电化学原理将化学能转化成电能，但是它的工作方式却与内燃机相似。它在工作（即连续稳定地输出电能）时，必须不断地向电池内部送入燃料与氧化剂（如氢气和氧气）；与此同时，它还要排出与生成量相等的反应产物，如氢氧燃料电池中所生成的水。目前燃料电池的能量转化效率仅达到 $40\%\sim60\%$，为保证电池工作温度的恒定，必须将废热排放出去。如果有可能，还要将该热能加以再利用，如高温燃料电池可与各种发电装置组成联合循环，以提高燃料的利用率。燃料电池是一种能量转换装置。它按电化学原理，即原电池（如日常所用的锌锰干电池）的工作原理（如图 7.1）等温地把储存在燃料和氧化剂中的化学能直接转化为电能。在电池中增湿后的氢气 $[H_2(H_2O)_n]$ 通过双极板上的气体通道穿过扩散层，到达阳极催化剂层，并吸附于电催化剂层中，然后在铂催化剂作用下，发生如下反应：

$$H_2 \longrightarrow 2H^+ + 2e^- \text{ 或 } nH_2O + 1/2H_2 \longrightarrow H^+ \cdot nH_2O + e^-$$

随后，H^+ 或 $H^+ \cdot nH_2O$ 进入质子交换膜，与膜中磺酸基（—SO_3H）上的 H^+ 发生交换，使氢离子到达阴极。与此同时，阴极增湿的氧气也从双极板通过阴极扩散层，吸附于阴极电催化剂层中，并与交换而来的 H^+ 在铂的催化作用下发生反应，即：

$$1/2O_2 + 2H^+ + 2e^- \longrightarrow H_2O \text{ 或 } 1/2O_2 + 2H^+ \cdot nH_2O + 2e^- \longrightarrow (n+1)H_2O$$

生成的水随着尾气排出电池。对于一个氧化还原反应，如：

$$[O] + [R] \longrightarrow P$$

式中，[O] 代表氧化剂；[R] 代表还原剂；P 代表反应产物。原则上可以把上述反应分为两个半反应：一个为氧化剂 [O] 的还原反应，一个为还原剂 [R] 的氧化反应，若 e^- 代表电子，即有：

$$[R] \longrightarrow [R]^+ + e^-$$
$$[R]^+ + [O] + e^- \longrightarrow P$$
$$[R] + [O] \longrightarrow P$$

以最简单的氢氧反应为例，即为：

$$H_2 \longrightarrow 2H^+ + 2e^-$$
$$1/2O_2 + 2H^+ + 2e^- \longrightarrow H_2O$$
$$H_2 + 1/2O_2 \longrightarrow H_2O$$

如图 7.1 所示，氢离子在将两个半反应分开的电解质内迁移，电子通过外电路定向流动、做功，并构成总的电的回路。氧化剂发生还原反应的电极称为阴极，其反应过程称为阴极过程，对外电路按原电池定义为正极。还原剂或燃料电池发生氧化反应的电极称为阳极，其反应过程称为阳极过程，对外电路定义为负极。

燃料电池与常规电池不同，它的燃料电池和氧化剂不是储存在电池内，而是储存在电池外部的储罐中。当它工作（输出电流并做功）时，需要不断地向电池内输入燃料和氧化剂，并同时排出反应物。因此，从工作方式上看，它类似于常规的汽油或柴油发电机。

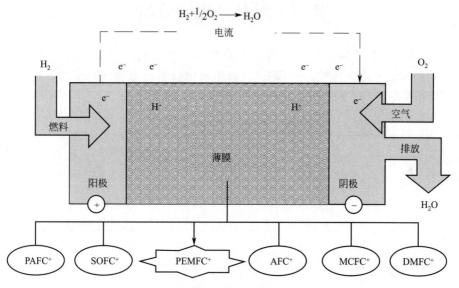

图 7.1　燃料电池工作原理示意图

由于燃料电池工作时要连续不断地向电池内送入燃料电池使用的燃料和氧化剂，所以燃料电池使用的燃料和氧化剂均为流体（即气体和液体）。最常用的燃料为纯氢、各种富含氢的气体（如重整气）和某些液体（如甲醇水溶液）。常用的氧化剂为纯氧、净化空气等气体和某些液体（如过氧化氢和硝酸的水溶液等）。

由于燃料电池通常以气体为燃料和氧化剂，因此气体在电解质溶液中的溶解度很低，为了提高燃料电池的实际工作电流密度，减少极化，一方面应增加电极的真实表面积，另一方面应尽可能地减少液相传质的边界层厚度。多孔气体扩散电极就是为了适应这种要求而研制出来的。正是它的出现，才使燃料电池从原理研究发展到实用阶段。由于多孔气体扩散电极采用担载型高分散的电催化剂，不但比表面积比平板电极提高了 3~5 个数量级，而且液相传质层的厚度也从平板电极的 0.1mm 压缩到 0.001~0.01mm，从而大大提高了电极的内部保持反应区的稳定，其是一个十分重要的问题。

下面以典型氧的电化学还原反应来具体说明多孔气体扩散电极应具备的功能。在酸性介质中，氧的电化学还原反应为：

$$O_2 + 4H^+ + 4e^- \longrightarrow 2H_2O$$

由电极反应方程式可知，为使该反应在电催化剂（如铂/碳）处连续而稳定地进行，电子必须传递到反应点，即电极内必须有电子传导通道。通常，电子传导通道的功能由导电的电催化剂（如铂/碳）来实现。燃料和氧化剂气体必须迁移扩散到反应点，即电极必须有气体扩散通道。气体扩散通道由电极内未被电解液填充的孔道或憎水剂（如聚四氟乙烯）中未被电解液充塞的孔道充当。电极反应还必须有离子（如氢离子）参加，即电极内还必须有离子传导的通道。离子传导的通道由浸有电解液的孔道或电极内掺入的离子交换树脂等构成。对于低温（低于100℃）电池，电极反应所生成的水必须使之迅速离开电极，即电极内还应当有液态水的迁移通道。这项任务由亲水的电催化剂中被电解液填充的孔道来完成。

由上述分析可知，电极的性能不单单依赖于电催化剂的活性，还与电极内各组分的配比、电极的孔分布以及孔隙率、电极的导电特性等有关。也就是说，电极的性能与电极的结构和制备工艺密切相关。

7.2 燃料电池的分类

燃料电池按照电解质的不同可分为6种类型：碱性燃料电池（AFC）、磷酸燃料电池（PAFC）、熔融碳酸盐燃料电池（MCFC）、固体氧化物燃料电池（SOFC）、质子交换膜燃料电池（PEMFC）以及直接甲醇燃料电池（DMFC）。见表7.1。

表7.1 各种类型燃料电池对比表

类型	电解质	导电离子	工作温度/℃	燃料	氧化剂
碱性燃料电池	KOH	OH⁻	80	纯氢	纯氧
质子交换膜燃料电池	质子交换膜	H^+	80~100	氢气、重整氢	空气
磷酸燃料电池	H_3PO_4	H^+	200	重整气	空气
熔融碳酸盐燃料电池	Na_2CO_3	CO_3^{2-}	650	净化煤气、天然气、重整气	空气
固体氧化物燃料电池	ZrO_2-Y_2O_3	O^{2-}	1000	净化煤气、天然气	空气

7.2.1 碱性燃料电池

碱性燃料电池（AFC）电池堆是由一定大小的电极面积、一定数量的单电池层压在一起，或用短板固定在一起而成。根据电解液的不同分为自由电解液型和担载型。用于宇宙航天燃料电池的例子如美国阿波罗登月宇宙飞船的自由电解液型PC3A-2电池和宇宙飞船的担载型PC17-C电池。担载型与PAFC同样都是用石棉等多孔质体来浸渍保持电解液，为了在运转条件变动时，可以调节电解液的增量，这种形状的电池堆安装了储槽和冷却板。AFC一般用石棉作为隔膜材料。石棉具有致癌作用，为了寻找替代材料，有的科学工作者研究了聚苯硫醚（PPS）、聚四氟乙烯（PTFE）以及聚砜（PSF）等材料替代石棉的可能性，它们都是具有允许液体穿透而有效阻止气体通过的特点，具有较好的抗腐蚀性和较小的电阻。另外，Zirfon（85% ZrO_2，15% PSF，质量分数）在KOH溶液中的电阻特性试验证实优于石棉。

AFC中，空气作为氧化剂时，CO_2对电池的性能有不利的影响，制约着AFC应用于交通工具，一般采用以下几种办法：①吸收CO_2，即使用钠钙通过化学吸收加以消除。这种方法简单，但是需要不断更换吸收剂，并不实用。②分子筛选，通过温度摆动、压力摆动和气体清洗实现筛选。这种方法会降低AFC的总效率。③电化学法除CO_2。这种方法简单易行，无需增加任何辅助设备。④使用液态氢。是一种在低温下（20K）有效的储氢方法，但效率只有70％，这种方法使用较少。⑤循环电解液的方法。通过更新电解液中生成的碳酸盐去除，并不断添加作为载流子的OH^-，减弱了碳酸盐析出对电极的机械破坏，此方法的缺陷是增加了AFC的复杂性。⑥发展新的电极制备方法。当电极采用特殊方法制备时，可以在CO_2含量较高的条件下正常运行而不受毒化。在电极制备中，催化剂材料与PTFE细颗粒在高速下混合，粒径小于$1\mu m$的PTFE小颗粒覆盖在催化剂表面，增加了电极强度，同时也避免了电极被电解液完全淹没，减小了碳酸盐析出堵塞微孔及对电极造成机械损坏的可能性，此外，还允许气体进入电极在发生电化学反应的区域形成一个三相区。也有人提出了过滤法，通过控制PTFE的含量和碾磨时间来优化电极的性能。

7.2.2 磷酸燃料电池

磷酸燃料电池（PAFC）是以磷酸为电解质在200℃左右下工作的燃料电池。PAFC也是第一代燃料电池技术，是目前最为成熟的应用技术，已经进入了商业化应用和批量生产。PAFC的电化学反应中，氢离子在高浓度的磷酸电解质中移动，电子在外部电路流动，电流和电压以直流形式输出。电池的理论电压在190℃时是1.14V，但在输出电流时会产生欧姆极化，因此实际运行时电压是0.6～0.8V的水平。PAFC的电解质是酸性的，不存在像在AFC那样由CO_2造成的电解质变质，其重要特征是可以使用化石燃料重整得到的含有CO_2气体。由于可采用水冷却方式，排除的热量可以用做空调的冷暖风以及热水供应，具有较高的综合效率。值得注意的是在PAFC中，为了促进电极反应，使用了昂贵的铂催化剂，为了防止铂催化剂中毒，必须把燃料气体中的硫化物及一氧化碳的浓度降低到1％以下。在磷酸盐燃料电池材料的研究中，有人对氧化还原反应的电催化剂研究中发现Fe、Co对Pt具有锚定效应。

7.2.3 熔融碳酸盐燃料电池

熔融碳酸盐燃料电池（MCFC）是由多孔陶瓷阴极、多孔陶瓷电解质隔膜、多孔金属阳极、金属极板构成的燃料电池。其电解质是熔融态碳酸盐。

反应原理如下：

正极：$O_2 + 2CO_2 + 4e^- \longrightarrow 2CO_3^{2-}$

负极：$2H_2 + 2CO_3^{2-} - 4e^- \longrightarrow 2CO_2 + 2H_2O$

总反应：$O_2 + 2H_2 \longrightarrow 2H_2O$

熔融碳酸盐燃料电池（MCFC）是一种高温电池（600～700℃），具有效率高（高于40％）、噪声低、无污染、燃料多样化（氢气、煤气、天然气和生物燃料等）、余热利用价值高和电池构造材料价廉等诸多优点，是21世纪的绿色电站。

熔融碳酸盐燃料电池（MCFC）也可使用NiO作为多孔阴极，但由于NiO溶于熔融的碳酸盐后，会被H_2、CO还原为Ni，容易造成短路。

7.2.4 固体氧化物燃料电池

固体氧化物燃料电池（SOFC）是一种采用氧化锆等氧化物作为固体电解质的高温燃料电池。工作温度在800～1000℃范围内。反应的标准理论电压值是0.912V（1027℃）。SOFC主要分为管式和平板式两种结构。

固体氧化物燃料电池的主要工作部分由固体电解质、空气电极（阴极）和燃料电极（阳极）所组成。

（1）电解质材料

在系统中，电解质的最主要功能是传导离子，而电解质中的电子传导会产生两极短路，消耗能量，从而减少电池的电流输出效率，因此，第一，要求电解质具有较大的离子导电能力，而电子导电能力要尽可能小。一般情况下单电池的开路电压大约为1V，在最大电流密度（$1A/cm^2$）时，每一单电池的欧姆损耗应低于100mV，另外电解质的厚度极限为$100\mu m$左右，因此电解质的电导率应大于0.1S/cm，其中电子电导率应比离子电导率低1个数量级。第二，由于氧化还原气体渗透到气体、电极、电解质的三相界面处会发生氧化还原反应，因而为阻止氧化气体和还原气体的相互渗透，要求电解质必须是致密的隔离层。第三，由于电解质的两侧分别与阴、阳极材料相接触，并暴露于氧化性或还原性气体中，要求电解质在高温运行环境中能保持较好的化学稳定性。还有电解质的晶体稳定性也很重要，因为晶体相变如果伴随有较大的体积变化，将使电解质产生裂纹或断裂。由此可知电解质材料在制造运行环境中保持化学成分、组织结构、形状和尺寸的稳定是很重要的。

（2）燃料极材料

作为燃料极材料应该满足电子导电性高、高温氧化-还原气氛中稳定、热膨胀性好、与电解质相容性好、易加工等要求。符合上述要求的材料首先是金属镍，在高温气体中镍的热膨胀系数为$10.3\times10^{-6}K^{-1}$，和YSZ的$10\times10^{-6}K^{-1}$非常接近。燃料极材料通常使用镍粉、YSZ或者氧化锆粉末制成的合金，与单独使用镍粉制成的多孔质电极相比，合金可以有效地防止高温下镍粒子烧结成大颗粒现象。

（3）空气极材料

作为空气材料也应该满足燃料电极材料的基本要求。镧系钙钛矿复合氧化物是比较好的选择。实际中常用于SOFC空气极材料有钴酸镧（$LaCoO_3$）和掺杂锶的锰酸镧。前者有良好的电子传导性，1000℃时的导电率为150S/cm，约是后者的3倍，但是热膨胀系数为$23.7\times10^{-6}K^{-1}$，远远大于YSZ，后者的电子传导性虽然不如前者，但热膨胀系数为$10.5\times10^{-6}K^{-1}$，与YSZ基本一致。

（4）双极连接材料

在实际燃料电池发电系统中，单电池的输出电压不大于1V，因此为获得高电压，必须将许多的单电池互相连接在一起。互连材料作为相邻电池是实现电子连接的桥梁，要求具有高的电子电导率，致密，在阴、阳极环境中具有化学稳定性，具有机械稳定性，并与其他电池元件热膨胀相容。人们曾用贵金属及某些合金来作互连材料，但存在两个问题：①由于材料表面生成一层氧化物，使接触电阻增加；②这些材料与其他元件的热膨胀不匹配。后来人们发现钙钛矿型铬酸镧（$LaCrO_3$）特别适合用作互连材料，并对这种材料的性质进行了广泛的研究。$LaCrO_3$中的La和Cr均可以被替代，常用替代物有Sr，Ca(La位)，Mg，Co，Zn，Cu，Ni，Fe，Al和Ti(Cr位)。这种替代不仅可提高电子电导率，其中有些替代还可改善烧结性能。为获得致密的$LaCrO_3$材料，人们更多的是从制备工艺进行改善，例如在高还原气氛下热压烧结，电化学气相沉积，或湿法制备（如甘氨酸硝酸盐法），但是所有这些技术所获得的$LaCrO_3$的长期稳定性还有待于鉴定。

7.2.5 质子交换膜燃料电池

质子交换膜燃料电池（PEMFC）又称固体高分子型燃料电池。其电解质是能导质子的固体高分子膜，工作温度为80℃。PEMFC与其他燃料电池相比，不存在电解质泄漏问题，可常温启动,启动时间短,可以使用含 CO_2 的燃料。PEMFC 的关键材料包括质子交换膜、电极、催化剂与双极板材料。

质子交换膜作为 PEMFC 的核心元件,是一种隔膜材料,是电解质和电极活性物质的基底,从材料的角度来说,对其基本要求包括:①电导率高(高选择性的离子导电而非电子导电);②化学稳定性好(耐酸碱和抗氧化还原的能力);③热稳定性好;④良好的机械性能(如强度和柔韧性);⑤反应气体的透气率低;⑥水的电渗系数小;⑦作为反应介质要有利于电极反应;⑧价格低廉。质子交换膜工作的特殊性要求加大了对其制备和改性等研究工作的难度。目前在国内外应用最广泛的仍然是由美国 Dupont 公司研制的全氟磺酸质子交换膜,而且使用性能最佳的薄膜电解质 Nafion 112。全氟磺酸质子交换膜具有优良的导电性能和其他一系列优点,其主体材料是全氟磺酸型离子交换树脂,是一种与聚四氟乙烯相似的固体磺酸化含氟聚合物水合薄片。继 Nafion 膜之后,受 PEMFC 发展前景鼓舞,美国 Dow 化学公司和日本 Asahi 公司也积极参与了有关膜的研究,以期开拓产品市场。美国能源部资助下的美国 Foster-Miller 公司也在研制用于燃料电池的低成本、高温固体聚合物电解质膜(HT-SPEM)。他们采用溶液吸收工艺,用浇注基体和聚苯基砜磺酸离子传导聚合物制备了复合固体聚合物电解质膜。通过调节基体的孔隙度以及离子传导聚合物溶液的浓度可以控制电解质膜的最终组成。这种电解质膜具有离子交换能力、离子传导性、气体渗透性和尺寸稳定性,性能优于目前商业化的电解质膜。

催化剂是 PEMFC 的另一个关键材料,它的电化学活性高低对电池电压的输出功率大小起着决定性作用。质子交换膜燃料电池的电极催化剂包括阳极催化剂和阴极催化剂。对于阴极催化剂,研究重点一方面是改进电极结构,提高催化剂的利用率;另一方面是寻找高效价廉的可替代贵金属的催化剂。阳极电催化剂的选用原则与阴极催化剂相似。但阳极催化剂应具有抗 CO 中毒能力,因为质子交换膜燃料电池对燃料气中的 CO 非常敏感。质子交换膜燃料电池多采用铂作为电催化剂,它对于两个电极反应均有催化活性,而且可长期工作。

双极板是 PEMFC 的核心部件之一,它具有隔绝反应气体、传导电流和提供反应气体通道等功能。目前,如何降低双极板的成本已经成为该燃料电池产业化最关键的因素。有的学者以高分子预聚物为胶黏剂,天然或人造石墨为导电骨料,通过模压一次成型制备质子交换膜燃料电池双极板。

7.2.6 直接甲醇燃料电池

直接甲醇燃料电池(DMFC)是直接利用甲醇水溶液作为燃料,氧气或空气作为氧化剂的一种燃料电池。DMFC 也是一种质子交换膜燃料电池,只是阴极侧使用的燃料不同。相较于质子交换膜燃料电池(PEMFC),直接甲醇燃料电池(DMFC)具备低温快速启动、燃料洁净环保以及电池结构简单等特性。这使得直接甲醇燃料电池(DMFC)可能成为未来便携式电子产品应用的主流。

DMFC 的组成与 PEMFC 一样,其电池单元由三合一膜电极、燃料侧双极板、空气侧双极板以及冷却板构成。为了得到较高的输出电压,必须将电池单元串联起来组成电池堆,在电池堆两端得到所需功率。与 PEMFC 类似,DMFC 的关键材料主要是质子交换膜、催化剂和双极板。与 PEMFC 不同的是 Nafion 膜用于 DMFC 时,存在甲醇渗透现象。甲醇与水混溶,在扩散和电渗作用下,会伴随水分子从阳极泄漏到阴极使开路电压大大降低,电池性能显著降低。为防止甲醇渗透,有改性 Nafion 膜的方法来提高膜的抗甲醇渗透性。如 Nafion-SiO_2 复合膜、Nafion-PTFE 复合膜等,也有采用研制新型质子交换膜来取代现有的 Nafion 膜,如无氟芳杂环聚合物聚苯并咪唑膜、聚芳醚酮磺酸膜、聚酰亚胺磺酸膜。

7.3 燃料电池的氢源

氢源是燃料电池重要的燃料，氢源的制取与存储技术是燃料电池发展的重要因素。

7.3.1 氢的制取

目前主要的氢源制取方法有化石燃料制氢、电解水制氢、光化学制氢、生物制氢、核能制氢和等离子化学法制氢。

(1) 化石燃料制氢

化石燃料制氢是目前最主要的制氢方法，能量转化率高，技术成熟，化石燃料制氢主要包括天然气制氢和煤制氢。

① 天然气制氢。天然气资源丰富，其主要成分是甲烷，因此天然气正逐渐成为制氢的主要原料。天然气制氢系统主要包括脱硫、天然气转化反应、高低变换过程、选择性催化氧化过程和气体提纯过程。

天然气制备氢气有两种途径：一种是通过天然气制备合成气从而得到氢气，包括天然气蒸汽重整（steam reforming of methane，SRM）、部分氧化法（partial oxidation of methane，POM）、自热重整（auto-thermal reforming，ATR）、二氧化碳重整（也叫干法重整）以及联合重整；另外一种是将天然气直接催化裂解从而得到氢气与炭。

$$CH_4 + H_2O \longrightarrow CO + 3H_2 + 206.29kJ/mol \tag{7.1}$$

$$CH_4 + 1/2O_2 \longrightarrow CO + 2H_2 - 35.5kJ/mol \tag{7.2}$$

$$CH_4 + CO_2 \longrightarrow 2CO + 2H_2 + 247.32kJ/mol \tag{7.3}$$

$$CH_4 \longrightarrow C + 2H_2 - 79.94kJ/mol \tag{7.4}$$

天然气蒸汽重整（图7.2）的主要反应为甲烷与蒸汽的转化反应(7.1)，该反应是一个强吸热反应，有可能发生甲烷裂解的副反应(7.4)，天然气重整是目前工业上应用最为广泛的制氢方法，技术也最为成熟，但是该工艺过程能耗高，投资大，生产能力低。

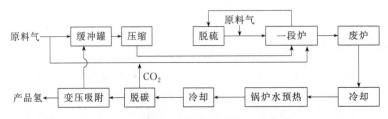

图 7.2 天然气蒸汽重整制氢工艺流程

天然气部分氧化法是指天然气与氧气发生部分氧化反应（7.2），该反应是一种轻放热反应，可使氢气生产规模缩小。20世纪90年代以来，这一工艺受到了国内外的广泛重视，但目前在催化科学、反应工程、技术安全等方面还有一些问题尚待解决。

由于水蒸气重整反应为吸热反应，反应器需外部供热，因此制氢启动时间长，燃料电池供电响应较慢，难以满足汽车、潜艇等对快速启动与功率变化频繁的需求。目前制氢的研究热点是利用醇类或碳氢化合物自热重整为各种移动动力源提供氢气，即向醇类或碳氢化合物与水蒸气的混合气体中加入一定量的氧气，让吸热的蒸汽重整反应和放热的不完全氧化反应同时发生，因此制氢过程不需要额外供热。自热重整制氢的优点是需要的蒸汽很少，而且重整反应所需的热量可以由燃料部分氧化提供，使得系统设计简化。

天然气重整技术制氢是燃料电池氢源的主要制氢方法，其工艺条件成熟，成本低廉，所以寻求高效、小型化的天然气蒸汽重整制氢技术已经成为一个新的研究课题。

② 煤制氢。在利用化石燃料制氢的各方法中，目前最具有发展意义的是煤气化制氢。煤气化的中间产物是人造煤气，它可以再转化为氢气和其他煤气。煤气化制氢的工艺过程一般包括煤的气化、煤气净化、CO 变换以及 H_2 提纯等主要生产环节。煤的主要成分为固体碳，它可先与水蒸气反应中转化为 CO 和 H_2，产生的 CO 再和水蒸气发生水煤气反应产生 CO_2 和 H_2。其简化的制氢过程可表示为：

$$C + H_2O \longrightarrow CO + H_2$$
$$CO + H_2O \longrightarrow CO_2 + H_2$$

气化所需的热量可以通过煤与氧气的燃烧反应热来供给，也可以利用固体、液体或气体等载热体通过直接或间接对煤床加热的方式来供给。

（2）电解水制氢

电解水制氢是一种很成熟的传统制氢方法，具有制氢纯度高和操作简便的特点，目前国际上利用水电解制氢的产量约占氢气总产量的 $1\% \sim 4\%$。水电解制氢最大的缺点是电耗大、不经济，理想的做法是通过风力发电、太阳能发电后将水电解制取氢气，但是风能、太阳能发电目前还存在着成本高，发出的电能不稳定，未使用的电能需采用大量蓄电池存储且蓄电池存储电能有自放电损耗等问题。当然，从发展的眼光来看，采用风能、太阳能发电电解水制氢可以大幅度降低风能、太阳能发电系统的成本，因为能源可以以氢气这种物质形式实现长时间的存放，在需要用电时可随时采用燃料电池发电方式得到电力。

（3）生物制氢

生物质是指有机物中除化石燃料外的所有来源于动植物残骸等物质。生物制氢是指利用生物质产生氢气的方法，如生物质气化、生物质热解等。

① 生物质气化。生物质气化以生物质为原料，以气化剂在高温条件下（一般在 $800 \sim 900\,℃$），通过热化学反应将生物质中可以燃烧部分转化为可燃气的过程。气化过程中会产生焦炭，但是焦炭在反应过程中也会逐渐转化成 H_2、CO、CO_2 和 CH_4。生物质气化过程可以简化为：生物质＋热量＋蒸汽＝H_2＋CO＋CO_2＋ CH_4＋碳氢化合物＋焦炭。生物质气化是在有氧环境下进行的，主要是为了获得气态物。其原料主要是原木生产及木材加工的残余物、薪柴、农业副产物等，但气化过程只适用于含水量小于 35% 的生物质原料。生物质气化制氢最大的问题在于焦油含量过高。

② 生物质热解。生物质热解是在 $600 \sim 800\,K$、压力为 $0.1 \sim 0.5\,MPa$、隔绝氧气的条件下加热生物质，将其转化为液态油、固态木炭和气体产物，其中气态产物包括 H_2、CO、CO_2、CH_4 和其他气态烃，液态产物包括焦油和一些水溶性产物如丙醇、丙酮和乙酸等，固相成分主要是焦油，另外还有一些惰性成分如灰分等。

（4）等离子化学法制氢

等离子体是含有足够的自由带电粒子以致其动力学行为受电磁力支配的一种物质状态，它不同于常规的气态、液态和固态，是物质存在的第四态。等离子体多用于提供极高温度，实现常规方法难以转化的稳态分子的转化。热等离子可以起到高温热源和化学活性粒子源的双重作用，可在无催化剂的条件下加速反应进程，并提供吸热过程中所需的能量。用等离子技术可使甲烷分解成氢气和炭黑，反应式为：

$$CH_4 \longrightarrow C + 2H_2$$

在常温条件下，此反应的自由能 $\Delta G = 50.75\,kJ/mol$，是难以发生的反应；但在 $727\,℃$ 的高温下，此反应的 $\Delta G = -19.17\text{kJ/mol}$，成为可自发进行的反应。甲烷的平衡分解大约在 500℃ 开始，在 1000℃ 左右完成，1000～2500℃ 的平衡产物是炭黑和氢气。

等离子体法制氢具有以下优势：①制氢成本低。如果考虑炭黑的价值，等离子体法的成本比水电解制氢、生物制氢和天然气水蒸气重整制氢等方法低。②原料利用率高。除原料中含有的杂质以外，几乎所有的原料都转化为氢气和炭黑，且没有二氧化碳生成。③原料的适应性强除天然气外，几乎所有的烃类都可作为制氢原料。原料的改变只是影响产物中氢气和炭黑的比例。④生产规模可大可小。

7.3.2 氢的存储

（1）气态储氢

气态储氢即采用压缩气体的方法储氢，是目前最简单、常见的储氢技术。压缩气体可分为低压、中压、高压三类。

低压氢气常用于气象气球或袋装储存，如公共汽车顶部的存储袋，中国和印度广泛使用此类储箱存储生物气燃料。

中压容器开始于空气和丙烷的储存，常用压力为 1.7MPa，用于氢气存储的压力仅为 0.41～0.86MPa。中压其他容器材质多为低碳钢或其他对氢脆不敏感的合金，高碳钢不适用于压力储存容器。可采用冷轧、冷铸技术防止氢脆，相对于低压容器，中压容器尺寸更小、分量更重。

高压储氢是密度最大的其他储氢技术，压力范围在 14～40MPa，通常用钢瓶来压缩储氢，近年来，国内外有很多科研者致力于对此项储氢技术进行改进，其进展主要体现在两个方面：

① 对容器材料的改进，目标是提高容器的承受压力，减轻容器本身的重量以防止产生氢脆现象。由炭纤维复合材料组成的新型轻质耐压储氢容器，其储氢压力可达到 70MPa。耐压容器是由炭纤维、玻璃、陶瓷等组成的薄壁容器，其储氢方法简单，成本低，储氢质量分数可达 5%～10%，而且复合储氢容器不需要内部热交换装置。现在正在研究能耐压 80MPa 的轻型材料，这样，氢的体积密度可达到 36kg/m³。据报道，美国 Quantum 公司的与美国国防部合作，成功开发了移动加氢系统——HyHauler 系列，其分为 HyHauler 普通型和改进型。普通型 HyHauler 系统的氢源为异地储氢罐输送至现场，加压至 35MPa 或 70MPa 存储，进行加注。改进型 HyHauler 系统的最大特点是氢源为自带电解装置电解水制氢，同时改进型具有高压快充技术，完成单辆车的加注时间少于 3min。美国国防部已经前瞻性地将 HyHauler 系统应用到部分车辆上进行检测。加拿大 Dynetek 公司也开发并商业化了耐压达 70MPa、铝合金内胆和树脂炭纤维增强外包层的高压储氢容器，广泛用于与氢能源有关的行业。美国通用汽车公司（GM）首先开发出用于燃料电池的、耐压达 70MPa 的双层结构储氢罐，内层是由无接缝内罐及碳复合材料组成，外层是可吸收冲击的坚固壳体，体积与以往耐压 35MPa 的储氢罐相同，可储存 3.1kg 压缩氢。美国加利福尼亚州 Irvine 的 Impco 技术公司随后也研制出耐压达 69MPa 的超轻型 Trishield 储氢罐，质量储氢密度可达 7.5%，该公司目前正致力于开发质量储氢密度达 8.5% 和 11.3%、耐压性能更好的储氢罐。

② 通过向容器中加入某些吸氢物质，提高压缩氢的储氢密度，甚至使其达到"标液化"的程度，当压力降低时，氢可以自动地释放出来。目前研究较多的有纳米碳材料及其具有纳米孔结构或大比表面积的物质，具体有纳米碳管及其改性物质、纤维掺杂的碳液晶材料、BN 纳米管等，在容器中加入一定量的这些物质，常常可以使得容器的储氢能力得到显著

提高。

（2）液态储氢

液态储氢是一种深冷的液氢储存技术。氢气经过压缩后，深冷到 21K 以下使之变为液氢，然后存储到特制的绝热真空容器中。常温常压下液氢的密度为气态氢的 85 倍，液氢的体积能量密度比压缩储存高好几倍，这样同一体积的储氢容器，其储氢质量大幅度提高。因此液化储氢适用条件是储存时间长、气体量大、电价低廉。

液化法储氢面临的主要问题是液化过程的效率和液氢的气化。氢气的理论液化功是 3.23kW·h/kg，实际液化功是 15.2kW·h/kg，此值大约是氢气低限热值的一半。即使盛放液氢的钢瓶具有理想的绝热设施（21.2K），也不能阻止液氢发生气化，因为氢的正/仲氢转换是自发的放热反应。77K 时的转化热是 519kJ/kg，77K 以下为 523kJ/kg，显著高于氢的气化潜热 451.9kJ/kg。氢的临界温度很低（33.2K），高于临界温度只能以气体存在，所以液氢容器必须保持常压，否则在封闭系统体系内室温下压力可能高达 10000MPa。液氢不可避免的气化和液氢容器必须保持常压的必然结果是不断向大气释放氢气，这也是公众关注的一个问题。所以液化法一般适用于不在乎氢气成本而且在相当短暂时间内将氢气消耗完毕的场合，例如作为火箭燃料等。

（3）金属氢化物储氢

某些金属或合金与氢反应后以金属氢化物形式吸氢，生成的金属氢化物加热后释放出氢，可有效地利用这一特性储氢。这种方式储氢是近 30 年来发展的新技术。其储氢原理如下。

在一定的温度和压力下，许多金属、合金和金属间化合物与气态 H_2 可逆反应生成金属固溶体 MH_x 和氢化物 MH_y。反应分 3 步进行：①开始吸收少量氢后，形成固溶体（α 相），合金结构保持不变，其固溶度 $[H]_M$ 与固溶体平衡氢压的平方根成正比；②固溶体进一步与氢的反应，产生相变，生成氢化物相（β 相）；③再提高氢压，金属中的氢含量略有增加。

这个反应是一个可逆反应，吸氢时放热，放氢时吸热。

用于储氢的金属氢化物，其要求的主要性能有：室温下合适的吸氢压力；组分-压力曲线宽而平坦，且滞后小；氢化物生成热和氢燃烧热比值小；易活化；良好的抗氧化性能；成本低。

目前世界上已成功研制出多种储氢合金，它们大致分为 4 类：稀土镧镍系、钛铁系、镁系、钛/锆系。其储氢能力如表 7.2。

表 7.2　一些金属氢化物的储氢能力

储氢介质	氢原子密度/(10^{22} 个/cm^3)	储氢相对密度	含氢量(质量分数)/%
标准状态下的氢气	0.0054		100
氢气钢瓶	0.81	150	100
−253℃液氢	4.2	778	100
$LaNi_5H_6$	6.2	1148	1.37
$FeTiH_{1.95}$	5.7	1056	1.85
Mg_2NiH_4	5.7	1037	3.6
MgH_2	6.6	1222	7.65

金属氢化物储氢比液氢和高压氢安全，并且有很好的储存容量。由表 7.2 可见，有些金属氢化物的储氢密度是标准状态下氢气的 1000 倍，与液氢相当，甚至超过液氢，但是由于

成本问题，金属氢化物储氢仅适用于少量气体储存。

（4）多孔材料储氢

多孔材料储氢是近年来出现的利用吸附理论的物理储存氢方法。氢在多孔材料中的吸附储存主要有：活性炭上的吸附和碳纳米材料的吸附储存。因此，储存碳材料主要有单壁纳米碳管（SWNT）、多壁纳米碳管（MWNT）、碳纳米纤维（CNF）、碳纳米石墨、高比表面积活性炭、活性炭纤维和纳米石墨。此外，碳材料与金属联合储氢也受到了极大的重视。

各国学者对碳纳米材料的吸附储氢研究刚刚开始，在不同的条件下，其储氢性能存在较大的差异，主要在于他们所采用的物理模型、碳纳米管类型的不同，尽管如此，碳质吸附储氢已经显示出了显著的优越性，有望成为未来储氢的有效方法。见表7.3。

表 7.3 几种常见的碳质材料储氢性能的比较

吸附材料	吸附温度/K	吸附压力/MPa	吸附容量/%
活性炭	65～78	4.2	6.8～8.2
石墨纳米纤维	常温	常压	较好
碳纳米管	200～400	常压	14～20
多壁纳米管	300	0.1	1.8

① 碳纳米管储氢。碳纳米管由于具有储氢量大、释放氢速度快、可在常温下释放氢等优点，被认为是一种有广泛发展前景的储氢材料。碳纳米管分为单壁管和多壁管，均是由单层或多层的石墨片卷曲而成，具有长径比较高的纳米级的中空管，从而对 H_2 进行吸附。

② 碳纳米纤维。由于碳纳米纤维具有很高的比表面积，大量的 H_2 被吸附在碳纳米纤维表面，并为 H_2 进入碳纳米纤维提供了主要通道。而且，碳纳米纤维中有中空管，可以像碳纳米管一样具有毛细作用，H_2 可凝结在中空管中，从而使碳纳米纤维具有较高的储氢密度。

③ 高比表面积的活性炭。高比表面积的活性炭储氢是利用其巨大的表面积与氢分子之间的范德华力来实现的，是典型的超临界气体吸附。一方面 H_2 的吸附量与碳材料的比表面积成正比；另一方面 H_2 的吸附量随温度的升高呈指数规律降低。活性炭吸氢性能与温度和压力密切相关，温度越低、压力越大，储氢量越大。但在某一温度下，吸附量随压力增大趋于一个定值。

7.4 燃料电池的应用

燃料电池技术提供了一种能提高能源利用率、减少废气排放的发电方式。其自身的优越性决定了燃料电池具有较好的应用前景。其主要应用于以下几个方面：

（1）固定电站

燃料电池具有无污染、无噪声和可以积木性安装的优点，因此，可以根据需要在任何地点建立电站，尤其适合为居民区和特殊需要（如军事设施）供电。而且近距离供电省去了远距离输变电过程。从长远来看，有可能对改变现有的能源结构、能源的战略储备和国家安全等具有重要意义。

（2）交通运输等动力电源

随着汽车保有量的增加，传统燃油内燃机汽车造成的环境污染日益加剧，同时，也面临着对石油的依存度日益增加的严重问题。燃料电池作为汽车动力源是解决因汽车而产生的环境、能源问题的可行方案之一，近 20 年来得到各国政府、汽车企业、研究机构的普遍重视。就目前的技术状况而言，燃料电池，尤其是 PEMFC 在交通运输等动力电源方面具有良好的市场前景，如汽车、船舶及航天方面的动力电源。根据燃料的不同，汽车用燃料电池可分为氢燃料电池、甲醇燃料电池、乙醇燃料电池、汽油燃料电池。

目前，燃料电池汽车示范在国内外不断兴起，较著名的是欧洲城市清洁交通示范项目第 1 期共有 27 辆车在 9 个欧洲城市运行 2 年；并于 2006～2009 年进行第 2 期示范；在台湾也有将燃料电池用于电动自行车的例子。我国燃料电池汽车，自"九五"末期第一台燃料电池中巴车的问世，到"十一五"2008 年北京奥运会和 2010 年上海世博会燃料电池汽车的示范运行，十几年的发展，燃料电池电动汽车技术取得了可喜的进步。在北京奥运会上，燃料电池轿车成为"绿色车队"中的重要成员。

(3) 移动电源

由于以甲醇、乙醇等液体燃料直接进料，无需重整装置，结构简单，体积小，方便灵活，且燃料来源丰富，价格便宜，便于携带与储存，采用燃料电池作为移动电源，现已成为国际上研究与开发的热点。作为便携式小型电源，其可用于手机、笔记本电脑、掌上电脑等电子产品当中。摩托罗拉及美国洛斯阿拉莫斯国家实验室联合开发了一种微型甲醇燃料电池，预计这种电池将取代目前使用的传统电池，被各种各样的电子产品用作电源，包括手机、笔记本电脑、手持式照相机、电子游戏机等。

(4) 航天领域

早在 20 世纪 60 年代，燃料电池就成功地应用于航天技术，这种轻质、高效的动力源一直是美国航天技术的首选。以燃料电池为动力的 Gemin 宇宙飞船 1965 年研制成功，采用的是聚苯乙烯磺酸膜，完成了 8 天的飞行。由于这种聚苯乙烯磺酸膜稳定性较差，后来在 Apollo 宇宙飞船采用了碱性电解质燃料电池，总计完成了 18 次飞行任务，累积运行超过了 10000h，表现出良好的可靠性与安全性，从此开启了燃料电池航天应用的新纪元。除了宇宙飞船外，燃料电池在航天飞机上的应用是航天史上又一成功的范例。美国航天飞机载有 3 个额定功率为 12kW 的碱性燃料电池，每个电堆包含 96 节单电池，输出电压为 28V，效率超过 70%。单个电堆可以独立工作，确保航天飞机安全返航，采用的是液氢、液氧系统，燃料电池产生的水可以供航天员饮用。

(5) 潜艇方面

燃料电池作为潜艇 AIP（air-independent pro-pulsion）动力源，从 2002 年第一艘燃料电池 AIP 潜艇下水至今已经有 6 艘在役，还有一些 FC-AIP 潜艇在建造中。此外，燃料电池在一些传感器、医疗用具、智能化机器人等方面也有一些应用。

7.5　小　结

我国燃料电池研究始于 20 世纪 50 年代末，70 年代国内的燃料电池研究出现了第一次高峰，主要是国家投资的航天用 AFC，如氨/空气燃料电池、肼/空气燃料电池、乙二醇/空气燃料电池等。本章主要从工作原理、电池分类及应用等方面介绍了燃料电池的相关知识。可以看出，我国燃料电池经过近半个多世纪的发展，已经实现了在航天飞机、宇宙飞船及潜艇等特殊领域的应用，而民用方面由于受寿命与成本的制约，至今在电动汽车、电站、便携式电源或充电器等各行业还处于示范阶段。未来我国应大力推进燃料电池在特殊领域的应用，增强我国的国防军事实力；同时，要集中解决寿命与成本兼顾问题，从材料、部件、系统等 3 个层次进行技术改进与创新，加快燃料电池民用商业化步伐，提供高能效、环境友好的燃料电池发电技术，为建立低碳、减排、不依赖于化石能源的能量转化技术新体系做贡献。

本章思考题

[1] 燃料电池的工作原理是什么？

[2] 燃料电池的组成与分类？

[3] 有哪几种制氢方法？电解水制氢的原理是什么？

[4] 简述煤气化制氢的工艺流程，并简述原理。

[5] 天然气制氢有哪几种方式？

[6] 有哪几种储氢方式？并简述其各自的优缺点。

[7] 如何看待氢能经济和低碳经济？

◆ 参考文献 ◆

[1] 隋智通，等.燃料电池及其应用.北京：冶金工业出版社，2004.

[2] 曹殿学，等.燃料电池系统.北京：北京航空航天大学出版社，2009.

[3] 赵天寿.微型燃料电池与应用.北京：科学出版社，2011.

[4] 施皮格尔.燃料电池设计与制造.马欣，等译.北京：电子工业出版社，2008.

[5] 邓隐北，黄仁珠，吴湘，等.燃料电池的新进展.电源世界，2018，5：41-45.

[6] 李佳佳.燃料电池的发展与应用.新材料产业，2018，5：8-12.

[7] Logan B E, Hamelers B, Rozendal R, et al. Microbial fuel cells: methodology and technology. Environmental Science & Technology, 2006, 40 (17): 5181-5192.

[8] Borup R, Meyers J, Pivovar B, et al. Scientific aspects of polymer electrolyte fuel cell durability and degradation. Chemical Reviews, 2007, 107 (10): 3904-3951.

[9] Qu L, Liu Y, Baek J B, et al. Nitrogen-doped graphene as efficient metal-free electrocatalyst for oxygen reduction in fuel cells. ACS Nano, 2010, 4 (3): 1321-1326.

[10] Liu H, Song C, Zhang L, et al. A review of anode catalysis in the direct methanol fuel cell. Journal of Power Sources, 2006, 155 (2): 95-110.

[11] 刘建国，孙公权.燃料电池概述.物理，2004，2：79-84.

[12] Lefèvre M, Proietti E, Jaouen F, et al. Iron-based catalysts with improved oxygen reduction activity in polymer electrolyte fuel cells. Science, 2009, 324 (5923): 71-74.

[13] Varcoe J R, Slade R C T. Prospects for alkaline anion-exchange membranes in low temperature fuel cells. Fuel Cells, 2005, 5 (2): 187-200.

[14] Logan B E. Exoelectrogenic bacteria that power microbial fuel cells. Nature Reviews Microbiology, 2009, 7 (5): 375-381.

[15] 侯明，衣宝廉.燃料电池技术发展现状与展望.电化学，2012，18 (1)：1-13.

[16] Strasser P, Koh S, Anniyev T, et al. Lattice-strain control of the activity in dealloyed core – shell fuel cell catalysts. Nature Chemistry, 2010, 2 (6): 454-460.

[17] Schmidt-Rohr K, Chen Q. Parallel cylindrical water nanochannels in Nafion fuel-cell membranes. Nature Materials, 2008, 7 (1): 75-83.

[18] Seger B, Kamat P V. Electrocatalytically active graphene-platinum nanocomposites. role of 2-D carbon support in PEM fuel cells. The Journal of Physical Chemistry C, 2009, 113 (19): 7990-7995.

[19] Bianchini C, Shen P K. Palladium-based electrocatalysts for alcohol oxidation in half cells and in direct alcohol fuel

cells. Chemical Reviews, 2009, 109 (9): 4183-4206.

[20] Debe M K. Electrocatalyst approaches and challenges for automotive fuel cells. Nature, 2012, 486 (7401): 43-51.

[21] Wang Y, Chen K S, Mishler J, et al. A review of polymer electrolyte membrane fuel cells: technology, applications, and needs on fundamental research. Applied Energy, 2011, 88 (4): 981-1007.

[22] Zhang H, Chung H T, Cullen D A, et al. High-performance fuel cell cathodes exclusively containing atomically dispersed iron active sites. Energy & Environmental Science, 2019, 12 (8): 2548-2558.

[23] Yarlagadda V, Carpenter M K, Moylan T E, et al. Boosting fuel cell performance with accessible carbon mesopores. ACS Energy Letters, 2018, 3 (3): 618-621.

[24] Wang S, Jiang S P. Prospects of fuel cell technologies. National Science Review, 2017, 4 (2): 163-166.

[25] Wang W, Lv F, Lei B, et al. Tuning nanowires and nanotubes for efficient fuel-cell electrocatalysis. Advanced Materials, 2016, 28 (46): 10117-10141.

[26] Zheng J, Zhang W, Zhang J, et al. Recent advances in nanostructured transition metal nitrides for fuel cells. [2020-03-02]. Journal of Materials Chemistry A, 2020, DOI: 10.1039/d0ta06995g.

第8章
超级电容器

本章学习重点

◇ 掌握超级电容器的发展及制备工艺。
◇ 掌握超级电容器的分类及储能原理。

8.1 超级电容器及其发展历史

随着现代技术的飞速发展，有越来越多的能量存储装置进入到人们的生活中。超级电容器作为一种新型的储能元件已经引起人们的广泛关注，并进行了大量的研究。

在与电能存储研究有关的历史事件中，莱顿瓶（Leyden jar）的出现和开发占有重要的地位，被认为是最早的电容器。18世纪中叶荷兰莱顿（Leyden）地区的 Dean Kleist 和 Kamin 以及波罗的海沿岸波美拉尼亚（Pomerania）地区的 Musschenbroek 等人几乎在同一时期发明，并以其发明地命名为"莱顿瓶"。早期的莱顿瓶由一个玻璃瓶构成（图 8.1），玻璃内装有酸性电解液作为导体并与电极相接触，玻璃瓶的表面贴一层金属箔，中间的玻璃作为介电材料。

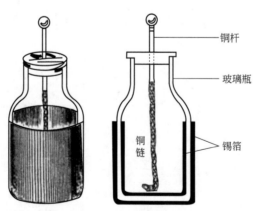

图 8.1　莱顿瓶

通过对莱顿瓶的研究，人们发现了电荷分离及存储在电极和电解液界面上的原理。后来经过改进，就形成了现在的电容器，即金属箔贴在玻璃的两侧；或者由坚硬的金属板构成，中间被真空或空气（空气电容器）隔开，也可以用云母或聚苯乙烯膜隔开。

　　人类在 1745 年就知道了电能能够存储在电容器中的原理。美国通用公司的 Becker 利用这一原理，将大量电能存储在物质表面，能够像电池一样用于实际应用，并于 1957 年申请了第一个这方面的专利。自 Becker 之后，1962 年美国标准石油公司（Sohio）开始开发利用高表面积碳材料的双层电容器，但使用的是溶有四羟基铵盐的非水溶剂。因为非水溶剂的分解电压高于水溶液电解质，所以这类体系能够提供较高的工作电压和较宽的电压窗口，从而能提高电荷密度和较高的比能量存储。后来其将该技术转让给日本的 NEC 公司。1979 年日本 NEC 开始致力于生产超级电容器，并将其应用于电动汽车的电池启动系统，推动了超级电容器的大规模商业应用。1971 年意大利的 Trasatti 和 Bugganca 发现了二氧化钌（RuO_2）膜的充电行为与电容器相似的现象。直至 1975 年，Conway 首次研究了法拉第准电容储能原理。此后，人们开始将金属氧化物或氮化物作为超级电容器的电极活性物质。20 世纪 70～80 年代日本 NEC 与 Panasonic、美国 Pinnacle Research Institute 等研制和生产了多种超级电容器，并且把它们用于记忆备用电源、激光武器、导弹制导系统电源等。1985 年日本 NEC 首次实现产业化，推出了百法级的超级电容器产品。1990 年 Giner 公司推出了 RuO_x/碳/镍的超级电容器。1991 年日本 NEC 研制出了 1000 F/5.5V、储能约 6kJ 的活性炭超级电容器组，单体器件的工作电压约为 0.9V。1999 年 Conway 发表了专著《电化学超级电容器》。20 世纪 80 年代中国开始研究超级电容器。

　　在上述利用表面存储电能装置的发展进程中，人们分别使用了许多不同的名称，如双电层电容器（electrical double-layer capacitor）、动电电容器（electrokinetic capacitor）、准电容器/赝电容器（pseudocapacitor）、金电容器（gold capacitor）和超级电容器（supercapacitor 或 ultracapacitor）。其中，超级电容器是研究者和企业界最喜爱的称呼，本书统称为超级电容器。

　　超级电容器在充电的电极/溶液界面处存在着电双层，且这种双层电容的充放电不涉及相变和化学组成的变化，双层充放电时，仅仅需要电子通过外电路在电极表面进出和电解质阴阳离子从溶液内部迁移到充电界面。因此这种电容器具有高度的循环使用能力，能够达到大约 10^5 次。表 8.1 总结了超级电容器与普通电容器、二次电池的各自能量存储优点和缺点。

表 8.1　超级电容器与普通电容器、二次电池的性能比较

项目	普通电容器	超级电容器	二次电池
功率密度/(W/kg)	$10^4 \sim 10^6$	$10^2 \sim 10^4$	<500
能量密度/(W·h/kg)	<0.2	$0.2 \sim 20$	$20 \sim 200$
循环寿命/次	$>10^5$	$>10^5$	$<10^3$
充电时间	$10^{-6} \sim 10^{-3}$ s	$0.3 \sim 30$ s	$1 \sim 5$ h
放电时间	$10^{-6} \sim 10^{-3}$ s	$0.3 \sim 30$ s	$0.3 \sim 3$ h
充放电效率/%	>95	$85 \sim 98$	$70 \sim 85$

　　超级电容器以使用寿命长、温度特性好、系统简单、造价便宜等优异的特性扬长避短，可以部分替代传统的化学电池用于车辆的牵引电源和启动能源，因而具有更加广泛的用途。正因为如此，世界各国（特别是西方发达国家）都不遗余力地对超级电容器进行研究与开发。

　　其中美国、日本和俄罗斯等国家不仅在研发生产上走在前面，而且还建立了专门的国家管理机构（如：美国的 USABC、日本的 SUN、俄罗斯的 REVA 等），制定国家发展计划，由国家投入巨资和人力，积极推进。德国、法国、英国、澳大利亚、韩国等国家也在急起直

追，目前各国推广应用超级电容器的领域已相当广泛。在我国推广使用超级电容器，能够减少石油消耗，减轻对石油进口的依赖，有利于国家石油安全；有效地解决城市尾气污染和铅酸电池污染问题；有利于解决战车的低温启动问题。目前，国内主要有 10 余家企业如上海奥威、北京合众汇能、哈尔滨巨容新能源等都在进行超级电容器的研发。

8.2 超级电容器的分类

超级电容器是一种基于双电层吸附、表面的氧化还原反应或体相内离子的快速插入/脱出来实现储能的新型储能器件。根据电能的储存与转化机理不同，超级电容器可以分为三种：第一种是将电荷存储在电极/电解质溶液界面处双电层中，如以高比表面积碳为电极材料的超级电容器；第二种是利用发生在电极表面的二维或准二维快速高度可逆法拉第反应存储电荷，一般以过渡金属氧化物和导电聚合物为电极材料，典型代表为 RuO_2 和聚苯胺等；第三种即以赝电容和双电层电容材料分别为正负极的混合型电容器。

电化学超级电容器的工作原理是以平行板静电电容器作为基础的。如图 8.2 所示，传统电容器电能的储存来源于电荷在两极板上聚集而产生电场。

平行板电容器的静电电容计算公式为：

$$C = \frac{\varepsilon_r \varepsilon_0 A}{d}$$

ε_r 是两极板材料的相对介电常数；ε_0 是真空介电常数；A 是电极板的正对面积；d 是两极板的距离。由公式可见，电容值取决于三个因素，即极板材料的介电常数、两极板的面积及两极板的距离。下面是三种不同的电化学超级电容器能量的储存与转化机理的详细介绍。

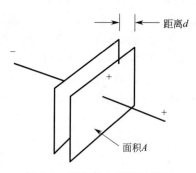

图 8.2 平行板电容器示意图

8.2.1 双电层电容器

双电层电容器主要是通过电极/界面双电层储存电荷的。由于电极表面不发生法拉第氧化还原反应，从电化学观点看，这种电极属于完全极化电极，这类表面储能机理允许非常快的能量储存和释放，具有很好的功率特性和循环稳定性。

关于双电层的代表理论和模型有 Helmhotz 模型、Goy-Chapman 模型和 Stern 模型，其中以 Helmhotz 模型最为简单，可以充分说明双电层电容器的工作原理。早在 1879 年德国亥姆霍兹（Helmhotz）就提出了双电层理论。该模型认为金属电极与电解液接触时，金属表面上的净电荷将从溶液中吸引部分不规则分配的带异种电荷的离子，使它们在电极-溶液界面的溶液一侧离电极一定距离排成一排，形成一个电荷数量与电极表面剩余电荷数量相等但符号相反的界面层。典型的双电层电容器工作原理如图 8.3 所示。电极-溶液界面由两个电荷层组成，一层在电极上，另一层在溶液中，因此称为双电层。对电容充电时，电子通过外加电源从正极转移到负极，溶液中的阴、阳离子分别向正、负电极移动。到达电极表面后，能量以电荷的形式存储在电极材料与电解液的界面之间；当充电完成外加电源撤销后，由于电极上所带电荷和溶液中相反电性离子之间的静电引力，离子不会迁移回溶液本体，使得双电层稳定，正负极间的电压能够得以保持。电容放电时，外加电路将正负电极连通，电子通过负载从负极返回正极，阴、阳离子则从电极表面返回电解液中。电荷存储/释放的整个过程是电荷的物理迁移过程，没有发生化学反应。

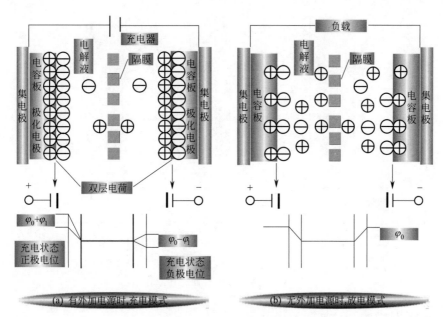

图 8.3 双电层电容器工作原理图

双电层电容器的容量计算公式为：$E = 1/2CV^2$。式中，E 为电容器的储能大小；C 为电容器的电容量；V 为电容器的工作电压。双层电容器存储的电量与电极的表面积存在一定的比例关系，电极的表面积越大，孔体积越大，其电容量就越大。因此双层电容器绝大多数选择碳基体作为电极材料，以活性炭为例，由于其具有极大比表面积（$>2000\mathrm{m}^2/\mathrm{g}$）和纳米级的双电层电荷间距，所以其电容量是传统电容器的（$10\sim100$）万倍。关于双电层超级电容器的碳材料研究将在后续做详细介绍。

8.2.2 赝电容电容器

法拉第赝电容，又称为氧化还原电容，是通过在电极体相中或表面的二维或准二维空间上，进行电活性物质欠电位沉积，电化学活性物质的单分子层或类单分子层随着电荷转移，在基体上发生高度可逆的氧化还原反应或化学吸附/脱附，产生与电极充电电位有关的电容。此过程为动力学可逆过程。

典型赝电容电容器工作原理如图 8.4 所示。电容充放电过程中，其电极活性物质发生电子传递的法拉第反应，表现出如下特征：①电容电极上的电压与电量关系接近线性；②当电容电极外加线性电压时，充放电电流值或电容变化接近常量。产生法拉第赝电容的过程不仅发生在电极表面，也发生在电极内部。其最大充放电性能由电活性物质表面的离子取向和电荷转移速度控制，由于电荷转移的速度很快，可在短时间内完成，因此在电极面积相同的情况下，法拉第赝电容量可以是双层电容的 $10\sim100$ 倍。

法拉第赝电容是由电极与电解质离子发生氧化还原反应所产生的电容特性，因此该特性同电极材料的电化学活性和动力学特性有关，增强离子和电子在电极与电极/电解质界面的传输动力是至关重要的。目前提高电化学电容器的能量密度大多数从以下两个方面入手：①选择具有良好导电性且具有多孔结构的材料作为电极材料；②优化电极材料结构，根据其能量存储机理设计能量存储装置。法拉第赝电容电极材料以过渡金属氧化物和导电聚合物为主。

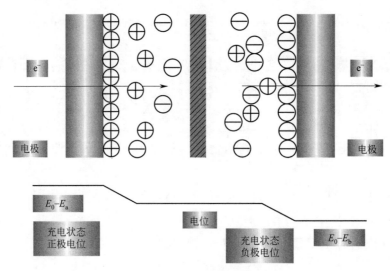

图 8.4　赝电容电容器工作原理

8.2.3　混合型超级电容器

目前许多工作者致力于提高超级电容器能量密度的研究工作，其中一个有效的途径是提高电容器电极材料的比电容；另一个有效途径则是应用不对称混合型电容器体系。在混合超级电容器体系中，通常一极使用活性碳电极材料，依靠双电层储能机理进行能量存储；而另一极采用赝电容电极材料或电池材料，利用电化学反应进行能量存储和转化。

混合型超级电容器的两个电极分别采用不同的储能机理，其中一个电极选用赝电容类或二次电池类电极材料，另一电极选用双电层电容类碳材料。因此混合型电容器可同时具有法拉第赝电容器或二次电池的高能量密度和双电层电容器的高功率密度。另外由于正负两电极的储能原理不同，混合型超级电容器集中了双电层电容和赝电容的双重性质。在该体系中，电容器的充放电速度、循环寿命、功率密度、内阻等性能主要受控于赝电容电极材料的本征电化学性质。正负极合理的材料适配和质量匹配也是影响混合型超级电容器性能的重要因素。相比于对称型电容器，混合型电容器中不对称两电极之间的结合会产生更高的工作电压，因此混合型超级电容器的能量密度远大于双电层电容器和单纯的赝电容器。因而当前混合型电容器是电容器领域研究的又一个热点。

锂离子电容器（lithium ion capacitor，LIC）是一种新型的混合型超级电容器，正极采用类似于 EDLC 电极材料的活性炭，负极采用锂离子电池负极炭材料。通过金属 Li 在充电过程中的预掺杂降低负极电位，由于负极材料比电容明显高于正极材料比电容，因此在放电过程负极电位仍旧能够保持在较低的电位从而提高混合型超级电容器的工作电压。

锂离子电容器与锂离子电池材料构成上的不同主要表现在正极方面。锂离子电容器的正极是活性炭，这与锂电池的锂氧化物不同。锂离子电容器的负极采用碳材料，电解液采用锂离子有机物，正极通过双电层蓄电，负极由锂离子的氧化还原反应而蓄电。锂离子电容器的能量密度小于锂离子电池，但输出密度高；单体体积的能量密度为 $10\sim15\mathrm{W\cdot h/L}$，较双电层电容器的 $2\sim8\mathrm{W\cdot h/L}$ 的容量大得多，是后者的 2 倍左右。在电压方面，锂离子电容器的最高电压可达到 4V，与锂离子电池相近，而比双电层电容器高出许多，同时在自放电方面比二者都小。锂离子电容器的正极是活性炭，即使内部短路，会与负极发生反应，但不会与电解液反应，理论上，这比锂电池安全得多。

8.2.4　微型超级电容器

随着小型化、智能化电子设备的快速发展，对储能器件的要求也向着小型化、柔性化、可集成的方向发展。微型超级电容器（micro-supercapacitors，MSCs）作为一种微型的储能元件，具有体积小、充放电速度快、循环寿命长和功率密度大的优点，在微电子产品领域极具前景。

微型超级电容器中主要存在两种不同类型的电化学行为。一种为双电层电容储能，即与电极-电解液界面上形成的双电层紧密相关，充放电时不存在任何相变和成分变化，只包含有离子吸附与脱附的发生；另一种则遵循赝电容储能机理，电容是转移电荷与电势的微分。此部分内容已在本小结中的双电层电容器及赝电容电容器中详细叙述，该处不予赘述。

最早的微型超级电容器是一种三明治结构，如图 8.5(a) 所示。三明治结构主要由两个厚度在微米尺寸的薄膜电极和电解液堆叠而成。结构简单，易于低成本地大规模生产。然而在实际应用中，这种二维电极较小的厚度极大限制了器件的容量。通过增加厚度增大容量则会影响电极的功率密度。进一步的研究发现，具有平面叉指结构的微型超级电容器性能表现更佳。它是由若干微米尺度的正负极、液/固相电解液、导电集流体和不导电基底组成，如图 8.5(b) 所示。平面叉指结构微型超级电容器很容易与微型器件集成，适合高产量制备，并且这种结构能够提供较短的离子传输距离，基于二维材料的微型超级电容器将具有明显的优势。

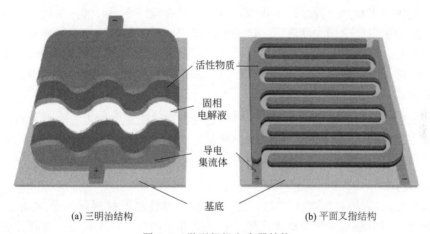

活性物质

固相电解液

导电集流体

基底

(a) 三明治结构　　　　　　　　(b) 平面叉指结构

图 8.5　微型超级电容器结构

由于平面叉指结构电极组成的微型超级电容器具有更加优秀的性能表现，目前许多已报道的高性能微型超级电容器主要都采用了这种器件结构。制备平面叉指型微型超级电容器的方法有许多，举例如下：

（1）光刻法

光刻法由于其体系成熟、分辨率高并良好地兼容传统半导体技术而被广泛用于制造微纳米器件。通过光刻法可以获得指定形貌的叉指型电极。其优点为制备的电极图案更加精细、尺寸更小。但是光刻法的缺点也很明显，主要表现在成本高、工艺烦琐上。

（2）喷墨印刷法

喷墨印刷法是指将活性物质分散到悬浮液或者黏性溶剂中，然后通过印刷和沉积的方法在基板表面上获得叉指型电极。对于喷墨印刷，具有良好流动性的墨水是关键，不适宜的墨水会堵住喷嘴。尽管所得到图案分辨率较低，但墨水打印仍然是制造微型超级电容器的有效方法。

（3）丝网印刷法

丝网印刷法是指直接将电极材料制成的油墨丝网印刷到已经固定了特定平面叉指结构模板的基底上。这种方法简单，且制备效率高。但对电极材料与基底结合力要求较高，如匹配不合适，器件易于破损，且电极尺寸较大。

（4）激光加工法

激光技术由于其具有灵活、简单且无模板的优点，已发展成为一种非常有吸引力的用于平面叉指型微型超级电容器的制造方法。常用到的激光加工法包括激光刻蚀法以及激光还原法：激光刻蚀法是通过功率较高的激光，直接将制备的电极材料或者薄膜刻蚀成叉指电极的结构，由于适合的激光功率，电极材料被完全刻蚀，而基底保持着原有的性质。如果使用精度更高的激光器，能够将器件尺寸做得更加精细和微小。这种方法能够高效地制备叉指电极，并且不需要模板，尺寸设计较为灵活，成本较低；激光还原法是利用激光直接将氧化石墨烯或者聚酰亚胺薄膜还原为石墨烯，未被还原的地方不导电并充当电极间的隔离部分。激光还原法作为一种低成本、简单、可挖掘性强的方法被科研工作者广泛地使用在微电容领域。

（5）等离子刻蚀法

等离子刻蚀技术也是一种微加工技术，其原理是在低压强下，气体受激发产生的等离子体，携带足够的能量去刻蚀样品表面。这种方法要求电极叉指结构上的材料具有良好的刻蚀选择性，例如在薄膜电极材料上先利用模具协助溅射叉指结构的金，之后再通过离子刻蚀法把没有覆盖金的地方刻蚀掉。这种方法的缺点是需要一台等离子刻蚀机，成本相对较高。

（6）真空抽滤法

真空抽滤法同样需要叉指模板，将模板放在抽滤膜之上，抽滤电极材料即可。这种方法的优点是成本低、使用简便，但缺点也非常明显，对电极材料要求限制较多，需要对材料进行转移，且由于真空抽滤的限制，电极尺寸较大。

（7）3D打印法

3D打印，也称为增材制造（AM），是指根据模型数据通过逐层堆叠来制造3D对象。该技术在复合材料的制造中具有许多优势，包括高几何精度、成本效益。与其他生产方法相比，3D打印技术在3D电极材料的生产中具有独特的优势。更重要的是，该方法可以创建高精度的电极图案，并在有限的区域内增加电极材料的表面积。因此，所制造的微型超级电容器装置表现出优异的电化学性能。

在实际应用中，平面微型超级电容器的储能设备可以用作独立电源，也可以与能量收集器结合使用，以增强的功能和集成能力为各种物联网（IoT）供电。主要应用领域包括能量存储设备、可折叠传感器、交流（AC）线路滤波等。此外，微型超级电容器可以并联或串联集成，以满足所需应用的容量、电压和电流要求。以下是其应用的详细说明：

（1）能量存储设备

作为能量存储设备，平面微型超级电容器可以与能量收集设备集成在一起，以直接使用或存储所收集的能量。摩擦电纳米发电机（TENG）能够通过静电感应和接触电的耦合效应收集周围的机械能。有研究者将TENG的能量收集装置与微型超级电容器集成在一起，可有效地将机械能转化为电能。当TENG装置与人体皮肤接触时可产生电能，然后对微型超级电容器进行充电。此外，硅橡胶与固体电解质结合的假体皮肤材料对人体具有生物相容性，可用于可穿戴/可植入传感器。

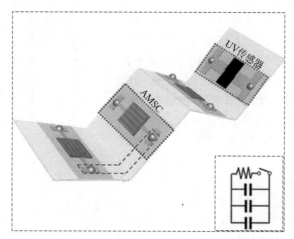

图8.6　带有紫外线传感器的可折叠微型超级电容器阵列

（2）可折叠传感器

有研究者报道了一种可折叠传感器系统，如图8.6所示。该系统集成了紫外线传感器及由 MnO_2 纳米球的正极和 V_2O_5 的负极组成的不对称微型超级电容器。通过将液态镓铟锡合金作为黏结剂，将不对称微型超级电容器集成在防水的矿物纸上，并表现出出色的机械稳定性。

（3）交流线路滤波

作为铝电解电容器（AECs）的替代品，微型超级电容器表现出了交流线路滤波的潜力，可以为电子设备提供平滑稳定的电输入。

8.3　超级电容器的组成及特点

8.3.1　超级电容器的组成

超级电容器主要有两种结构形式。一种是三明治叠层结构的纽扣式电容器；另一种是将电极片和隔膜卷绕起来形成的卷绕式电容器。两种电容器各有优缺点。卷绕式电容器电极易于制备，且可以容纳大面积电极，但是封装密度低，且多个电容器单元串联时占用空间较大，难以在较小的体积内获得较高的工作电位。纽扣式电容器的封装密度高，而且其形状和结构便于多个电容器的串联以满足对高电压的需要，但难以容纳大面积电极，而且封装外壳需要承受较大压力。以卷绕式电容器为例，超级电容器主要包括以下几个部分：工作电极、电解液、隔膜以及集流体。此外还有外壳、引线等附件，见图8.7所示。

（1）工作电极

通常将与电解液不反应，只在与电解液相交的界面上产生电荷存储的电极称为工作电极。超级电容器中的工作电极起着产生双电层、积累电荷的作用，是双电层电容器的关键部分，要求其具有以下基本性能：尽可能大的比表面积，以利于形成更大面积的双电层，进而增大容量；具有一定的化学惰性，不与电解液发生极化反应，易于形成稳定的双电层；电极材料的导电性好，纯度高，电极内部不易发生微反应，以减少漏电流。

其中，电极包括电极活性物质和集流体两部分。其中电极材料是整个超级电容器的核心。电化学活性物质是电极的核心部分，是进行化学能与电能之间转换的物质。按照储能机理不同，超级电容器电化学活性物质分为双电层电容材料（如碳材料）、赝电容电极材料〔如金属氧化物（氢氧化物）、导电聚合物〕以及混合型电极材料，本章将在后半部分重点介绍不同材料的制备方法、性能测定及优缺点分析。

工作电极中集流体的作用是降低电极的内阻，要求它与电极接触面积大，接触电阻小，而且耐腐蚀性强，在电解质中性能稳定，不发生化学反应。

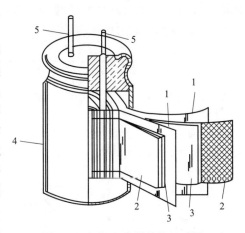

图 8.7 超级电容器结构组成图
1—隔膜；2—电极片；3—集电极；4—铝壳；5—引线

集流体的选择主要是根据所采用的电解质。通常，酸性电解质用钛材料，碱性电解质用镍材料，而有机电解液可以使用廉价的铝箔材料。泡沫镍因为具备孔隙率高、比表面积大、在碱性溶液中性能稳定等特点常被用作集流体材料。在有机电解液电容器中，通常以铝箔作为集流体。铝具有电导率高、价格低等优点，常被用作集流体材料。金属铜导电性好，稳定性强，可以取代一些贵重金属用作集流体材料。

（2）电解液（水系、有机体系、离子液体以及固态电解质）

超级电容器主要由电极材料、集流体、隔膜和电解液组成。作为超级电容器的重要组成部分，由溶剂和电解质盐构成的电解质是极为重要的研究领域，不同类型的电解液往往对超级电容器性能产生较大影响。

超级电容器对电解质的性能要求主要有以下几方面：①电导率要高，以尽可能减小超级电容器内阻，特别是大电流放电时更是如此；②电解质的电化学稳定性和化学稳定性要高，根据储存在电容器中的能量计算公式 $E=1/2CV^2$（C 为电容；V 为电容器的工作电压）可知，提高电压可以显著提高电容器中的能量；③使用温度范围要宽，以满足超级电容器的工作环境；④电解质中离子尺寸要与电极材料孔径匹配（针对电化学双层电容器）；⑤电解质要环境友好。

电解液是超级电容器的重要组成部分，目前有机超级电容器采用的电解质主要为四氟硼酸或六氟磷酸的季铵盐，混合超级电容器用锂盐做电解质，包括水系、有机体系、离子液体、固态、氧化还原等电解质。电解液主要是由溶剂、电解质和添加剂构成，其电导率对电容器的输出电流和比功率有影响；其分解电压决定着电容器的电流效率和工作电压；其使用温度影响着电容器的应用范围和使用寿命。超级电容器的电解液主要分为两大类：有机电解液和无机电解液，其中无机电解液就是一般意义上的水相电解液。通常来说，性能良好的电解液应具有电导率高、分解电压窗口宽、工作温度范围大并具有不与电极材料活性物质发生化学反应等特点。

有机电解液相比无机电解液具有较高的分解电压（通常在 2～4V），因为储存能量随 V^2 而增加，高的分解电压有利于获得高的能量密度，而且其工作温度范围较宽，对集流体不易造成腐蚀性，但是其电导率相比水系电解液小很多，因而电阻较大。目前应用于超级电容器中的电解质主要包括阳离子型的季铵盐、锂盐和季鏻盐等；阴离子型的主要有 BF_4^-、PF_6^-、

ClO_4^- 等。溶剂主要为：碳酸丙烯酯（PC）、碳酸乙烯酯（EC）、碳酸丁烯酯（BC）、乙腈（AN）等。有机电解质按一定配比溶于一定的溶剂中即成为通常意义上的有机电解液。其中四烷基铵盐由于其在非水溶液中优良的溶解能力及具有较高的电导率而成为一种优选的电解液。这其中又以 Et_4NBF_4 具有良好的综合性能，广泛应用于超级电容器中。

无机电解液即水系电解液，包括酸性电解液、碱性电解液和中性电解液。其中酸性电解液通常使用 36％ 的 H_2SO_4 水溶液；碱性电解液一般采用 KOH、NaOH 等水溶液；中性电解液多使用 KCl、NaCl、Na_2SO_4 等盐溶液。水系电解液比有机系电解液的电导率大很多，但是其电压受水分解电压的限制，造成水系电解液的分解电压通常<1.2V。此外，强酸、强碱性电解液具有强腐蚀性，易腐蚀集流体，且会造成电极材料发生缓慢氧化，这一点在很大程度上影响电容器的使用寿命，导致电容器安全性能降低。

（3）隔膜

隔膜是超级电容器的重要组成部分，在超级电容器中起着防止正/负极短路，同时在充放电过程中提供离子运输通道的作用，其性能决定了超级电容器的界面结构、内阻等，直接影响超级电容器的容量、循环性能以及安全性能等。作为电容器的隔膜还应具备以下特点：电子的绝缘体，离子的良导体；吸液保液性强；隔离性能好，机械强度高；组织成分均匀，平整，厚度一致，无机械杂质；具有一定的柔韧性。性能优异的隔膜对提高超级电容器的综合性能具有重要作用。目前超级电容器常用的隔膜材料有：聚丙烯（PP）、聚乙烯（PE）单层微孔膜、高分子半透膜、电容器纸、玻璃纤维等。隔膜的作用是在防止两个电极物理接触的同时允许离子通过。隔膜的电阻与其厚度成正比，与孔隙率成反比。为了降低电容器的串联电阻 ESR，对隔膜的要求是：超薄、高孔隙率、高强度。通常使用的材料有玻璃纤维和聚丙烯膜等。

（4）黏结剂

黏结剂又称黏合剂、胶黏剂和黏着剂等，一般为高分子聚合物。黏结剂是化学电源正负极的重要组成部分，对电极乃至整个电池的性能，如容量、循环寿命、内阻、快速充电时的内压等都有很大的影响。在电极中，黏结剂的主要作用是黏结和保持活性物质，加入适量的性能优良的黏结剂可以获得较大的容量、较长的循环寿命，而且还可能获得较低的内阻，这对提高电池的放电平台和大电流放电能力、降低快速充电时的内压、提高电池的快充能力等均有促进作用。有很多电池的失效是由于所用的黏结剂性能不好所致。聚乙烯醇（PVA）、聚偏氟乙烯（PVDF）、聚丙烯酸、聚四氟乙烯（PTFE）为超级电容器电极材料常用的黏结剂。

在电极的制作中，黏结剂的选用是很关键的，其性能的优劣直接影响电极性能的好坏。对使用的黏结剂一般要求欧姆电阻小，在电解液中性能稳定，不膨胀、不松散、不脱粉。黏结剂的加入量一般有个最佳范围。加入过少将使电极的黏结强度降低，活性物质松散，随着充放电循环的进行，活性物质会从电极上脱落，导致电池容量下降、循环性能变差，严重时会导致电池短路失效。加入过多导电性差的黏结剂，会降低电极的导电性，同时黏结剂包围着电极材料，使电极的活化变慢，增大了电极的内阻和极化，导致容量和平台电压下降，电极的大电流放电能力变差。

一般而言，在保证电极黏结强度的情况下，为使电极的性能最佳，黏结剂这样的绝缘性添加剂越少越好。而黏结剂的各种特性（如粘接力、柔韧性、耐碱性和亲水性等）又是由其本身的分子结构决定的。因此，从黏结剂分子的结构出发，探讨结构与性能的关系，对于选择和改善黏结剂，提高电容器的综合性能，具有现实意义。在电化学性能方面，可以使用恒流放电、循环伏安法和交流阻抗图谱来研究黏结剂对电极电化学性能的影响。使用恒电流放电和循环伏安法考察不同的黏结剂以及用量对电极的放电容量和放电电位的作用。利用交流阻抗图谱可以考察不同黏结剂做成的电极的各部分阻抗情况，从而了解黏结剂对电极性能的影响机理。

8.3.2 超级电容器的性能指标

能量存储元件的性能一般包括能量密度、功率密度、使用寿命、可逆性、生产成本等。

（1）电容性质

一般来说，超级电容器的电容量反映了其存储电荷的能力，主要取决于所选用电极材料的本征性质。比电容是超级电容器单位质量的电容值，直接影响电容器储能密度大小，单位 F/g。其测量方法一般有循环伏安法和恒电流充放电法。

循环伏安（cyclic voltammetry，CV）法是一种常见的电化学测试方法。在电极电位内以不同的扫描速率扫描，使其随着时间推移以三角波的形式进行一次或多次反复扫描，记录电流随电势的变化情况。根据曲线的形状可以直观判断电极表面的电化学行为，如电极反应的难易程度、吸氧特性、充放电效率、可逆性以及电极表面储能特征。

恒电流充放电（calvanostatic discharge-charge，CD）法是研究电化学性能的一种最为常用的方法，其基本原理为：使被测电容器或电极在恒电流条件下充放电，考察其电位随时间的变化规律，研究电容器或者电极的电容行为，继而计算比电容。

（2）阻抗性质

电化学交流阻抗谱技术是用于研究电极反应和反应界面的一种重要手段，能够提供有关的机理信息，包括吸/脱附、欧姆电阻、电极界面结构以及电极过程动力学等。该方法测量原理是在平衡状态下，对被测体系施加小幅度正弦波交流信号对电极进行极化，测量其电化学响应信号。

（3）能量密度

能量密度直接反映电容器储存电荷的能力，因此在评价超级电容器的性能时，能量密度是最为关键的性能指标。作为储能元件，希望超级电容器的储能密度越高越好，这样更有利于储能系统的轻型化和小型化。当超级电容器充电时，通过两个电极产生电势差而存储电荷。超级电容器理论（最大）能量密度 E 由如下公式决定：

$$E=\frac{CV^2}{2m}=\frac{QV}{2m}$$

式中，Q 代表存储的总电量。电容量 C 和工作电位窗口 V 是决定电容器储能大小的两个重要参数，很多研究工作都是围绕着这两方面进行的。由上面公式可见，超级电容器的能量密度与工作电位的二次方成正比，所以在提高电容器能量密度方面，提高工作电压比提高电容量更有效。

（4）功率密度

功率密度决定超级电容器快速充放电能力，在评价超级电容器的性能时，功率密度是很重要的指标。作为储能元件，超级电容器具有高的功率密度，有利于实现大电流快速存储/释放能量。超级电容器的功率密度由以下公式计算：

$$P=\frac{IU}{m}$$

I 是放电电流，单位为 A；U 是电容器的工作电压窗口，单位为 V；m 是活性电极材料质量，单位为 kg。

（5）循环稳定性

循环寿命在评价电容器的性能方面尤其重要。在能量存储应用领域，器件一般需要满足 1000000 次以上的充放电循环，而高的使用寿命会增加存储系统的成本。电化学电容器的优势就在于其主要依靠物理的或者近表面电极材料法拉第赝电容存储能量，因此，在理论上不会受到循环寿命的限制。但是实际由于各种电阻的存在，尤其是赝电容电容器，会大大降低其循环稳定性，因而降低内电阻成为超级电容器发展的另一个重要挑战。

8.3.3　超级电容器的特点

超级电容器是一种电容量可达数千法拉的容量极大的电容器，它具有传统电容器和蓄电池无法比拟的优点，主要有以下几点（见图 8.8）。

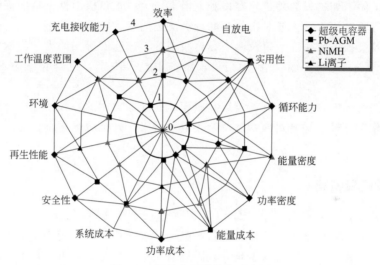

图 8.8　超级电容器特点示意图

① 容量大，超级电容器采用碳材料作为电极材料，与电解液接触面积大大增加，根据容量公式，电容器两极板间形成的面积越大，则电容量越大。目前，一般双电层电容器容量很容易超过 1F，这一发展使普通电容器的容量范围骤然跃升了 3、4 个数量级，单体超级电容器的最大电容量可达 5000F。

② 充放电寿命长，可达 5 万~50 万次，而蓄电池的充放电寿命很难超过 1000 次。

③ 充放电速度快，可在数十秒到数分钟内快速充电，而蓄电池在如此短的时间内充满电是极危险或几乎是不可能的。

④ 可提供很高的放电电流（如 2700 F 的超级电容器额定放电电流不低于 950 A，放电峰值电流可达 1680 A），一般蓄电池通常不能有如此高的放电电流，即使有一些具有高放电电流的蓄电池，在如此高的放电电流下使用寿命将大大缩短。

⑤ 超级电容器工作温度范围宽，一般在 −40~70℃下均能正常工作，而蓄电池很难在高温特别是低温环境下工作。

⑥ 超级电容器绿色环保且价格低廉，通常超级电容器使用的材料是安全无毒的，而像铅酸蓄电池、镍镉蓄电池均具有很大的毒害性。

⑦ 超级电容器在使用过程中方便可靠，可以任意并联使用以增加电容量，如采用均压后，还可以串联使用。

⑧ 超级电容器的等效串联电阻（ESR）相对常规的电容器大（例如：10F/2.5V 的一个超级电容器的 ESR 为 $110m\Omega$）。

8.4　超级电容器电极材料

超级电容器根据储能机理的不同可以分为双电层电容器、赝电容电容器和杂化电容器。电化学活性材料的电化学性能是化学电源领域研究的核心内容，活性材料的电化学性能直接决定了化学电源的性能。因此，提高电极材料本身的储能性能以及开发新型电极材料成为目前提高储能装置性能的重点。

电极活性材料的电化学性能由动力学和热力学两大因素控制。热力学因素决定活性材料电化学参数的上限，如材料的理论比容量和电极电位，以正负极活性材料的理论电极电位差为化学电源的理论电压，这主要是由材料的种类决定的。动力学因素包括活性材料进行电子交换的快慢，及交换电流密度，以及离子在材料中的扩散速度等。动力学因素体现在活性材料的实际电化学性能方面，由材料的结构、制备工艺等决定，也是化学电源领域研究的重点。

下面将按照超级电容器的分类，重点介绍超级电容器常用的几种活性电极材料，如碳基电极、金属氧化物电极、导电聚合物以及杂化电极材料，并结合电化学性能测试技术和手段进行分析。

8.4.1　碳基电极材料

正如前面所说，双电层电容器（EDLC）是通过在电极材料和电解液之间形成的双电层来存储电能的元件。双层电容器存储的电量与电极的表面积存在一定的比例关系，电极的表面积越大，孔体积越大，其电容量就越大。因此双层电容器绝大多数选择碳基体作为电极材料。可以作为双电层电容器的电极材料有多孔炭、炭纤维、碳纳米管、石墨烯等。

(1) 多孔炭

多孔炭（porous carbon）是双电层电容器中使用最多的一种电极材料，它具有原料丰富、成型性好、电化学稳定性高、技术成熟等特点。多孔炭分为活性炭、洋葱炭、碳化物衍生炭、模板炭、炭气凝胶等。多孔炭的性质直接影响超级电容器的性能，其中最为关键的几个因素是活性炭的比表面积、孔径分布、表面官能团和电导率等。

① 活性炭。活性炭作为超级电容器最常用的电极材料，一般认为其比表面积越大，其比电容就越高，所以通常可以通过使用大比表面积的活性炭来获得高比电容。但实际情况却复杂得多，大量实验表明，活性炭的比电容与其比表面积并不呈线性关系，影响的因素很多。研究表明，清洁石墨表面的双电层比电容大约为 $20\mu F/cm^2$，但实际总比表面积中仅有部分比表面积对比电容有贡献。

双电层超级电容器主要靠电解质离子进入活性炭的孔隙形成双电层来存储电荷，由于电解质离子难以进入对比表面积贡献较大的孔径过小的超细微孔，这些微孔对应的表面积就成为无效比表面积，所以，除了比表面积外，孔径分布也是一个非常重要的参数，而且不同电解质所要求的最小孔径是不一样的。G. Salitra 等研究了几种不同孔结构的活性炭在 LiCl、

NaCl 和 KCl 的水溶液及 $LiBF_4$ 和 Et_4NBF_4 的 PC 溶液中的双电层电容性能后证实了上述结论。

提高活性炭的比表面积利用率，进而提高其比电容的有效方法是增大活性炭的中孔含量。国际纯粹与应用化学学会（IUPAC）将多孔材料的孔隙分为微孔（<2nm）、中孔（2~50nm）和大孔（>50nm）三类。Lee Jinwoo 等运用模板法制备了比表面积为 $1257m^2/g$ 的中孔炭，其平均孔径为 2.3nm，制成电容器后不论在水系还是有机电解质中其比容都明显大于分子筛炭。另外，D. Y. Qu 等的研究表明，增大中孔的含量，还可以明显提高双电层电容器的功率密度，因为孔径越大，电化学吸附速率越快，这说明孔径较大的碳材料能够满足快速充放电的要求，适合制备高功率的电容器。另外，孔径分布对双电层电容器的低温比容量也有影响，具有更多 2nm 以上孔径的炭电极低温比容量减小得更慢。

此外，大量实验表明，表面有机官能团（表 8.2）对双电层电容器的性能影响非常大。有机官能团可以提高电解质对碳材料的润湿性，从而提高碳材料的比表面积利用率。同时，这些官能团在充放电过程中还可以发生氧化还原反应，产生赝电容，从而大幅度提高碳材料的比容量，但循环过程中官能团产生的赝电容不稳定。碳材料表面官能团对电容器的性能也存在负面影响，研究表明，碳材料表面官能团含量越高，材料的接触电阻越大，从而导致电容器的 ESR 也就越大；同时，官能团的法拉第副反应还会导致电容器漏电流的增大；另外，碳材料电极表面含氧量越高，电极的自然电位越高，这会导致电容器在正常工作电压下也可能发生气体析出反应，影响电容器的寿命。

表 8.2 碳材料的表面官能团

官能团	结构	官能团	结构
α-二酮	（结构式）	甲醇	（结构式）
酮	（结构式）	α-对苯二酚	（结构式）
酚	（结构式）		
羧基	（结构式）	内酯	（结构式）

活性炭的电导率是影响双电层电容器充放电性能的重要因素。首先，由于活性炭微孔孔壁上的碳含量随表面积的增大而减小，所以活性炭的电导率随其表面积的增加而降低；其次，活性炭材料的电导率与活性炭颗粒之间的接触面积密切相关；再次，活性炭颗粒的微孔以及颗粒之间的空隙中浸渍有电解质溶液，所以电解质的电导率、电解质对活性炭的浸润性以及微孔的孔径和孔深等都对电容器的电阻具有重要影响。

总之，活性炭具有原料丰富、价格低廉和比表面积高等特点，是非常具有产业化前景的一种电极材料。比表面积和孔径分布是影响活性炭电化学电容器性能的两个最重要的因素，研制同时具有高比表面积和高中孔含量的活性炭是开发兼具高能量密度和高功率密度电化学电容器的关键。

② 洋葱炭。洋葱炭是一种零维碳材料，是一种内部几乎没有孔道结构的且尺寸只有几纳米的材料。它们的比表面积一般能够达到 $500\sim600\text{m}^2/\text{g}$，并且这些比表面积能够充分地接触到电解质离子，此外还具有很高的电导性使其具有很好的大电流充放电能力，但是比容量仅仅为 $30\text{F}/\text{g}$。

③ 碳化物衍生炭。碳化物衍生炭是一种将金属碳化物中的金属去掉得到的一种碳材料，其反应一般为 $MC+n\text{Cl}_2 \rightleftharpoons \text{MCl}_{2n}+\text{C(s)}$；因为是通过化学反应将金属原子去除掉，所以碳化物衍生炭能够精确地控制其自身孔径大小，其比表面积一般在 $1000\sim3000\text{m}^2/\text{g}$。通过调节合成温度可以合成在 $0.6\sim1.1\text{nm}$ 范围内具有很窄孔径分布的 TiC-CDC 材料，具有比较高的比电容。

④ 模板炭。模板炭是通过使用硬模板剂（如氧化硅、Y 型沸石、金属氧化物等）或软模板剂为模板制备出来的一种碳材料。将炭前驱体注入硬模板剂中，然后经过高温炭化（约800℃），最后将模板剂用酸溶解掉，就可以制备出高度有序的多孔炭材料。规则孔道的模板能够精确地控制模板炭的孔尺寸和孔径分布。例如，Matsuoka 课题组利用微孔的沸石为模板制备出了具有高度统一尺寸和形貌的碳材料，其比表面积高达 $4000\text{m}^2/\text{g}$。

利用嵌段共聚物微软模板剂（P123、F127 等）和碳源混合直接炭化，同样能够制备出有序孔道的碳材料。Jin 课题组利用软木板制备出的介孔炭经过 KOH 活化后作为电容器的电极材料，其在较低扫速下的电容量高达 $250\text{F}/\text{g}$。Wang 课题组通过 Ni(OH)_2 制备出具有多级孔道的石墨化炭，微孔可用于存储电荷，介孔孔道可提高离子的传输速率，因此材料具有良好的电容性能，能量密度高达 22.9W·h/kg，功率密度为 23kW/kg。

模板炭和碳化物衍生炭都能够很好地控制其自身的孔尺寸和孔径分布，因而能够调节自身的织构参数来匹配电解质离子的大小，从而得到高性能的碳材料。虽然模板炭相比活性炭价格高一些，但是其在研究碳材料孔道与电解质离子匹配方面还是很有前景的。

⑤ 炭气凝胶。炭气凝胶是一种新型轻质纳米多孔无定形炭素材料，由 R. W. Pekala 等首先制备成功。炭气凝胶具有质轻、比表面积大、中孔发达、导电性良好、电化学性能稳定等特点。炭气凝胶作为 EDLC 电极材料可以克服使用活性炭粉末和纤维作为电极时存在的内部接触电阻大，含有大量不能被电解质浸润的微孔，比表面积得不到充分利用的问题，是制备高比能量、高比功率 EDLC 的一种电极材料。PowerStor 公司以炭气凝胶为电极材料，使用有机电解质制得的 EDLC 的电压为 3V，容量为 $7.5\text{F}/\text{g}$，比能量和比功率分别为 0.4W·h/kg 和 250W/kg。炭气凝胶虽然性能优良，但昂贵而复杂的超临界干燥设备等制约了它的商品化进程。另外炭气凝胶材料的密度偏低，影响超级电容器的体积能量密度。

碳材料典型的电化学双层电容值见表 8.3。

表 8.3 碳材料典型的电化学双层电容值

碳材料	电解质	双层电容/($\mu\text{F}/\text{cm}^2$)	备注
活性炭	10% NaCl	19	比表面积 $1200\text{m}^2/\text{g}$
炭黑	1mol/L H_2SO_4	8	比表面积 $80\sim230\text{m}^2/\text{g}$
	质量分数为 31% KOH	10	
炭纤维毡	0.51mol/L Et_4NBF_4 在碳酸丙烯中	6.9	比表面积 $1630\text{m}^2/\text{g}$
石墨（基面）	0.9mol/L NaF	3	高取向热解石墨
石墨（边缘面）		$50\sim70$	
石墨粉末	10% NaCl	35	比表面积 $4\text{m}^2/\text{g}$
石墨毡	0.168mol/L NaCl	10.7	固态面积 $630\text{m}^2/\text{g}$
玻璃炭	0.9mol/L NaF	-13	固态
炭气凝胶	4mol/L KOH	23	比表面积 $650\text{m}^2/\text{g}$

（2）碳纳米管

碳纳米管（carbon nanotubes，CNTs）是 1991 年 NEC 公司的电镜专家 Iijima 通过高分辨率电子显微镜观察电弧法制备的富勒烯时发现的一种管状新型纳米碳材料，图 8.9 为 CNTs 的结构模型。

理想的 CNTs 是由碳原子形成的石墨烯片层卷成的无缝、中空的管体，根据管中碳原子层数的不同，CNTs 可分为单壁碳纳米管（singlewalled nanotube，SWNT）和多壁碳纳米管（minglewalled nanotube，MWNT）。CNTs 的管径一般为几纳米到几十纳米，长度一般为微米量级，由于 CNTs 具有较大的长径比，因此可以将其看做准一维的量子线。CNTs 因其独特的力学、电学和化学特性而迅速成为世界范围内的研究热点之一，并在复合增强材料、场发射、

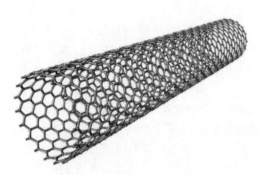

图 8.9　碳纳米管的模型图

分子电子器件和催化剂等众多领域取得了广泛的应用。

碳纳米管的比容与其结构有直接关系。研究发现比表面积较大、孔容较大和孔径尽量多地分布在 30～40nm 区域的 CNTs 具有更好的电化学容量性能；从 CNTs 的外表来看，管径为 30～40nm，管长越短、石墨化程度越低的 CNTs 的容量越大；另外 SWNTs 更适合用作双电层电容器的电极材料。由于 CNTs 的绝大部分孔径都在 2nm 以上，而 2nm 以上的孔非常有利于双电层的形成，所以 CNTs 电容器具有非常高的比表面积利用率，但由于 CNTs 的比表面积都很低，一般为 $100～400\text{m}^2/\text{g}$，所以 CNTs 的比电容都比较低。提高 CNTs 比容的最直接办法是提高其比表面积，进而提高其比容。另外，通过化学氧化或电化学氧化的方法在 CNTs 表面产生电活性官能团，利用这些表面官能团在充放电过程中产生的赝电容也可以有效提高 CNTs 的比容。

虽然 CNTs 具有诸多优点，但 CNTs 的比表面积较低，而且价格昂贵，批量生产的技术不成熟。这些缺点都限制了 CNTs 作为电化学电容器电极材料的使用。提高 CNTs 的比容对 CNTs 电化学电容器的商业化具有十分重要的意义。

（3）石墨烯

石墨烯是由一层碳原子经过 sp^2 杂化键连起来的二维片层结构，是其他各种维度碳材料的基本组成结构。石墨烯具有非常独特的物理和化学性质，如：很高的机械强度（约 1TPa）、优异的导电性和导热性、较大的比表面积（$2675\text{m}^2/\text{g}$）。因为这些出色的内在特征，石墨烯已经成为超级电容器电极材料的研究热点。

近年来，人们发展了各种各样的石墨烯材料制备方法，如：化学气相沉积法（chemical vapor deposition，CVD）、机械剥离法（micromechanical exfoliation of graphite）、氧化石墨还原法（reduction from graphene oxide，GO）等。美国西北大学 Ruoff 课题组第一次将氧化石墨（GO）用水合肼还原成石墨烯应用于超级电容器中，制成的石墨烯片层大约 15～25μm，比表面积 $705\text{m}^2/\text{g}$，表现出很好的材料导电性（约 200S/m），在水系和有机系电解液中的比电容分别为 135F/g 和 99F/g，并且随着扫速的增加，材料的电容值降低不明显。

此外，气固还原法、氢溴酸还原法、溶剂热法（如 DMF）等均可用于制备石墨烯。Ruoff 课题组通过超声处理后，剥离下来的 GO 能够很好地分散在碳酸丙烯酯溶剂中，然后

通过 150℃ 的热处理就能够将 GO 中的大部分含氧官能团去掉形成由数层石墨烯片层组成的还原氧化石墨烯的（rGO）。并且这种经过低温还原得到的 rGO 具有非常高的电导率。然后他们将还原好的溶液与四乙基四氟硼酸铵混合调浆，直接制成双电层电容器的电极片，在碳酸丙烯酯电解液中得到的电容值为 112F/g，性能好于同类电解液中的其他电极材料。

另外，根据石墨基复合物具有吸收微波辐射的特性，也可以用微波辐射的方法来制备石墨烯。通过活化得到的多孔炭材料常常用于超级电容器的电极材料，Pan 课题组利用 KOH 化学活化修饰石墨烯基材料，在 10mV/s 扫速下的硫酸钠溶液中的比电容为 136F/g。Ruoff 课题组也利用 KOH 对微波剥离下来的 GO 进行活化处理，得到的石墨基材料（MEGO）的比表面积高达 3100m^2/g，其在四氟硼酸-3-甲基-1-丁基咪唑的乙腈溶液（BMIM·BF$_4$/AN）中，在 5.7A/g 电流密度下的比电容为 166F/g。又因为这种离子液体的电压窗口为 3.5V，所以得到的电容器的能量密度高达 70W·h/kg。

然而，在溶液中对 GO 进行还原，使得 GO 表面的含氧官能团大量地消失，引起 GO 片层的静电排斥力减弱，导致最终得到的 rGO 大多是团聚在一起，比表面积很小，阻碍了电解质离子浸润到电极表面。因此，在 GO 表面引入稳定剂（如 Pt 纳米粒子）或者空间阻隔剂（炭黑、碳纳米球、碳纳米管），就能够提高材料的润湿性，提高其电化学性能。例如，大连理工大学的陆安慧课题组，利用二维薄层结构的氧化石墨烯为构筑平台，在石墨烯片层表面引入丰富微孔的多孔炭，制备了三明治型超级电容器电极材料。一方面，石墨烯材料具有单原子层厚度，电子传导快；另一方面，石墨烯两侧包覆的纳米级厚度的微孔炭层可作为电解液离子"存储仓库"，缩短了扩散路径，增强了吸附动力学和微孔利用率，提高了超级电容器的功率密度和能量密度（图 8.10）。

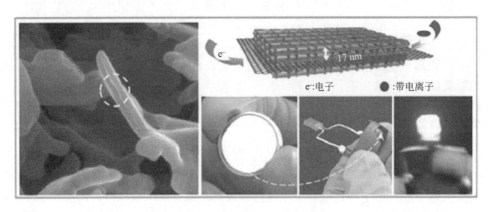

图 8.10　片层石墨烯/多孔炭复合材料用于制备超级电容器

总之，石墨烯由于其具有巨大的比表面积、优异的电子导电性、高的机械强度等优点，被认为是超级电容器的理想电极材料。但是，要把这种理想的材料用于实际中，最关键的问题在于怎样制备大尺寸高质量的石墨烯基材料。

8.4.2　金属氧化物电极材料

双电层电荷储能是碳基材料的主要储能方式，这也使得碳基电化学电容器不会具有较高的比电容。研究过程中，人们发现金属氧化物电极表面与电解液界面处会发生氧化还原反应，反应带来的法拉第电容要远高于碳基双层电容的比电容值。通常来说，金属氧化物能够提供比常规碳材料更大能量密度的超级电容器。它们不仅能够像碳材料那样靠静电引力来存储能量，而且在电极材料和电解液离子之间也能够表现出化学反应。

在二维电化学反应过程中，电化学活性物质的单分子层或类单分子层随着电荷转移，在基体上发生电吸附或电脱附，表现为电容器特性，这种电容通常称为吸附赝电容；另外，在准二维电化学反应过程中，某些电化学活性物发生氧化还原反应，形成氧化态或还原态，也表现为电容特性，这种电容通常称为氧化还原赝电容。由于在相同电极面积的情况下，氧化还原赝电容能获得的容量是双电层电容的 $10\sim100$ 倍。近年来，赝电容电容器也逐渐成为国内外研究的重点。

在超级电容器中一般对金属氧化物的要求：①氧化物应该为电子导电性；②金属应该存在两种或者更多的氧化态并且在一系列变化过程中没有相变转化和不可逆的三维结构转变；③质子能够自由地在氧化物晶格内潜入/脱出以致使 $O_2^- \longrightarrow OH^-$。常见的混合型超级电容器工作原理如图 8.11 所示。

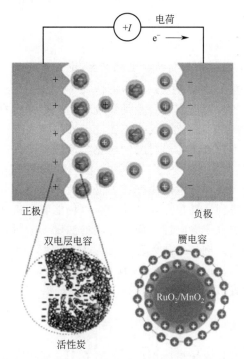

图 8.11　混合型超级电容器工作原理图（正极：多孔炭；负极：金属氧化物）

在过渡金属氧化物中，RuO_2 是被研究最广泛的。它具有以下优点：较宽的电压窗口、高度可逆的氧化还原反应、三个明显的氧化态、高度的质子电导率、大的比电容、好的热稳定性、长的循环寿命和快速充放电性能。在 RuO_2 电极内部，双电层充电仅仅贡献了电容值的 10% 左右，剩余的就是赝电容在起作用。

RuO_2 在酸和碱中的赝电容行为涉及不同的氧化还原反应，因此对氧化物的结晶度有不同的要求。例如，在 150℃下煅烧制备的无定形 RuO_2 材料在 H_2SO_4 中的最大电容值为 720F/g。在 200℃下煅烧制备的晶态 RuO_2 材料在 KOH 中的最大电容值为 710F/g。下面是列出的相应的机理。在酸性溶液中，反应方程式为：

$$RuO_2 + xH^+ + xe^- \Longleftrightarrow RuO_{2-x}(OH)_x$$

RuO_2 颗粒表面先是静电吸附质子并且伴随着快速可逆的电荷转移，Ru 的氧化态就从 Ru（2）变为 Ru（4）。相反在碱性溶液中，RuO_2 中 Ru 的化合价变化就大不相同。在碳/

Ru 复合物中，充电状态时 Ru 被氧化成 RuO_4^-，RuO_4^{2-} 和 RuO_4，并且当放电状态时，这些高价态的复合物就会被还原成 RuO_2。

无论使用哪种电解质，影响 RuO_2 电化学性能的因素有以下几个方面：

（1）比表面积

RuO_x 的赝电容主要来自表面反应。比表面积越高，金属中心就越多，越能够产生更高的比电容。显然，提高比电容的最好方法就是提高 RuO_x 的比表面积。通常有几种方法可以提高 RuO_x 的比表面积，例如：将 RuO_2 沉积在具有粗糙表面的基底上、在高比表面积的材料上包覆一层 RuO_2 膜、制备成纳米尺寸的氧化物电极等。$RuO_2 \cdot xH_2O$ 电沉积到粗糙的 Ti 基底上表现出高度可逆的特征、优异的循环稳定性和大功率性能。$RuO_2 \cdot xH_2O$ 最大的比电容为 786F/g。利用多元醇的特性可制备具有非常均一且尺寸小的金属颗粒和高度分散在炭表面的金属颗粒，这种材料的电容值达 914F/g。将 $RuO_2 \cdot xH_2O$ 制作成为纳米管状排列，则比电容可高达 1300F/g。

（2）结晶度

$RuO_2 \cdot xH_2O$ 的赝电容行为与其结晶度也紧密相关。结晶度比较好的材料很难收缩和膨胀，所以这种性质就阻止了质子进入到材料的体相中，进而导致扩散影响，从而结晶度好的材料的快速连续可逆的法拉第反应就会受到影响，因此，这种材料的比电容值主要来自氧化物的表面。相反，无定形材料的化学反应不仅能够发生在表面，而且能够发生在颗粒的体相内部。这也同时说明了为什么无定形材料的电化学性能要比晶态材料的更好。

$RuO_2 \cdot xH_2O$ 的结晶度主要依赖于其合成方法。通过气相步骤合成的 $RuO_2 \cdot xH_2O$ 要比通过溶液合成的材料具有更好的结晶度和更低的比电容值。其次是温度影响。尽管在较低的热处理温度下也能够得到活性位点，即使结合水仍能够保持在氧化物晶格内，但是它们活性很低而使其具有较低的电子导电性。而在更高的温度下进行热处理，活性位点的数量就会降低并且结晶水也会失掉。例如当热处理温度为 175℃时，由于氧化物晶相的形成从而使得材料的比电容值急剧下降。Kim 和 Popov 团队通过研究证实了这种趋势。总而言之，无序度是提高氧化物材料电容值的关键因素。在 150℃左右是 RuO_2 保持无定形化和保有结合水的最理想热处理温度。

（3）颗粒尺寸

尺寸很小的颗粒不仅能够缩短扩散距离，同时有利于质子在 RuO_2 体相内部的转移从而提高氧化物的电容值和增多电化学活性位点。因此，颗粒的尺寸越小，材料的质量比电容值和利用率就越大。例如，假设颗粒是球状的（氧化还原反应只发生在距离颗粒表面 2nm 的深度处），当这个颗粒的直径为 10nm，那么，这个颗粒只有 49% 的体积贡献了全部容量。然而，对于只有 3nm 直径的颗粒来讲，这个值就会高达 96%。因此关键的一点就是，将 $RuO_2 \cdot xH_2O$ 制备成纳米级的颗粒，并且保持材料良好的电子导电性和质子导电性。例如，用简单的超临界流体沉积的方法将晶态的 $RuO_2 \cdot xH_2O$ 附着在 CNTs 上，其电容量就会高达 900F/g，非常接近理论值了。将 RuO_2 制成纳米结构就会增加其比表面积和扩散的路径，这样材料的比电容值高达 1300F/g。同时，氧化物有序介孔的出现也能够导致电解液更好地扩散到材料的内部，然后就提高了材料的氧化还原反应的活性，从而导致更高的电容值。

依据不同的预处理方法，$RuO_2 \cdot xH_2O$ 的尺寸控制可以通过多种途径来实现。如溶胶-凝胶法、模板法等。尽管 RuO_2 具有非常高的比电容、长的循环寿命、高的电导率、非常好的电化学可逆性以及很快的充放电速率，是最具有前景的赝电容电极材料。但由于 Ru 资源匮乏，成本昂贵，很难成为商业产品的原材料。基于成本考虑，替代 RuO_2 的材料研究已经成为国内外研究的热点，研究的材料主要包括：NiO、MnO_2、Co_2O_3、$MnFe_2O_4$、Fe_3O_4、V_2O_5 和多孔硅等，研究的主要方向集中在提供高循环特性和比电容值两方面。

研究较多的另一种较丰富的金属氧化物是 MnO_2，通常使用的电解质为 KCl 或 Na_2SO_4 水溶液。MnO_2 在这些电解质中形成赝电容的氧化还原反应通常为：

$$MnO_2 + H^+ + e^- \Longrightarrow MnOOH$$

Pang 等以 $KMnO_4$ 氧化高氯酸锰合成 MnO_2 凝胶，用浸渍方法制备的 MnO_2 薄膜的比容达到 698F/g。此外，其他氧化物如 NiO、CoO 和 V_2O_5 等都有研究。但非贵金属作为电化学电容器电极材料离实用化还有一段的距离。

8.4.3 导电聚合物电极材料

导电聚合物也是用于制备法拉第赝电容电极的主要材料。自 1977 年导电聚合物问世以来，人们对它的研究一直非常关注。以导电聚合物为电化学电容器的电极材料，主要是利用其掺杂-去掺杂电荷的能力。依据方式不同，可分为 p-掺杂和 n-掺杂。聚合物电极发生电化学 p-掺杂时，电子从聚合物骨架通过集流体流向外电路，使电极带正电，为保持电中性，电解质溶液中的阴离子向电极迁移并进入聚合物的网络结构；和 p-掺杂相反，发生 n-掺杂时，电子从外电路流向聚合物电极，同时电解质溶液中的阳离子向电极表面迁移。去掺杂过程与掺杂过程正好相反。大多数聚合物都可以进行 p-掺杂和相应的去掺杂过程，而且掺杂电位大多位于电解质溶液的分解电位范围之内，然而，只有少数几种聚合物可以发生 n-掺杂和相应的去掺杂过程，而且，该掺杂过程在很高的阴极还原电位下发生，这要求电解质在该电位下不发生分解。

A. Rudge 等将导电聚合物电化学电容器分为三类。一型聚合物电容器的两个电极由完全相同的 p-掺杂聚合物构成，当电容器为满充电状态时，其中一个电极为"掺杂"状态，另一个电极为"去掺杂"状态，电容器工作电压一般为 0.8～1V。电容器放电时，"掺杂"状态电极发生还原反应，而"去掺杂"状态电极发生氧化反应，当两个电极都处于"半掺杂"状态时，极间电势为零，电容器放电完毕。因此，放电完毕时"掺杂"电极中的电荷仅放出了一半，无法彻底利用材料的容量，而且该种电容器的电压偏低。用于一型聚合物电容器的聚合物有聚苯胺（polyaniline，PAN）、聚吡咯（PPy）和聚 3,4-亚乙基二氧噻吩［poly(3,4-ethyl-endioxythiophene)，PEDOT］等。A. Rudge 等研究的一型聚合物电容器的比能量、比功率分别可达 11W·h/kg 和 2.5kW/kg。

二型聚合物电容器是由两种不同的 p-掺杂聚合物构成的电容器。虽然二者都为 p-掺杂聚合物，但是如果二者的工作电位范围有一定的差距，则仍可以有效地拓宽电容器的工作电位窗口（一般为 1.5V）。与一型相比，二型聚合物电容器不仅具有更高的工作电压，而且具有更大的能量密度，如由 PANI 和 Ppy 制备的二型全固态聚合物电容器的比能量可达 14W·h/kg。由 Ppy 和 PMET 组装的二型全固态聚合物电容器也有很好的效果。二型聚合物电容器的不足之处在于由于区分了正极和负极，电容器无法进行反向充电，这限制了电容器的应用，对电容器的循环寿命也有影响。

三型聚合物电容器是两电极采用能同时进行 p-或 n-掺杂聚合物的对称电化学电容器，在充电状态下，电容器的一个电极处于完全 p-掺杂状态，另一个电极处于完全 n-掺杂状态，从而使两电极间的电压进一步提高到 3～3.2V，而且由于掺杂电荷可以在放电过程中完全释放，进一步提高了体系的能量密度。A. Rudge 使用聚 3-（4-氟苯基）-噻吩作为电极材料制备了三型电化学电容器，使用 1mol/L 的 $Me_4NCF_3SO_3/AN$ 作为电解质，完全充电时电容器的电压达到 3V，能量密度和功率密度分别达到 $39W \cdot h/kg$ 和 $35kW/kg$。

导电聚合物是一类极具发展潜力的电化学电容器电极材料，具有高比能量、高比功率和对环境无污染等特点，但目前已开发的导电聚合物材料的热稳定性差，循环性能和比电容也有待改善，导电聚合物电容器的使用化还需进一步研究。

8.4.4 杂化电极材料

超级电容器发展至今，研究越来越注重其综合性能的提高。复合电极材料是一种新型的电化学电容电极材料，可以实现单一电极材料不能实现的性能，合理地平衡电极的性能和成本，具有十分广阔的应用前景。包含金属氧化物和碳材料的复合物及导电聚合物与碳材料的复合物正在被研究者们大量地应用于超级电容器中。这样金属氧化物和导电聚合物的使用量就大大地降低，从而降低了制造成本，同时也获得了较大的比容量。如金属氧化物/碳材料、导电聚合物/碳材料以及金属氧化物/导电聚合物杂化电极材料等。

(1) 金属氧化物/碳材料杂化电容器

在金属氧化物/碳材料杂化电容器中，主要以 RuO_2/碳材料为例。在 RuO_2/碳复合物中，碳材料主要发挥以下几个方面的作用：

① 碳材料更有利于分散无定形的 $RuO_2 \cdot xH_2O$ 粒子，通常尺寸在 3~15nm。正如 Kim 等人研究的那样，羧基化的碳纳米管能够防止 RuO_2 粒子团聚，并且因为碳纳米管表面的羧基与 RuO_2 之间相互作用有利于 RuO_2 纳米粒子的高度分散。这时，因为质子能够接触到内部的 RuO_2 纳米粒子，所以电容值增加。

② 在电极层中，碳材料有利于传输离子和电子。由于碳材料本身具有更发达的孔隙，所以碳材料能够使得电解质离子更容易地渗透到氧化物晶粒上。除了在电极中引入更多的孔隙外，碳材料表面的官能团也能够使得电极很容易地将溶剂化离子在电极/电解质表面传输从而增加 RuO_2 纳米粒子的法拉第反应的活性位点从而影响这些纳米粒子的赝电容反应。碳材料的导电性也能够提高整个复合物的导电性。

对于 RuO_2/碳复合物，有两点必须强调：a. 碳材料的孔隙率、晶化程度和比表面积对于 RuO_2 的电化学行为有着显著的影响。例如，对于 RuO_2 的所占比例在 0~20% 范围内的微孔炭衍生复合物的比电容几乎保持恒定值。这是因为 RuO_2 的含量增加所带来的电容值的升高与炭的比表面积的降低引起的电容值的降低相互抵消所造成的。当 RuO_2 的含量大于 20% 时，由于 RuO_2 的贡献的电容值更大从而使复合材料的电容值增大。对于介孔碳复合物来说，比电容是随着 RuO_2 的含量呈线性增加的。对于碳纤维与 RuO_2 组成的复合物材料时，即使这种材料的比表面积很小，但是其比电容值随着 RuO_2 的含量增加也是增加的。b. 一般 RuO_2 的颗粒尺寸随着 RuO_2 含量的增加而变大，但是对于不同种碳材料来说，这是有个范围限制的。例如，RuO_2/碳纤维复合物中，RuO_2 的负载量在 0~11% 增加，那么颗粒尺寸就在 2~4nm。但是微孔和介孔炭材料时，RuO_2 的负载量在 0~15% 增加，相应的粒子尺寸就分别在 1.4~4nm 和 1.4~1.8nm。最后当负载量超过这个范围时，$RuO_2 \cdot xH_2O$ 粒子尺寸就保持恒定（通常为 4nm）。RuO_2 粒子尺寸的增加一般都伴随着比容量的降低。幸运的是，颗粒的尺寸可以通过调节碳前驱体的质量比来加以控制。

因此，将 RuO_2 和碳材料做成复合物有利于提高电化学反应的均一性，降低离子在金属氧化物中的传输阻力，增加活性位点，提高电子导电性进而能够提高相应的超级电容器的功率密度和能量密度。

（2）导电聚合物/碳材料杂化电容器

导电聚合物材料在多次充放电以后存在循环寿命不高、离子传输较慢等缺点，因而采用导电聚合物与碳材料或金属氧化物进行适当的复合成为电极材料研究的又一亮点。

碳材料中的非晶态多孔炭材料和碳纳米管等均具有高比表面积、高电导率和化学稳定等优点。以多孔炭材料或碳纳米管为载体复合适当的导电聚合物，可改善电极材料性能，其电容性能均比单一材料要好且综合性能优越，该方法为超级电容器电极材料的制备提供了很好的方向。有机-无机材料的复合能体现两种材料的协同作用，可以通过复合充分发挥两类材料的各自优势，改善电极的综合性能。如聚吡咯-VGCF（气相生长炭纤维）、聚吡咯-VGCF-AC（活性炭）、聚苯胺-单壁/多壁碳纳米管复合材料。

（3）导电聚合物/金属氧化物杂化电容器

聚合物不仅能与碳材料复合得到效果较好的电极材料，与金属氧化物复合也能得到效果很好的电极材料。金属氧化物与导电聚合物的复合可以将导电聚合物作为载体，通过模板（软模板和硬模板）、无模板等方法将其制备成相应的纳米结构，然后与纳米的金属氧化物进行复合。常用的金属氧化物包含氧化锰、氧化锡、氧化钌及氧化铁等。聚苯胺和聚吡咯等为常用的导电聚合物。

有机-无机复合在电容器电极制备中的研究成果很多，许多研究者都希望通过这种方式寻找到性能优越的电极材料，从而满足实际应用中高比容量、高能量密度和高稳定性的要求。复合电极除了可以利用有机-无机协同效应来得到有机-无机复合电极材料外，还可以利用有机材料间适当的共聚反应制备复合电极材料。许多研究者考察了苯胺、吡咯、噻吩及其共聚衍生物所得复合电极材料的电容性能，指出该方法也能制备性能较好的材料，因此复合电极势必成为人们研究的重点与热点。

（4）混合电容器电极材料

$Li_4Ti_5O_{12}$ 晶石材料是一种典型的零应变嵌入化合物，显著特点是具有一个十分平坦的充放电电压平台。它能够避免充放电循环中由于电极材料来回伸缩而导致的结构破坏，从而提高电极的循环性能和使用寿命，减少了随循环次数的增加而带来的比容量的大幅度衰减。Amatucc 小组于 1999 年最先开发出了锂离子嵌入电极/炭电极混合电容器。通过将 $Li_4Ti_5O_{12}$ 电极和活性炭复合得到了在 2.8V 工作电压范围内稳定工作的 LIC，且能量密度高达 10W·h/kg。Fuji 等通过复合锂化碳阳极和高比表面积活性炭阴极获得了 3.8V 工作电压窗口的锂离子电容器（LIC），能量密度超过了 15W·h/kg，并第一个成功实现了 LIC 的商业化。2001 年美国 Telcordia Technologies 报道了有机电解质溶液系 $Li_4Ti_5O_{12}$/AC 混合电容器。这一混合体系分别以活性炭（AC）和 $Li_4Ti_5O_{12}$ 为正负极，其能量密度可达每千克数十瓦·时（接近目前铅酸蓄电池的能量密度水平），50C 倍率放电是 5C 倍率放电容量的 75%，4000 次循环后容量保持 90% 以上，有商品化的可能。采用同样的电极材料体系和 2mol/L 的 $LiBF_4$/乙腈溶液制成的软包装模拟电容器，比能量达 11W·h/kg，循环寿命可达 10^5 次。

如图 8.12 所示，在充电过程中，电解质中的阴离子向正极（活性炭）迁移并产生吸附电容，同时 Li^+ 向负极（$Li_4Ti_5O_{12}$）迁移并发生嵌入反应。该体系与一般双电层电容器的工作曲线相似。$Li_4Ti_5O_{12}$/AC 体系的工作电压范围为 1.5～2.8V 或者更高，而一般的双电层电容器的工作电压基本在 0～2.7V 范围，根据体系能量密度计算公式：$E = 1/2CV^2$，该体系就可以得到几倍于双电层电容器的能量密度。

$Li_4Ti_5O_{12}/AC$ 体系的能量密度在很大程度上取决于活性炭电极，由于活性炭材料在电极过程中发生阴离子的吸附/脱附反应，该非法拉第过程所能够储存的能量有限，一般在有机体系中活性炭材料的电容量基本在 100F/g 左右。同样的，该体系的功率密度则在很大程度上取决于 $Li_4Ti_5O_{12}$ 材料，因为 $Li_4Ti_5O_{12}$ 的电极过程是锂离子的嵌入/脱嵌反应，因此在反应速率上远不及活性炭电极的吸附/脱附过程。国外有很多关于基于 $Li_4Ti_5O_{12}$ 的混合超级电容器的报道，Pasquier 等报道了 $Li_4Ti_5O_{12}$ 为负极聚合物为正极的混合电容器。Rambabu 课题组尝试以活性炭为正极、$LiCrTiO_4$ 为负极，组装非水体系不对称混合超级电容器。然而，由于目前传统方法制备的 $Li_4Ti_5O_{12}$ 材料颗粒较大（通常在 1 μm 左右），且材料的本征电导率很低（10^{-13} S/cm），并不适合在大功率输出场合应用，因此，这类材料乃

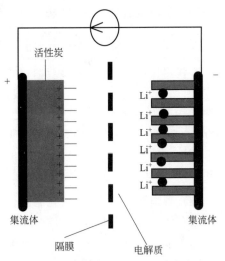

图 8.12　$Li_4Ti_5O_{12}$/活性炭混合电化学超级电容器结构示意

至于基于此类材料的不对称电容器的发展与应用受到了一定制约。

总之，$Li_4Ti_5O_{12}$ 作为锂离子电池负极材料，对于石墨等炭材料而言，具有更好的安全性能、较高的可靠性和循环寿命长等优点，因此，近年来被认为可能在不对称电容器以及高功率储能电池方面得以应用。

8.5　超级电容器的应用

由于石油资源日趋短缺，并且燃烧石油的内燃机尾气排放对环境的污染越来越严重（尤其是在大中城市），人们在研究如何科学合理地应用石油资源的同时也在研究替代内燃机的新型能源装置。目前已经进行的混合动力系统、燃料电池、碱性电池、锂离子电池等化学电池产品及应用的研究与开发，取得了一定的成效。

超级电容器在电力交通、国防通信、航空航天、铁路通信、家用电器和消费性电子产品以及电动汽车等众多领域有着巨大的应用价值和市场潜能。随着电动汽车的兴起，超级电容器重要的研究方向之一是将其与高比能量的蓄电池连用，主要应用于储能电动汽车、混合燃料汽车、特殊载重汽车中，在车辆加速、刹车或爬坡的时候提供车辆所需的高功率，达到减少蓄电池的体积和延长蓄电池寿命的目的。目前，在发达国家，超级电容器的应用备受重视，俄罗斯已在载重汽车上批量采用，德国也在客车启动上应用此类产品，这些超电产品正在向规模化、市场化、大众化方向迅速发展。除了用于电动汽车外，超级电容器还可以取代蓄电池，作为应急保障系统的后备电源，用于计算机存储器或光电功能电子手表等消费电子领域；也可以和太阳能电池或风力发电装置组成混合电源，作为发电和储存电源装置使用；在军事领域中，超级电容器主要用于重型卡车、雷达、监视器等具有高功率输出要求的装置和设备中。

电动汽车对动力电池的性能指标要求如下：

① 体积小、重量轻、储存能量密度高，使电动汽车的一次充电续驶里程长；

② 功率密度高，使电动汽车的加速性能和爬坡性能好；

③ 能够快速启动和运行，可靠性高；

④ 循环次数高，使用寿命长；

⑤ 环境适应性强，能在一定湿度下正常工作，抗振动冲击性能好；

⑥ 环保性能好，无二次污染，并有可再生利用性；

⑦ 维修方便，保养费用低；

⑧ 安全性好，能够有效防止因泄漏或短路引起的起火或爆炸；

⑨ 价格低，经济性好；

⑩ 燃料储存、处理和输送方便，能够利用现有的燃油加油系统。

超级电容器与磷酸铁锂电池具有互补性，两者组合成复合能源是中短期内的首选。通过 2009 年 8 月颁布的《德国国家电动汽车发展计划》，我们发现德国政府将超级电容器与锂离子电池的研发放在同等重要的地位。只有当锂离子电池的技术已经能够达到较高的能量密度、较高的功率密度和较高的循环寿命的情况下，才可能单独采用锂离子电池作为电动汽车的动力源。从 1992 年开始，美国能源部和 USABC（美国先进电池协会）就开始组织国家实验室（Lawrence Livermore，Los Alamos 等）、大学和工业界（Maxwell，GE 等）推出电动汽车用超级电容器的可行性研究计划，其研发目标如下：

近期目标（到 2005 年）：实现能量密度 $5W \cdot h/kg$ 和功率密度 $500W/kg$；

中期目标：实现能量密度 $10W \cdot h/kg$ 和功率密度 $1kW/kg$；

长期目标：实现能量密度 $15W \cdot h/kg$ 和功率密度 $1.5kW/kg$。

如果超级电容器的比能量达到 $20W \cdot h/kg$，那么其用于混合动力汽车将是比较理想的。从 1996 年初，欧盟开始超级电容器的研究计划，由法国 Saft 公司领导项目，其成员包括法国 Alcatel Asthom（阿尔卡特·阿尔斯通）、意大利 Fiat（菲亚特）、意大利 Magneti Maralli SEPA Division（玛涅蒂·马瑞利）、丹麦 Danioncs（奥尼克斯）、德国 University of Kaiser-slautern（凯泽斯劳滕大学）和荷兰能源研究中心（ECN）。欧盟超级电容器的研究计划目标是：达到比能量 $6W \cdot h/kg$，$8W \cdot h/L$；比功率 $1.5kW/kg$，$2 kW/L$；循环寿命超过 10 万次；满足电化学电池和燃料电池电动汽车要求，为工业开发做准备。日本也成立了"新电容器研究会"和新太阳能规划（New Sun Shing Project）。目前，在该技术领域中处于领先地位的国家有俄罗斯、日本、德国和美国。

目前，装甲车辆通常采用蓄电池作为启动装置电源。为了克服传统蓄电池启动中的一些弱点，如常出现的转矩不足引起的启动无力，易受温度变化影响等，可以用超级电容器作为启动电源。与蓄电池相比，超级电容器在其额定电压范围内可以充电至任一电压值，放电时可以放出所储存的全部电量；而蓄电池只能在很窄的电压范围内工作。超级电容器可以频繁地释放能量脉冲和进行充电；而蓄电池如果充放电过于频繁，就会降低寿命甚至损坏。此外，由于超级电容器电容量很大，相应的内阻很小，因而可以提供更大的启动功率和启动转矩，所以用超级电容器来应对启动时尖峰功率的需求，是一个较好的选择。

随着超级电容器技术的不断完善、不断提升，其所具有的高比功率特性将会得到不断强化，从而其应用领域将会更广。从中短期来看，超级电容器的使用能够加速插电式混合动力汽车（PHEV）和纯电动汽车（EV）的产业化。在移动通信基站、卫星通信系统、无线电通信系统中，都需要有较大的脉冲放电功率，而超级电容器所具有的高功率输出特性，可以满足这些系统对功率的要求。另外，激光武器也需要大功率脉冲电源，若为移动式的，就必须有大功率的发电机组或大容量的蓄电池，其重量和体积会使激光武器的机动性大大降低。超级电容器可以高功率输出并可在很短时间内充足电，是用于激光武器的最佳电源。

在运动控制领域，超级电容器能优化其暂态响应性能，实现节能目标。在现代高层建筑中，电梯的耗能仅次于空调。以往的电梯采用机械制动的方法，将部分能量以热的形式散发掉，这不但浪费，而且多余热量使机房温度升高，增加散热的负担和成本。如果能够回收多余的动能及势能，电梯系统真正消耗的能量就只限于电能转换中的损耗和机械损耗，其中主要包括变频器、牵引电机及其机械损耗。因此，在电梯设计、配置中最迫切需要解决的问题是全面考虑节能措施。采用节能环保型电梯是未来节能建筑领域的必然趋势。通过分析电梯系统的运动特性，可以发现节能的方向：电梯在升降过程结束时，经常会有制动刹车，产生巨大的制动电流，这是可以回收的；另外，在建筑高层，电梯和电梯使用者都具有很大的势能，也可以进行回收。由于超级电容器具有大电流充放电等优良的特性，可在电梯系统中作为能量回收装置回收能量。超级电容器还可以应用于建筑领域的通风、空调、给排水系统中，作为启动装置。另外，超级电容器还可以应用于电站、变流以及铁路系统中，包括电磁阀门控制系统、配电屏分合闸、铁路的岔道控制装置等。作为能源最大消耗者之一的港口机械设备，港口机械如场桥、岸桥中的吊具载运货物上升时需要很大的能量，而下降时自动产生的势能很大，这部分势能在传统机械设备中没有得到合理利用。除了在固定港口机械设备中外，在流动机械中也同样存在上述问题。通过采用超级电容器，能够实现上升过程中的制动能量回收、下降过程中的势能回收。

总之，超级电容器能用于优化运动控制系统的暂态响应性能，实现节能的目标。超级电容器自面市以来，全球需求量大增，已成为化学电源领域内新产业的亮点。近年来随着超级电容器应用领域的不断拓展，其已成为世界各国研究的热点。超级电容器尽管具有很多优点，但其仍然存在能量密度较低的问题。因此为了更广泛地应用，主要从以下三方面着手解决：一方面是对现有材料的优化和开发新型的电极材料；另一方面是开发新的电解液，使其具有较高的电化学稳定性，可在较宽的电化学窗口下工作，从而提高能量密度；再一个是对制备工艺的优化，通过缩小体积，减轻重量，进而提高单位体积/质量的能量密度，降低成本，从而满足电子产品小型化、轻薄化的需求，为超级电容器开发更大的市场。

8.6 小 结

本章主要讲述了超级电容器的来源、发展史，超级电容器的分类及工作原理和特点，超级电容器常用电极材料的分类及研究现状，最后介绍了目前超级电容器的应用领域。超级电容器是一种新型电化学元件，储能过程并不发生化学反应，且储能过程是可逆的，因此超级电容器反复充放电可以达到数十万次，且不会造成环境污染。另外，它具有非常高的功率密度，为电池的 10～100 倍，适用于短时间高功率输出，充电速度快，模式简单，可以采用大电流充电，能在几十秒到数分钟内完成充电过程，是真正意义上的快速充电。充放电过程中发生的电化学反应具有良好的可逆性，低温性能优越，超级电容器充放电过程中发生的电荷转移大部分都在电极活性物质表面进行，容量随温度的衰减非常小。因此，超级电容器将在很多领域取得更为广泛的应用，既可以应用于消费类电子产品领域，又可以应用于太阳能源发电系统、智能电网系统、新能源汽车、工业节能系统、脉冲电源系统等领域。

本章思考题

[1] 超级电容器的分类及储能原理是什么？

[2] 增加超级电容器能量密度的方法有哪些？如何实现？

［3］ 发展微型超级电容器的意义是什么？

［4］ 超级电容器与锂离子电池相比，电极材料有什么特点？

参考文献

［1］ Conway B E. Electrochemical supercapacitors scientific fundamentals and technological applications. New York：Kluwer Academic/Plenum Publishers，1999.

［2］ Winter M，Brodd R J. What are batteries，fuel cells，and supercapacitors？. Chemical Reviews，2004，104（10）：4245-4270.

［3］ Zhu Y，Murali S，Stoller M D，et al. Carbon-based supercapacitors produced by activation of graphene. Science，2011，332（6037）：1537-1541.

［4］ John M Miller. 超级电容器的应用. 韩晓娟，李建林，田春光，译. 北京：机械工业出版社，2014.

［5］ 康维（Conway B E）. 电化学超级电容器：科学原理及技术应用. 陈艾，吴孟强，张绪礼，高能武，等译. 北京：化学工业出版社，2005.

［6］ 袁国辉. 电化学电容器. 北京：化学工业出版社，2006.

［7］ Francois Beguin，Elzbieta Frackowiak. 超级电容器：材料、系统及应用. 张治安，等译. 北京：机械工业出版社，2014.

［8］ 刘玉荣. 碳材料在超级电容器中的应用. 北京：国防工业出版社，2013.

［9］ Huang Yi，Liang Jiajie，Chen Yongsheng. An overview of the applications of graphene-based materials in supercapacitors. Small，2012，8（12）：1805-1834.

［10］ Wang Guangping，Zhang Lei，Zhang Jiujun. A review of electrode materials for electrochemical supercapacitors. Chemical Society Reviews，2012，41（2）：797-828.

［11］ Liu Haijing，Xia Yongyao. Research progress of hybrid supercapacitor. Progress in Chemistry，2011，23（0203）：595-604.（刘海晶，夏永姚. 混合型超级电容器的研究进展. 化学进展，2011，23（0203）：595-604）

［12］ 涂亮亮，贾春阳. 导电聚合物超级电容器电极材料. 化学进展，2012，22（8）：1610-1618.

［13］ 顾温国，李劲. 纽扣型双电层电容器的研制. 电子元件和材料，2006，6：23-24.

［14］ 杨军，解晶莹，王久林. 化学电源测试原理与技术. 北京：化学工业出版社，2006.

［15］ 徐斌，张浩，曹高萍，张文峰，杨裕生. 超级电容器炭电极材料的研究. 化学进展，2011（Z1）：606-611.

［16］ Frackowiak E. Carbon materials for supercapacitor application. Physical Chemistry chemical Physics，2007，9（15）：1774-1785.

［17］ Hao G P，Lu A H，Dong W，et al. Sandwich-type microporous carbon nanosheets for enhanced supercapacitor performance. Advanced Energy Materials，2013，3（11）：1421-1427.

［18］ Pandolfo A G，Hollenkamp A F. Carbon properties and their role in supercapacitors. Journal of Power Sources，2006，157（1）：11-27.

［19］ Conway B E，Birss V，Wojtowicz J. The role and utilization of pseudocapacitance for energy storage by supercapacitors. Journal of Power Sources，1997，66（1）：1-14.

［20］ Vivekchand S R C，Rout C S，Subrahmanyam K S，et al. Graphene-based electrochemical supercapacitors. Journal of Chemical Sciences，2008，120（1）：9-13.

［21］ 魏颖. 超级电容器关键材料制备及应用. 北京：化学工业出版社，2018.

［22］ 王凯，李立伟，黄一诺. 超级电容器及其储能系统中的应用. 北京：机械工业出版社，2020.

［23］ Wang Yonggang，Song Yanfang，Xia Yongyao. Electrochemical capacitors：mechanism，materials，systems，characterization and applications. Chem Soc Rev，2016，45：5925-5950.

［24］ Dou Qingyun，Park Ho Seok. Perspective on high-energy carbon-based supercapacitors. Energy Environ Mater，2020，3：286-305.

第 9 章
CO₂ 的捕集与资源化利用

本章学习重点

◇掌握二氧化碳捕集的方法、特点及适用范围。

◇了解二氧化碳资源化利用的途径，掌握二氧化碳出发制备燃料的途径。

9.1　能源化工行业 CO₂ 排放及控制

CO_2 是含碳化合物的最终氧化物，属于温室气体，其大量排放导致严重的温室效应和全球气候的急剧变化，例如寒冷季节延长，内陆地区变得更加干旱与炎热，沿海地区热带风暴更加频繁，冰川大面积消融，海平面上升，海水酸化，这严重威胁着地球上丰富多彩的生态系统，而这一影响还将持续。因此，必须控制 CO_2 的排放。

CO_2 的排放主要源于人类的自然活动和能源化工行业的快速发展。能源化工行业的迅速发展推动了全球经济发展，使全球经济总体上保持了一个较高的增长速度，工业、电力、交通运输等能源密集型行业所占比重在相当长的时间内持续上升，化石燃料的消费量也迅速增加，由此导致了 CO_2 排放量的急剧增加。根据美国海洋和大气管理局（NOAA）发布的数据，截至 2020 年 6 月，大气中 CO_2 浓度达到 $417.07×10^{-6}$ ［图 9.1（a）］，并将在未来相当长一段时间内累计增长 ［图 9.1（b）］。总体来说，CO_2 排放量的增加是伴随着能源消费结构的转变。蒸汽机的发明，使煤炭代替薪材成为工业化国家的主要能源，煤炭燃烧排放出大量的 CO_2。随着工业化进程的推进，内燃机的发明使得石油代替煤炭成为主要的能源，尤其是第二次世界大战之后，随着工业化国家工业和经济的迅速发展，以化石燃料为主的一次能源消耗量和 CO_2 排放量也迅速增加，如图 9.1（b）所示。

能源化工行业排放 CO_2 的数量与其用能方式和技术有关，主要的 CO_2 排放行业包括火电厂、水泥厂、钢铁厂、工业锅炉、交通运输等。其中，水泥生产排放比例最大，增长速率较快。近年来，随着用能技术的提高，能源效率有所提高，但由于中国快速的经济发展，总体 CO_2 排放量的增加不可避免。

为了缓解全球气候变化对人类造成的灾难性影响，1992 年 6 月，联合国环境与发展大会在巴西里约热内卢召开，会议缔约了《联合国气候变化框架公约》，这是世界第一个为全面控制 CO_2 等温室气体排放、应对全球气候变暖而制定的国际公约。1997 年 12 月，在日本东京召开了《联合国气候变化框架公约》缔约方第三次会议，与会人员包括 149 个国家和

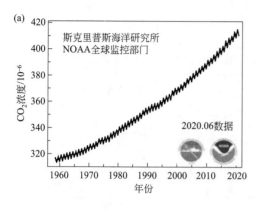 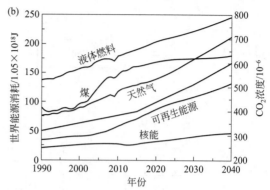

图 9.1　（a）全球截至 2020 年 6 月的大气二氧化碳浓度变化数据；
（b）不同类型能源消耗及对应的大气中 CO$_2$ 浓度变化
数据来源：夏威夷莫纳罗亚天文台，美国能源部 2016 年数据

地区的代表，会议通过了旨在限制发达国家温室气体排放量的《京都议定书》。中国是一个易受气候变化影响的发展中国家，对气候变化问题给予了高度重视，先后签署并批准了《联合国气候变化框架公约》和《京都议定书》。2009 年 11 月，中国政府承诺到 2020 年单位 GDP 的 CO$_2$ 排放量要比 2005 年降低 40％～45％，并将其作为约束性指标纳入国民经济和社会发展中长期规划。2015 年 12 月 12 日在巴黎气候变化大会上通过《巴黎协定》，长期目标是将全球平均气温较前工业化时期上升幅度控制在 2℃ 以内，并努力将温度上升幅度限制在 1.5℃ 以内。CO$_2$ 减排技术也因此受到了国际社会的普遍关注，如清洁能源技术、低碳排放技术、开发利用可再生能源和新能源等。

控制 CO$_2$ 的排放，重点是从源头控制 CO$_2$ 的产生。由于 CO$_2$ 主要由化石燃料燃烧中排放，因此，必须依赖于能源技术的革新，提高能源利用率，节约用能，如发展煤气化联合循环发电技术、超临界发电技术，或者开发清洁能源如太阳能、风能、海洋能、地热能、可燃冰等替代或部分替代化石燃料。对现有排放的 CO$_2$，需要发展有效的技术将其捕集固定。未来利用生物技术固定 CO$_2$ 将会成为防治"温室效应"的主流技术。生物法固定 CO$_2$ 是依靠植物的光合作用和微生物的自养作用，但迫切需要研究的难题是阐明微生物固定 CO$_2$ 的生化机制和基因工程。

CO$_2$ 捕集技术主要有燃烧后脱除技术、燃烧前分离技术和富氧燃烧分离技术等。图 9.2 是几种典型的 CO$_2$ 捕集技术。燃烧前捕集 CO$_2$ 实质上是化石燃料在燃烧前 CO$_2$ 与其他组分的富集分离，该技术有望与整体煤气化联合循环电厂整合，以实现高效、低碳的绿色能源转换。富氧燃烧指化石燃料在接近纯氧的环境中燃烧，并辅以烟气循环，该技术得到的烟气主要成分为 CO$_2$ 和水。目前采用最多的是燃烧后脱除技术，即采用气体分离工艺对燃烧后气源中的 CO$_2$ 加以分离回收。主要包括吸收分离法、吸附分离法、膜法、低温蒸馏法等。在实际应用中为达到更好的分离效果，通常是各种分离方法联合使用。

除了作为温室气体外，CO$_2$ 又是重要的 C$_1$ 资源及化工原料。发展将 CO$_2$ 转化为化工原料的新技术，将有利于优化未来社会的能源结构。因此，实现 CO$_2$ 的高效分离十分必要，这是 CO$_2$ 后续利用的先决条件。下面章节将重点介绍 CO$_2$ 的分离方法，对于 CO$_2$ 的资源化利用将作简单介绍。

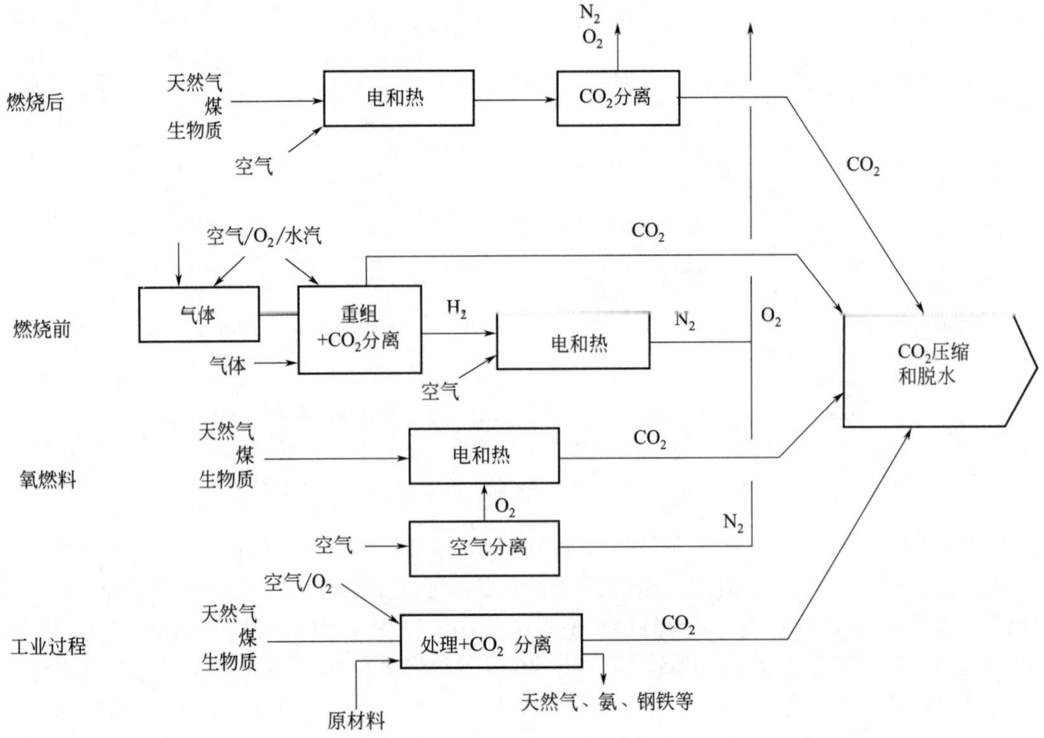

图 9.2 CO_2 捕集技术

9.2 CO_2 分离技术

CO_2 分离是一个重要的气体分离工艺过程，由于各种含 CO_2 的气体来源和组成不同，分离 CO_2 的目的各不相同，因此，选择用于 CO_2 分离的方法也不尽相同。通常，CO_2 的分离主要用于以下两种情形：①将 CO_2 作为一种无用或有害成分进行脱除，如在天然气等伴生气及合成氨和制氢等工艺过程脱除 CO_2，使气体组成能够满足管道输送要求及后续工艺要求；②将 CO_2 作为一种重要的含碳原料和具有较高价值的产品加以回收，如从工业副产气、燃料燃烧产生的烟道气、窑炉气等气体中进行 CO_2 回收。目前比较成熟的方法包括物理吸收法、化学吸收法、吸附分离法、膜法、低温蒸馏法等。

9.2.1 物理吸收法

物理吸收法分离 CO_2 的原理是基于 CO_2 在溶液中的溶解度与混合气中其他组分的溶解度不同而实现分离的。CO_2 与吸收剂不发生明显的化学反应。吸收过程交替改变 CO_2 和吸收剂（通常是有机溶剂）之间的操作压力和操作温度以实现 CO_2 的吸收和解吸，从而将 CO_2 分离出来。物理吸收法的优点是可在低温高压下进行，吸收能力大，吸收剂用量少；吸收剂再生不需要加热，能耗低，通常采用降压或常温气提的方法；溶剂不起泡、无腐蚀性。但由于 CO_2 在溶剂中的溶解度服从亨利定律，此方法仅适用于 CO_2 分压较高的情况下，如合成氨工艺。目前工业上常用的物理吸收法有如下几种：

（1）低温甲醇洗法（Rectisol 法）

低温甲醇洗法由德国林德和鲁奇两家公司共同开发，于 20 世纪 50 年代开发成功。该工艺采用甲醇为溶剂，在 $-26 \sim -60℃$ 的低温及 $21.06 \times 10^5 Pa$ 下吸收混合气中的 CO_2 气体。其工艺流程如图 9.3。该法的优点是能耗低、溶剂再生容易，CO_2 可脱至 $(1 \sim 2) \times 10^{-5}$；缺点是溶剂损失大。目前该法在国内外均有较为广泛的应用，主要用于以煤、重油为原料的大型合成氨工艺中。详细介绍见第 2 章 2.3.3 节。

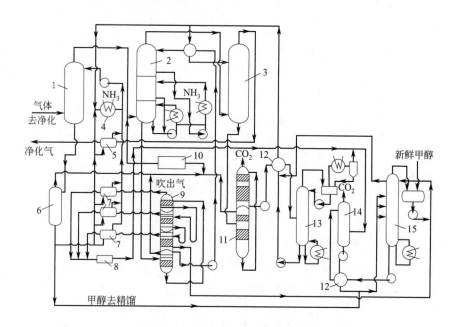

图 9.3　Rectisol 法工艺流程

1—吸收-冷却器；2—主净化吸收塔；3—精细净化吸收塔；4—氨冷却器；5—合成气热交换器；

6—预净化循环解吸塔；7—CO₂ 热交换器；8—真空泵；9—主净化循环解吸塔；

10—返回气压缩机；11—精细净化循环解吸塔；12—热交换器；13—蒸出塔；14—吸收塔；15—精馏塔

（2）碳酸丙烯酯法（Fluor 法）

碳酸丙烯酯法最早由美国 Fluor 公司开发，并成功用于工业生产，20 世纪 70 年代，南京化工研究院首先将此法用于合成氨工艺变换气中 CO_2 的脱除，其工艺流程如图 9.4。该工艺采用碳酸丙烯酯（PC）为溶剂，其对 CO_2、H_2S 和一些有机硫具有较强的溶解能力，而对 H_2、N_2、CO、CH_4 和 O_2 等的溶解度却很小，适合于天然气、合成氨变换气及粗氢气中 CO_2 的吸收。而且碳酸丙烯酯溶剂稳定性好，生产容易，价格低廉，吸收 CO_2 后腐蚀性也不强，可使用普通碳钢设备。该工艺一般用于处理 CO_2 分压在 3.5atm 以上的混合气，且净化度要求不宜过高。

（3）N-甲基吡咯烷酮法（Purisol 法）

该法是由德国鲁奇公司开发，以 N-甲基吡咯烷酮（NMP）为溶剂，在常温、加压的条件下脱除合成气中的 CO_2 等气体，吸收压力在 $4.3 \sim 7.7 MPa$。N-甲基吡咯烷酮溶剂具有对 CO_2 溶解度高、黏度低、沸点高、蒸气压低等优点，适合于气体压力大于 7MPa 的场合，可使处理后的气体中 CO_2 含量低于 0.1%，但由于该溶剂价格较贵，限制了该方法在工业上的应用。其工艺流程如图 9.5。

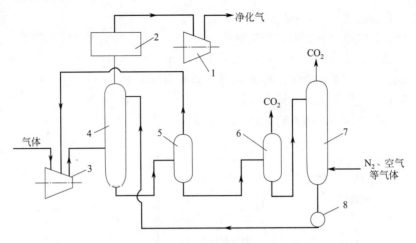

图 9.4　碳酸丙烯酯法气体净化工艺流程

1—离心式压缩机；2—甲烷化系统；3—离心式压缩机；4—吸收塔；5—中压分离器；
6—低压分离器；7—再生塔；8—循环液泵

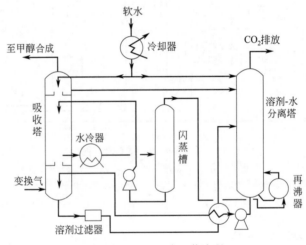

图 9.5　Purisol 法工艺流程

（4）聚乙二醇二甲醚法（Selexol 法）

聚乙二醇二甲醚法由美国 Allied 公司开发，采用多组分聚乙二醇二甲醚的混合液为溶剂。20 世纪 80 年代，南京化工研究院与杭州化工研究所对各种溶剂进行筛选后得出用于脱除 CO_2 的聚乙二醇二甲醚较佳的溶剂组成，产品被命名为 NHD 溶剂，故在我国该法也被称为 NHD 法。其工艺流程如图 9.6 所示。该工艺所用的溶剂蒸气压极低，溶剂非常稳定，再生容易，仅需进行两级闪蒸及一次惰性气气提，即可彻底解吸，完成溶剂再生。该法具有工艺流程简单、操作弹性大、一次性净化度高和总能耗低等优点，已广泛用于大、中、小型各种合成气的 CO_2 脱除工艺，国外在 IGCC 示范工程上也主要采用该法进行 CO_2 的分离回收。

9.2.2　化学吸收法

化学吸收法是利用 CO_2 和吸收剂之间的化学反应将 CO_2 气体从混合气中分离出来。由于 CO_2 为弱酸酸酐，化学吸收法中一般采用弱碱类的有机胺类化合物为吸收剂，其原理是

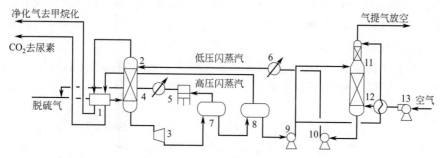

图 9.6　Selexol 法净化 CO$_2$ 工艺

1—气气换热器；2—脱碳塔；3—水力透平；4—压缩机水冷却器；5—闪蒸气压缩机；6—氨冷器；7—高压闪蒸槽；
8—低压闪蒸槽；9—富液泵；10—贫液泵；11—气提塔；12—气液换热器；13—空气鼓风机

弱酸弱碱可逆反应，以有机胺为例，反应如下：

$$2RNH_2+CO_2 \rightleftharpoons RNHCOO^-+RNH_3^+$$

　　温度变化对此可逆反应有很大影响，40℃左右反应向生成弱酸弱碱盐的方向进行，CO$_2$ 被吸收；110℃时反应向弱酸弱碱盐分解方向进行，放出 CO$_2$。因此，化学吸收法通常是常温吸收、高温解吸。典型的 CO$_2$ 化学吸收分离工艺流程如图 9.7 所示，CO$_2$ 气源和吸收液在吸收塔内发生化学反应，CO$_2$ 被吸收至吸收液溶剂中，贫液变成富液，富液进入解吸塔加热分解出 CO$_2$，从而达到分离回收 CO$_2$ 的目的。此法适合于处理 CO$_2$ 浓度较低的混合气体。

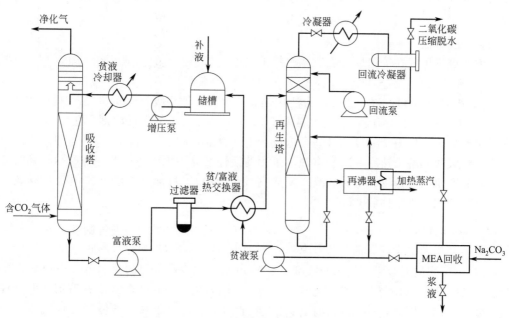

图 9.7　CO$_2$ 化学吸收分离工艺流程图

　　目前典型的化学吸收技术主要有如下几种。

（1）醇胺法

　　醇胺最早用于天然气脱硫，近年来将其用于 CO$_2$ 回收，特别是从化石燃料电厂烟道气中回收 CO$_2$。醇胺分子至少含有一个羟基和一个氨基，分子中含有羟基可使化合物的蒸气压降低，增加其水溶性，而氨基的存在可使其水溶液显碱性，利于与酸性气体发生反应。反应时温度的变化是可逆的，一般在 38℃ 以下形成盐，CO_2 被吸收；在高于 110℃ 时，CO_2 被解吸。工艺流程如图 9.8 所示。该方法是目前最常用的 CO_2 吸收方法，尤其适合于从低浓度 CO_2 气源中吸收精制 CO_2。缺点是过程能耗较大，胺类吸收剂因具有还原性而耐氧性差，导致吸收剂消耗量增加，同时存在设备腐蚀的问题。

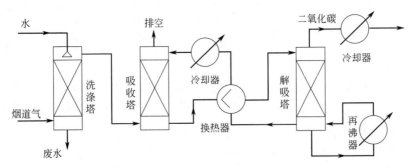

图 9.8　醇胺吸收法工艺流程

工业上最早使用的醇胺是三乙醇胺（TEA），但由于其吸收效率低、稳定性差，逐渐被一乙醇胺（MEA）和二乙醇胺（DEA）所取代。MEA 的分子量小，水溶液碱性强，因而吸收酸性气体的能力强，适合于处理 CO_2 分压低且要求净化程度高的气体。DEA 的沸点高，因而其蒸发损失小，但反应活性差，因此需要大量溶剂进行循环，但只要酸性气体分压足够高，就可以按化学计量比吸收 CO_2，而且其降解产物的腐蚀性远小于 MEA 的降解产物。

（2）碳酸钾法

该方法最早出现在美国煤合成液体燃料工艺中，基于如下的化学反应，即：

$$CO_2 + K_2CO_3 + 2H_2O \Longrightarrow 2KHCO_3$$

20 世纪 50 年代初，进一步发展为活化热碳酸钾法，即将吸收 CO_2 的温度提高到 105～120℃，压力升高到 2.3MPa，并在此温度下采用降压的方式来进行溶剂再生，以提高反应速率和生产能力。但由于温度的升高会造成严重的腐蚀，故进一步改进，采用加入活性剂的方式来加快吸收和解吸速率并减轻腐蚀，常用的活性剂分为无机活性剂（砷酸盐、硼酸盐和磷酸盐）和有机活性剂（有机胺和醛、酮类有机化合物）。目前该方法已用于从合成氨工艺气、天然气和粗氢气中回收 CO_2。

（3）Solfinol 法

该技术是由荷兰壳牌石油公司开发，以环丁砜（C_4H_9SO）和二乙醇胺（DEA）或二异丙醇胺（DIPA）的混合水溶液为吸收剂。Solfinol 法不仅仅是简单的化学吸收法，而是物理-化学法，低压下以 CO_2 与有机胺的化学反应为主，随着压力的升高，CO_2 在溶剂中的物理溶解量也随之增加。因此，Solfinol 法的溶剂吸收能力大，适合于高压气体和酸性气体组分含量高的气体，解吸时蒸汽消耗量少，但该法也存在缺点，如：吸收过程中环丁砜和 DEA 会因分解而造成溶剂损失，而且环丁砜溶剂价格较高。

9.2.3　吸附分离法

吸附分离法是基于气体与固体吸附剂表面上的活性点之间的分子间引力来实现的，工业上主要采用变压吸附（PSA）和变温吸附（TSA）两种工艺，前者是利用吸附量随压力变化而实现气体的分离，而后者则是利用吸附量随温度的变化来实现气体的分离。变压吸附分离已广泛应用于化工、石化行业 CO_2 的回收与纯化。

高效的多孔吸附材料是提高吸附性能的关键，除工业常用的活性炭、活性氧化铝、沸石吸附材料外，由于近年来各国政府对于 CO_2 减排的高度重视，最近一系列基于物理吸附的多孔固体吸附剂，如新型的多孔炭、分子筛、金属有机骨架（MOFs）材料及多孔聚合物材料（结晶、无定形）等相继涌现，并应用于 CO_2 等气体的吸附分离研究。

高效吸附材料的设计需要考虑下面三个因素：①依据吸附质分子（客体 CO_2）的物理化学性质来设计吸附剂孔道结构和表面化学。CO_2 的动态分子直径在 3.3Å 左右，为了增强多孔材料对其的吸附势，应该设计具有丰富微孔的孔道结构；CO_2（$^{\delta-}O=^{\delta+}C^{\delta+}=O^{\delta-}$）表现出电四极子性质，极化率高，因此对多孔材料进行表面化学设计，使其表现高极性，可增强对 CO_2 分子诱导极化，由此提高对 CO_2 的选择识别能力。②直接合成整体式或颗粒状吸附剂，有利于实际应用；从动力学考虑，为了加速 CO_2 在体相内的快速扩散，吸附材料应该具备大孔-介孔-微孔串联的多级孔道结构。③吸附剂的合成工艺可规模化。

实际的吸附分离过程要求吸附剂保持良好的结构稳定性，具有良好的耐磨损和抗粉化特性，在动态低分压条件下吸附能力强，有较好的抗水汽能力。由于各类吸附材料对客体 CO_2 分子在吸附容量、选择性、吸附热等方面的局限性，气源中 CO_2 浓度越低，实现吸附分离的难度越大。本节将重点介绍一些高性能多孔 CO_2 吸附分离材料。

9.2.3.1 多孔炭质吸附材料

（1）活性炭与改性活性炭

碳材料具有高比表面积、大孔容、疏水性好、化学稳定性及热稳定性优异等特点，使其可应用于酸、碱、水汽等复杂环境，在吸附分离领域发挥重要作用。商业活性炭主要采用煤、植物基含碳原料经炭化活化过程得到，孔隙结构非常发达，在高压条件下，具备很强的吸附能力。比如，比表面积和总孔容积分别为 $3250m^2/g$ 和 $1.79cm^3/g$ 的粉末状木炭基超级活性炭（MAXSORB），在 25℃、35bar 压力下，CO_2 吸附容量可达 25mmol/g。由 KOH 化学活化方法制备的石油沥青基超级活性炭（VR-5 与 VR-93），在 25℃，50bar 压力下，体积吸附量可高达 $380cm^3/cm^3$ 与 $500cm^3/cm^3$。通过化学活化制备的活性炭产率比较低，但孔隙结构非常发达，在微孔区域孔径集中分布在 5～8Å，非常适合高压气体存储。

为了提高活性炭材料的低压吸附量及选择性，根据 CO_2 的分子结构特点（电子分布、极性），从调变主体材料表面化学出发，研究者发展了高温氮化、浸渍氨基化合物等方法，引入含氮基团以增强对 CO_2 的亲和力，提高低分压条件下的吸附量及选择性。但需要注意引入氨基改性的同时要保证孔隙的开放性。

（2）碳分子筛与含氮碳分子筛

为了提高对 CO_2 的吸附势，合成具有与 CO_2 分子动力学直径相匹配的微孔吸附材料是另一种有效的方法。对碳化钛基衍生炭的研究发现：该类炭的比表面积在 $324～3101m^2/g$ 之间，总孔容积在 $0.26～1.61cm^3/g$ 之间，微孔孔径在 5.6～1.15Å 之间可调变，具有碳分子筛的特性。在常压下，其 CO_2 吸附容量与孔径小于 1.5Å 的孔容成正比，而在低压下（0.1atm）下，5Å 以下的超微孔对吸附量的贡献最大。碳化钛基衍生炭具有强疏水性，适用于含水汽的 CO_2/N_2 混合气体分离。

以微孔分子筛为模板，以含氮聚合物为碳源，经气相化学沉积过程，随后除去分子筛模板可得到氮掺杂碳分子筛，所制备碳分子筛具有超高的比表面积（$3360m^2/g$），发达的微孔（$1.24cm^3/g$），丰富的含氮基团（N 含量为 5.2%，质量分数），在室温常压下对 CO_2 吸附量可达 4.38mmol/g，初始吸附热可达 35kJ/mol。这表明丰富的微孔与表面含氮基团对 CO_2 亲和力强，CO_2/N_2 的分离系数为 9.5。该分离系数显著高于化学活化法制备的碳材料。

（3）多级孔道含氮多孔炭

以分子筛为模板，经化学气相沉积或浸渍等途径制备的具有均一微孔的多孔炭，虽然表现出良好的吸附性能，但由于孔径分布在微孔区域，传质扩散阻力大，吸附动力学受限。此外，这种方法制备的碳材料多为粉末形式，应用于变温或变压吸附工艺时，会有伴随压力降大，粉化严重、循环性能下降等问题。为解决这些问题，研究者合成出具有多级孔道结构、表面有含氮的整体式碳材料，常温常压对 CO_2 表现出很高的吸附量（3.13mmol/g）。对其吸附行为研究发现（见图 9.9），丰富微米级大孔（CO_2 动态尺寸的 3000 倍）作为 CO_2 无阻传输的通道，保证了动力学可行；含氮基团修饰的极性表面和丰富微孔（CO_2 动态尺寸的 1.5～3 倍）使客体 CO_2 与材料主体有较强的亲和力，保证了热力学可行。

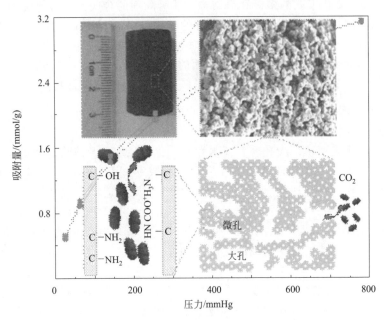

图 9.9 多级孔道含氮多孔炭吸附 CO_2

1mmHg＝133.322Pa，下同

上述的 CO_2 吸附分离碳材料通常以无定形态存在，如活性炭、生物质炭、聚合物基炭等。材料晶态结构良好的碳纳米管、石墨、石墨烯、氧化石墨烯及复合物也受到了关注。碳纳米管与 Fe_3O_4 纳米晶复合后产物在 25℃、12bar（1bar＝10^5Pa，下同）吸附量高达 59.4mmol/g。聚苯胺-石墨烯复合物在类似条件下，吸附量高达 74mmol/g。因此，定向设计的碳复合材料应用于 CO_2 吸附分离也是未来研究的热点之一。

9.2.3.2 分子筛吸附材料

（1）传统分子筛

分子筛是一类重要的具有网状结构的天然或人工合成的结晶态多孔材料。狭义的分子筛包括硅酸盐、硅铝酸盐及其他原子取代的骨架杂原子化合物。从结构上讲，分子筛具有均匀的微孔结构，这些孔道能把比其直径小的分子吸附到孔腔的内部，且对极性分子有优先吸附的能力，因而能把尺寸和极性有差异的分子筛分出来。由于这种结构特征，分子筛具有吸附能力高、热稳定性及水热稳定性好等优点，也是一类常用的 CO_2 吸附分离材料。通常认为低硅铝比及与 CO_2 具有强静电作用的阳离子分子筛（13X，NaY）是理想的 CO_2 吸附分离材料。考虑到 CO_2（3.3Å）与 N_2（3.64Å）动态尺寸的大小，可以通过调变 A 型分子筛中 Na^+ 与 K^+ 的含量来控制分子筛产品的"窗口"（孔道）尺寸在 3～3.8Å，以阻隔 N_2 扩散，进而提高 CO_2/N_2 选择性。

（2）新兴沸石咪唑酯类分子筛

沸石咪唑酯骨架结构材料（zeolitic imidazolate frameworks，ZIFs）代表一类新兴的分子筛材料，通过有机咪唑酯交联连接到过渡金属上，形成了结晶态多面体笼状结构。这类新兴笼状结构可以兼容种类繁多的金属节点及形式多变的有机官能团，也就是说，这类新型的分子筛不仅兼容了传统无机分子筛材料稳定性好的特点，而且具有很高的孔隙率及丰富的官能团，在 CO_2 吸附分离方面表现出良好的吸附能力及选择性。

近年来，研究人员采用高通量技术合成了上百种沸石咪唑酯骨架结构材料，部分代表性产品如 ZIF-8，ZIF-11，ZIF-20，ZIF-69 等晶体结构见图 9.10。与传统的硅铝酸盐分子筛相比，这类新型分子筛的有机、无机组分可调，拓扑结构可控，目前相关领域的学者致力于通过选择设计多种功能的有机桥键匹配构筑官能团更为丰富的复杂骨架，进而提高其对 CO_2 的吸附分离性能。常温常压下，该系列新型分子筛吸附 CO_2 的容量范围为 0.88mmol/g（ZIF-95）到 2.46mmol/g（ZIF-70）。采用体积比为 1∶1 的二元混合气体为气源，室温动态穿透测试表明，气体经过 ZIFs 填充柱（如 ZIF-95），CO_2 完全滞留，而其他轻组分（CO，CH_4，N_2）则很快穿透，从而实现了 CO_2 的分离，证明了这类具有笼状结构的新型分子筛对 CO_2 具有良好的亲和力。

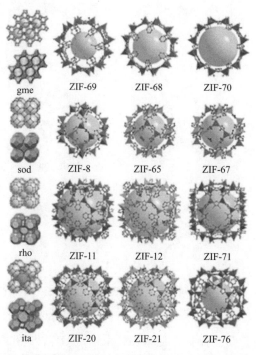

图 9.10　ZIF 结构网络及属于该拓扑结构的单晶 X 射线衍射晶体结构

通过系统研究 ZIFs 的孔径、比表面积及表面基团对 CO_2 吸附量及选择性的对应关系发现：CO_2 低压下吸附量跟表面基团的极性强弱直接关联，具有强极性基团—NO_2 的 ZIF-78

及 ZIF-82（—CN）显示出更好的选择性。这是由于强极性基团表现出强的偶极运动，所以与 CO_2 分子之间有更强的偶极-四极作用，进而增强了对 CO_2 的亲和力，展现出更好的选择性。

9.2.3.3 金属有机骨架材料

金属有机骨架材料（MOF）代表一类人工合成的有机无机杂化多孔晶体材料，是由金属（金属簇）节点与有机桥键（刚性或柔性）配位，自组装而成具有一定拓扑构型的网络结构。此类新兴的多孔晶体材料，可以实现维数及空间构型的调控及表面与界面的化学调控。由于具有这些优势，有机金属骨架材料一经问世就引起了研究者的重视。尤其是在 CO_2 吸附分离方面，这类材料展现出很大的应用潜力。

MOF 材料应用于 CO_2 吸附分离研究表现出三个方面的趋势：基于客体 CO_2 气体分子的动态尺寸对 MOF 进行拓扑构型设计，其中包括孔容、孔形状、孔尺寸、孔道刚性及柔性等孔结构设计；依据客体 CO_2 气体分子的独特电四极子特征，对 MOF 材料的金属节点（暴露度、分散度）及有机桥键（胺功能化、氢键等）进行设计；面向实际应用设计制备具有疏水性特点的 MOF 材料。这三个研究趋势与 CO_2 的吸附分离性能主要参数（高/低分压吸附容量、吸附热、吸附选择性、水汽稳定性等）直接相关。研究证明，基于物理吸附的气体吸附分离性能直接取决于多孔吸附材料的孔径、孔容、孔形状等孔道结构特征。图 9.11 是常见应用于 CO_2 吸附的 MOF 晶体结构。多孔结构最为发达的 MOF-177 在压力达到 42bar 时，最大吸附量可达到 33.5mmol/g。

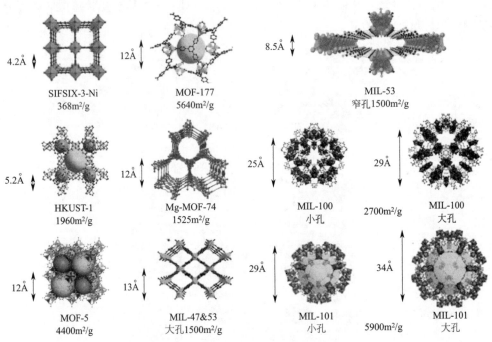

图 9.11 常见应用于 CO_2 吸附的 MOF 晶体结构

大多数 MOF 材料骨架呈现刚性，但柔性骨架的 MOF 材料也相继被合成出来。当外部温度或压力变化时，柔性骨架的 MOF 材料表现出特殊的"呼吸行为"（开关效应）。目前已经成功制备出一类具有柱状支撑的多层 3D 动态网络结构的 MOF 材料，对 CO_2 的吸附表现出"开关效应"，可以高效地选择性吸附 CO_2，而对其他气体的吸附能力很弱。

如上所述，吸附剂作用最大化的关键在于其与客体分子之间的相互作用。通常，物理吸附剂与客体分子的相互作用较弱，导致吸附量较低。MOF 类材料在这方面也存在不足，为了将其更高效地应用于 CO_2 吸附分离，化学家和材料学家分别从配位中心（即金属节点）与配体分子（即有机桥键）出发，通过结构或者电子分布设计，增大其与客体 CO_2 分子的相互作用。对配位中心的设计主要增大有机金属骨架暴露的不饱和金属节点。低压条件下 CO 吸附容量与吸附热密切相关，高浓度地暴露金属节点可以增强 CO 与吸附主体的相互作用，进一步增大吸附量。此外，高活性吸附位的通透性、吸附局部环境与金属-氧的离子键强弱也可能影响这类材料的低压吸附行为。

对配体分子的设计则主要集中于引进氨基官能团，理想状态为氨基官能团暴露于 CO_2 可到达的孔道表面。经过氨基修饰后的 MOF 材料的比表面积和孔容虽然都有不同程度的降低，然而材料的吸附效果却明显提高，一系列的研究结果表明，引进氨基官能团确实增强了材料对 CO_2 的吸引作用，同时提高了材料对混合气体的动态分离性能。MOF 材料通常采用含氮有机配体的方法引入氨基，此外，也可以采用后处理的方式将含氮化合物嫁接到 MOF 母体上。总之，无论哪种氨基功能化方式，都是以增强 CO_2 与主体材料之间的相互作用为目的。

近年来 MOF 类材料发展迅猛，制约其应用的关键问题也逐渐得到解决。但是其对水汽及杂质非常敏感，制备过程使用大量有机试剂带来的环境及成本问题进一步制约着其应用推广。为解决这些问题，研究者通过嫁接长链烷基后使 MIL-53（Al）-NH₂ 具备超疏水性质。已有人研究出采用一步自组装法制备抗水汽微孔氨基改性 MOF 材料，这代表着 MOF 材料合成中的一个重要进步。

9.2.3.4　新型多孔聚合物

（1）结晶多孔聚合物材料

MOF 作为一类由金属节点与有机桥键通过配位键自组装而成的配位化合物，其稳定性较共价化合物差。各国化学家、材料学家等都意识到了这一问题，认为共价键结合的聚合物材料可以取长补短，一方面可改进材料结构不稳定的缺点，同时保留发达孔道等优点，因此构筑了共价键连接的结晶性良好、热稳定性良好的多孔有机骨架（COF-1 与 COF-5）。接着又制备了具有三维空间结构、共价键连接的结晶性良好的多孔有机骨架（COF-102 及 COF-103）。由于高度发达的孔道及极低的密度，这类材料表现出优异的高压吸附能力。针对 CO_2 的吸附分离，研究者陆续合成了多孔有机大分子晶体，包括杯芳烃、葫芦脲等。研究表明，笼内自由空间越大，对 CO_2 的吸附量越大。

（2）无定形多孔聚合物

多孔聚合物材料除了上述晶态多孔有机骨架与多孔有机笼外，还包括无定形多孔聚合物。结晶良好的多孔聚合物通常具有规则排列的孔道，便于进行模拟研究；与晶态聚合物相比，无定形多孔聚合物的制备方法简单，更具规模化制备前景。但是，无定形聚合物的骨架通常排列紧密进而导致结构易被破坏，孔隙塌陷。因此，制备孔隙发达的无定形聚合物仍然是一项挑战性的工作。

目前多孔聚合物材料的合成及其吸附分离应用已经取得了进步，但仍存在不足。首先，制备用到精细合成单体，制备过程复杂，成本昂贵。其次，产品通常密度低并且为粉末状，低密度通常导致较低的体积吸附量，这给实际应用带来不便；粉末状堆积通常导致压力降大，传质困难等问题。针对这些问题，研究者从原料及制作方法出发，进行了一系列改进。如采用商业化原料制备了多孔聚酰亚胺类聚合物，在 0℃、0.113MPa，对 CO_2 的吸附量可达到为 7.3%（质量分数）。通过商业化的富氮化合物与富电子的芳香环状构筑单元简单共聚制备了具有多级孔道结构的富电子的有机骨架，在常温低压下具有良好的 CO_2 吸附能力及选择性。

9.2.3.5 各类吸附材料比较

吸附法分离 CO_2 是一种经济环保的方法，其高效吸附剂的设计开发是关键。表 9.1 总结了各类物理吸附剂应用于 CO_2 吸附分离的关键结构与性能的优势及局限性。在各类 CO_2 气源中，燃烧后 CO_2 气源通常总压为 1atm，CO_2 分压却很低（≤15%）；体积流速大；温度在 $100\sim150℃$；含有 SO_x，NO_x，O_2 等杂质气体；含有一定量水汽（约 7%），是一类较难处理的气源。这就要求高效吸附剂要有高的低压吸附量及选择性；多级孔道结构以便于高流速气体快速传质扩散；较好的机械强度以抗击高流速气流冲击，良好的物理和化学稳定性，不受杂质气体影响；有一定抗水汽能力。当前总的研究方向是以解决上述这些问题为目标，并呈现下面的特点或者趋势：首先，在提高吸附容量方面做了大量的工作，并取得了很大进步。但是，单位质量吸附材料通常具有高的质量吸附量或者摩尔吸附量，但是体积吸附量却很小，这给实际应用（空间有限）中带来很大不便，这一问题目前还没有引起足够的重视。进一步提高吸附材料在低分压下的吸附能力的研究也有待加强。其次，对吸附材料选择性的研究逐渐增多，但是当前吸附选择性的计算主要采用单组分气体吸附数据通过亨利系数或者理想吸附理论（IAST），进而以此预测双组分或者多组分混合气源的分离性能。因此采用更接近真实条件下的动力学选择性的研究有待加强。再次，为了提高扩散、吸附效率和抗水汽能力，需要从根本上提升对吸附材料孔道和材料表面化学的人工设计和剪裁能力，这部分的研究受到了广泛关注；但是对材料物理性能（如强度、硬度、整体形貌）的研究报道仍不多见。

表 9.1 各类多孔固体的结构与性能比较

吸附材料	优势		局限性	
	结构	性能	结构	性能
多孔炭	孔道发达、稳定性好、孔结构及表面化学可调变，适用复杂环境	水汽影响小，低温高压性能好，易再生	微孔孔径分布宽	低压选择性差，吸附热较低，高温性能差，低压吸附研究较少
分子筛	微孔丰富、孔径均一	低压吸附量高	孔径小，易粉化	水汽影响大，吸附速率差，再生困难
结晶金属有机骨架	产品多样，结构调变范围宽，结晶度高，孔径均一	高压吸附量大	制备条件苛刻，结构稳定性差，有机溶剂参与，污染严重，多为粉末产品	水汽敏感，低压吸附量选择性一般
新型多孔聚合物	官能团丰富，CO_2 亲和力强，结晶与无定形结构都有报道	选择性较好	制备过程复杂，结构稳定性差，有机溶剂参与，污染严重，多为粉末产品	杂质敏感，吸附量一般

除此之外，融合了各类材料优点的"1+1>2"的复合材料具有很大的潜力，也是未来研究的一个重要方向。比如，碳与分子筛复合，在保证低分压吸附能力的同时提高抗水汽能力及稳定性；分子筛与 MOF 材料复合，使其同时具有高的低压及高压吸附量；碳与 MOF 类材料复合，降低其杂质及水汽敏感性等。采用单组分吸附剂很难同时解决上述每个问题，材料复合是一个可行的解决方式。尤其需要指出的是，燃烧后气源温度在 $100\sim150℃$，处于高温化学吸附剂与低温物理吸附剂发挥作用的空白地带。吸附材料单纯依靠物理吸附，吸

附量通常比较低；单靠高温吸附剂，此温度又比较低。在此情况下，引进高温或者亚高温具有较强吸附能力的组分与再生性比较好的多孔物理吸附剂（如多孔炭等）复合将是一个实用的策略。

随着对吸附材料大量报道，对吸附主体的孔道结构（孔径、孔容、比表面积），表面和界面性质，定向设计的异质结构（如氮、锂等强吸附位）在 CO$_2$ 吸附分离过程中作用的研究也越来越多。但是迄今为止，这些结构参数与吸附量和吸附选择性之间尚缺乏一个明确的定量关系。澄清微孔/介孔/大孔比例以及表面基团种类和数量对 CO$_2$ 吸附贡献的定量关系，对材料的定向合成与优化有重要指导意义，也将是未来研究热点之一。

9.2.3.6 变压吸附（PSA）分离 CO$_2$ 过程

利用变压吸附分离气体混合物的基本原理是利用吸附剂对不同气体在吸附量、吸附速率、吸附力等方面的差异以及吸附剂的吸附容量随压力的变化而变化的特性，在加压时完成混合气体的吸附分离，在减压时完成吸附剂的再生，从而实现气体分离及吸附剂循环使用的目的。

变压吸附技术的核心是吸附剂。常用的吸附剂有分子筛、活性炭、硅胶、活性氧化铝、碳分子筛等，或者它们的组合。不论何种吸附剂，对混合气中 CO$_2$ 的吸附能力比其他组分强（各气体组分在吸附剂上吸附能力的强弱依次为：CO$_2$＞CO＞CH$_4$＞N$_2$＞H$_2$）。这主要是由 CO$_2$ 的分子空间结构、分子极性等固有性质决定的。因此，混合气在通过吸附床层时，吸附剂将选择性地吸附强吸附质 CO$_2$，而其他难吸附组分（如 H$_2$、N$_2$、CH$_4$、CO、Ar 等）则从吸附床的出口端排出。在吸附床减压时，被吸附的 CO$_2$ 从吸附剂上脱附，由吸附床入口排出，作为产品 CO$_2$ 输出，同时，吸附剂获得再生。再生后的吸附床又进入下一轮的吸附-脱附循环。由于 CO$_2$ 的吸附能力强，其在吸附剂上的脱附常需要在真空下进行，因此，PSA-CO$_2$ 工艺又称真空变压吸附（VPSA）。

从上述的 PSA-CO$_2$ 基本原理可知，要想有效分离回收 CO$_2$ 产品气，必须预先除去比 CO$_2$ 吸附能力更强的组分，如水、各种硫化物、NO$_x$、NH$_3$ 等。因为这些组分在吸附分离过程中会与 CO$_2$ 一起被吸附下来，而在减压解吸时可能会随 CO$_2$ 一起脱附，降低 CO$_2$ 产品的纯度，也可能继续留在吸附剂上，使吸附剂产生"中毒"而失去原有的活性。

用变压吸附法分离回收混合气中的 CO$_2$ 至少需要两个吸附塔，也可以是三塔、四塔或更多，其中必须有一塔处于吸附阶段，而其他塔处于解吸再生阶段的不同步骤。图 9.12 即为一典型的四塔变压吸附实验装置。

在四塔 PSA 工艺过程中，吸附塔的基本步骤为：吸附、放压、置换、抽空。在吸附过程中，原料气在吸附压力下通过装有吸附剂的吸附床层，由于吸附剂对 CO$_2$ 的吸附能力比 H$_2$、N$_2$、CO 等组分强而被留在床层内，其他组分则作为吸附废气由吸附塔的出口端排出。受吸附剂本身性质及吸附塔内死体积的影响，吸附过程完成后，仍有少量需要除去的杂质气体滞留在吸附塔内，因此，还必须经过放压和置换过程使吸附床层中的 CO$_2$ 进一步富集，然后通过抽空获得纯度较高的 CO$_2$ 产品。在抽空过程中，一方面存留于吸附剂上的 CO$_2$ 被抽出，作为产品输出，同时，吸附剂也得到再生。抽空步骤完成后，用其他吸附塔的减压气体和吸附废气对吸附塔进行逐步升压至吸附压力，即可开始进行下一个循环过程。

由变压吸附工序抽空获得的粗产品 CO$_2$ 的纯度一般在 95%～99%，要得到纯度 ≥99.5% 的液体 CO$_2$，还必须经过冷凝、提纯等步骤。提纯分离 CO$_2$ 是基于 CO$_2$ 与其他杂质气体沸点的差异（见表 9.2）采用低温蒸馏工艺而实现的。

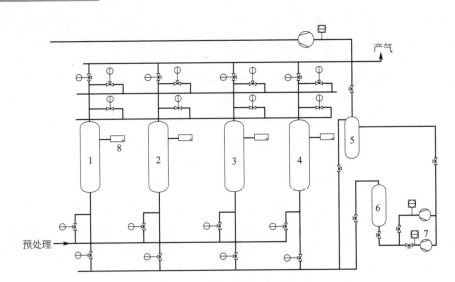

图 9.12　四塔变压吸附脱碳工艺流程

1—变压吸附塔 A；2—变压吸附塔 B；3—变压吸附塔 C；4—变压吸附塔 D；

5—集气缓冲罐；6—真空缓冲罐；7—真空泵；8—测试仪表

表 9.2　几种常见气体沸点一览表

名称	CO_2	H_2	N_2	CH_4	CO
沸点/K	194.75	20.38	77.35	111.70	81.65

变压吸附法分离回收 CO_2 的工艺是一种从各种气体混合物中有效回收 CO_2 的简便易行的方法，概括起来有以下特点：自动化程序高，操作方便，整套装置除真空泵和压缩机外无其他运转设备，维修方便；开停车方便，装置启动数小时就能获得合格的液体 CO_2 产品；操作费用低，除动力设备耗电外，只需要少量仪表空气和冷源；装置适应性强，液体 CO_2 产品的纯度范围广，原料气处理量可在±20%间任意调节；吸附剂使用寿命长，一般在 8 年以上，装置运行过程中吸附剂无损失。

9.2.4　膜法

膜法气体分离具有无相变、能耗低、一次性投资少、操作简单、易于维护等优点，是一种应用前景良好的 CO_2 气体分离方法。膜法按照吸收原理可以分为膜分离法和膜吸收法，核心是膜材料，气体分离效果由膜的选择性、渗透速率和寿命来综合评价。

9.2.4.1　膜分离法

膜分离法依靠待分离气体与膜材料之间的不同化学或物理反应，使其中的 CO_2 可以快速溶解并穿过薄膜形成穿透气流，从而实现混合气体的分离。常见机理有气体通过多孔膜的微孔扩散机理和通过非多孔膜的溶解-扩散机理。分离原理如图 9.13 所示。

使用膜分离法处理大量含 CO_2 废气时，除要求对 CO_2 有高的选择性外，还要求 CO_2 透过率越高越好，但在大多数情况下，待处理的排放气中以 N_2 为主，其分子大小与 CO_2 接近，高选择性与高透过率不易同时达成，故膜法分离 CO_2 仍是世界各国在高新技术领域的研究热点。膜分离技术的核心是膜材料，按照材料的性质区分，主要分为高分子材料和无机材料两大类。目前较为有工业价值的 CO_2 分离膜大部分由高分子制成，主要有聚酰亚胺（PI）、有机硅（聚二甲基硅氧烷）、含氟聚乙胺等。其中聚二甲基硅氧烷（PDMS）膜是目

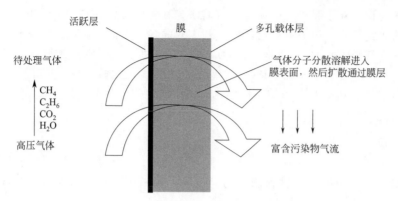

图 9.13　气体分离膜原理

前工业化应用中透气性最高的气体分离膜材料之一，具有良好的热稳定性、化学稳定性、耐溶剂性和耐热性，在美国、日本已经成功地将其制成富氧膜，用于 CO_2 分离。

　　目前，膜分离 CO_2 主要适用于天然气的处理，其在工业上主要应用于三个方面：天然气脱酸性气（从天然气的高压甲烷中除 CO_2）、从垃圾填埋气中回收 CO_2（CO_2/CH_4 的分离，但压力相对低一些）及采油中 CO_2 的回收（EOR，包括从各种碳氢化合物中分离 CO_2）。经过 20 多年的发展，膜分离法脱除 CO_2 技术已经日趋成熟，设备规模逐步走向大型化。美国 UOP 公司在巴基斯坦的 Kadanwari 建成了处理天然气的大型集气站，处理量可达 $5.1 \times 10^6 \, m^3/d$，采用 Separex 膜不仅可以将 CO_2 含量从 12％降到 3％，还可以使天然气脱水。

9.2.4.2　膜吸收法

　　膜吸收法是膜分离法和化学吸收法的结合，混合气体与吸收液分别在膜两侧流动，相互间不直接接触，膜只起隔离气体和吸收液的作用，其本身对气体没有选择性，当膜壁上的孔径足够大（如聚丙烯膜孔径约为 0.1 μm），气体分子自由扩散至吸收液测，吸收液选择性地吸收 CO_2，从而达到分离目的。其吸收原理如图 9.14 所示。

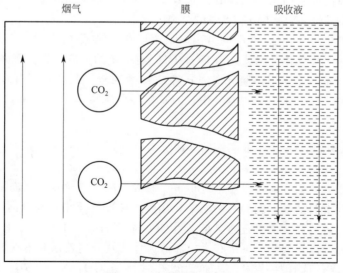

图 9.14　气体吸收膜原理

膜吸收法的核心在于膜组件的研究，目前研究和使用最多的是中空纤维膜接触器。国外对膜吸收法的研究较早，研究方向已经涉及其工艺的各个方面，国内近年来也开始利用中空纤维膜接触器进行膜吸收 CO_2 的研究，并取得了一定进展。中空纤维膜接触器采用的膜材料均为疏水材料，主要有聚乙烯（PE）、聚丙烯（PP）、聚四氟乙烯（PTFE）、聚偏氟乙烯（PVDF）等，其中聚丙烯材料由于价格便宜而被广泛使用，便于以后工业上大规模应用。

9.2.4.3 膜材料

（1）有机膜

有机膜分离系数高，但气体透过量低，使用温度低（30～60℃）。目前较有使用价值的 CO_2 分离膜大部分是由高分子材料制成的有机膜，包括聚砜、聚酰亚胺、聚硅氧烷、含氟聚乙烯、聚乙烯、纤维素、聚酰胺、聚醚等。

聚砜膜是一种力学性能良好、耐热性好、耐微生物降解、价廉易得的膜材料。由聚砜制成的膜有膜薄、内层孔隙率高且微孔规则等特点，因而常用来作为气体分离膜的基本材料。如美国 Monsanto 公司开发的 Prism 分离器，采用聚砜非对称中空纤维膜，并采用硅橡胶涂覆，以消除聚砜中空纤维皮层的微孔，将其用于从合成氨弛放气、炼厂气中回收氢气，H_2 和 N_2 的分离系数可达 30～60。但是，目前尚未有聚砜膜用于烟道气 CO_2 分离的报道。

聚酰亚胺膜具有良好的强度和化学稳定性，耐高温。由于聚酰亚胺玻璃态聚合物的主链对不同分子的筛分作用，聚酰亚胺膜对 CO_2/CH_4、CO_2/N_2、CO_2/O_2 具有很高的分离性能，但聚酰亚胺作为膜材料的最大缺陷是 CO_2 的透过性差。人们通过合成新的聚酰亚胺和化学改性来改善其结构，阻止聚酰亚胺内部链段的紧密堆砌，减弱或消除链之间的相互吸引力以增加 CO_2 的溶解性，以期提高 CO_2 的通过性和分离性。

有机硅膜材料的研究和开发一直是一个热点，聚二甲基硅氧烷从结构上看属半无机、半有机结构的高分子，具有许多独特性能，是目前发现的气体渗透性能较好的高分子膜材料之一。美国、日本已经成功用它及其改性材料制成富氧膜用于 CO_2 的分离。

以聚乙胺为代表的芳香族复合环状高分子膜，对气体分子的扩散选择性极大，特别是由于聚乙胺高分子的主链结构兼有电子的提供和接收部分，根据高分子链间电子的移动和相互作用，形成了独特的柱管结构，气体沿着分子活动直径在分子筛的结构中被分离，特别适用于分子直径不同的 CO_2/N_2、CO_2/CH_4 的分离。

纤维素膜材料也可应用于 CO_2 的分离。采用醋酸纤维素-丙酮-甲醇三组分制膜体系制备的醋酸纤维素非对称气体分离膜，对 CO_2/CH_4 有一定的分离效果。聚丙烯纤维微孔膜分离 CO_2/N_2 混合气的技术是目前膜分离法分离 CO_2 效果较好的技术，具有较快的分离速度和较高的分离效率，在 CO_2/N_2 混合气中，CO_2 的脱除率可达 95%～99.5%。

（2）无机膜

目前来看，已大规模用于工业实践的气体分离膜装置主要采用高分子膜，但其材质限制了这类膜在高温、高腐蚀性环境中的应用。无机膜具有耐热、耐酸、耐烃类腐蚀的性能，气体渗透率比有机膜大，但分离系数小。近年来，随着无机膜的发展，无机膜用于气体分离过程也呈现出良好的发展前景。例如利用 γ-氧化铝膜、梯度硅藻土膜来分离 CO_2/N_2 混合气，分离效果好，分离系数高，但渗透通量小。当 CO_2 浓度高时，不利于 CO_2 分子在硅藻土膜上的亲和吸附，因分离系数较小，虽有大的渗透通量，其分离效果并不理想。Y 型沸石分子筛膜对极性气体具有选择性吸附，从而使得在常温下 CO_2/N_2 的实际分离系数可达到 10.87。虽然 CO_2 的纯度低，但分离效果较为明显。碳分离膜是由含碳的有机原料经热解或炭化制备得到，因此碳分离膜是无机膜和有机膜的交叉，也是膜科学与碳材料的交叉。另外，碳分离膜具有一些独特的性能，如高分离能力、高稳定性、可调变的孔径等，所以今后还应在如何开发和提高碳分离膜的性能上加大研究的力度。

使用膜法处理大量含 CO$_2$ 的废气时，无论使用哪类薄膜，除要求对 CO$_2$ 具有高选择性外，CO$_2$ 的透过率也要越高越好，只是排放气中主要成分 N$_2$ 及 CO$_2$ 的分子大小十分相近，高选择性及高透过率不易同时达到。除选择性及透过率外，使用薄膜时还需考虑薄膜寿命、保养及更换成本等。高分子薄膜材料的选择及制备是决定其能否应用于 CO$_2$ 回收的关键之一。但由于高效膜分离材料品种的缺乏，尚未推广到更多的领域，所以不断研究和发展气体膜分离技术（包括膜材料、膜组件及其优化、膜技术等）已成为世界各国在新技术领域中竞争的热点。

9.2.5　低温蒸馏法

CO$_2$ 临界温度为 30.98℃，临界压力为 7.375MPa，易于液化。低温蒸馏法是根据气体组分不同的液化温度，将气体的温度降低到其露点以下，使其液化，然后通过精馏的方法将各种组分进行分离。低温蒸馏法的优点是能够产生高纯、液态的 CO$_2$，便于管道输送，该法适合于含高浓度 CO$_2$ 的回收，对于 CO$_2$ 含量较高的混合气体采用此法较为经济合理，可直接采用压缩、冷凝、提纯的工艺而获得液体 CO$_2$ 产品；对 CO$_2$ 含量较低的混合气需经多次压缩和冷却后，引起 CO$_2$ 相变，达到使 CO$_2$ 浓缩并从烟气等混合气体中分离出去的目的。但该法的设备庞大、能耗较高。

为提高 CO$_2$ 的分离效率，在烟气多级压缩和冷却过程中需用传统的制冷循环系统增加冷却效果，以促使处于高温和低压下的 CO$_2$ 迅速液化。美国 Davy Mckee 公司设计开发出 N$_2$/CO$_2$ 低温蒸馏分离方法，结合物理吸收法，可回收 90% 的 CO$_2$，其纯度达 97%。此法虽然工艺较为合理，具有较好的分离效果，但设备投资大、成本高、工艺复杂，限制了其用于化石燃料燃烧烟气中 CO$_2$ 的分离回收，但目前此项工艺还是较适用于其他工艺的后期处理，以制备高纯度的 CO$_2$。

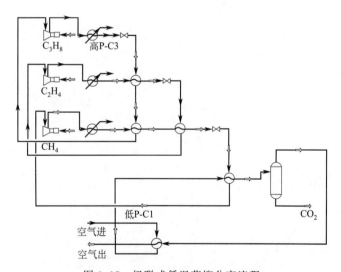

图 9.15　级联式低温蒸馏分离流程

图 9.15 为级联式低温蒸馏分离流程，它由三级独立的制冷循环组成，制冷剂分别为丙烷、乙烷和甲烷。级联式液化流程中较低温度级的循环，将热量转移给相邻的较高温度级的循环。第一级丙烷制冷循环为乙烯和甲烷提供冷量；第二级乙烯制冷循环为甲烷提供冷量；

第三级甲烷制冷循环为液化 CO_2 提供冷量，直至 CO_2 被液化。从热力学观点看，级联式液化流程更接近理想的可逆系统，所以最适宜于获得低温。但系统的每一级循环都相互影响，而且系统也比较复杂，设备投资和占地面积都比较大，各级制冷循环合理匹配和系统的密封性非常重要。

9.3 CO_2 的资源化利用

CO_2 是一种重要的资源，在无机化工领域，CO_2 可用来生产碳酸盐产品、硼砂、纯碱、白炭黑、轻质氧化镁等；在有机化工领域，主要依托 C_1 化工路线，生产甲醇、二甲醚、低碳烃等；在高分子领域，主要用于合成碳酸酯、聚脲、聚氨基甲酸酯、聚酮、聚醚等。另外由于 CO_2 的临界参数适宜（$T_c=31.06℃$、$p_c=7.1MPa$）、无毒、化学惰性的特点，是优质的超临界萃取溶剂，例如用于天然咖啡豆的脱咖啡因过程，从鱼油中提取不饱和脂肪酸，磷脂的分离纯化，植物芳香成分的提取等。此外，CO_2 也是常用的灭火剂、食品保鲜剂、碳酸饮料的充气添加剂。下面主要介绍 CO_2 作为碳一资源的能源化工利用途径。

利用 CO_2 作为碳源，开发绿色合成工艺已引起普遍关注。捕集回收 CO_2 并将其综合利用，转化为附加值较高的化工产品，不仅为 C_1 化学工业提供了廉价易得的原料，开辟了一条极为重要的非石油原料化学工业路线，而且对减轻温室效应也具有重要的生态和社会意义。在 20 世纪，C_1 化工获得了极大的发展，成了石化工业的一个重要分支，它的主要领域包括：天然气化工、合成气化工、甲醇化工和二氧化碳化工等。近年来，随着世界各国对 C_1 化学研究的深入，CO_2 的化学利用不断获得突破（见图 9.16），CO_2 在有机合成化学中的应用已成为现代化学重要的课题之一，以其为原料已能制造众多的有机化工产品，因此 CO_2 可能成为未来的重要碳源。目前，C_1 化工的一个重要方向是将 CO_2 直接转化成有用的化工产品，主要包括 CO_2 催化加氢制低碳醇、CH_4 与 CO_2 重整制取合成气、CO_2 氧化低碳烷烃等方面的研究。

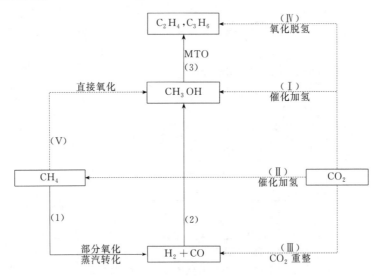

图 9.16 二氧化碳化工利用途径

（1）合成低碳醇

CH_4 中 C 原子处于最低还原态，而 CO_2 中则处于最高氧化态。因此，目前已工业化的

从 CH_4 制备合成气的工艺技术均立足于催化氧化，而 CO_2 化工利用的核心技术则为催化加氢。主要的加氢反应有：

$$CO_2 + 3H_2 \longrightarrow CH_3OH + H_2O$$
$$2CO_2 + 6H_2 \longrightarrow C_2H_5OH + 3H_2O$$

其中 CO_2 催化加氢合成甲醇，由于不涉及其他烃类资源，是研究相当活跃的领域。Karah 等人在 $4.5 \sim 6MPa$ 压力、$180℃$ 和 $220℃$ 温度条件下用放射性同位素在铜基催化剂上对甲醇合成反应进行了研究，发现 CO_2 可以直接参加甲醇的合成，其化学反应时如下：

$$CO_2 + 3H_2 \longrightarrow CH_3OH + H_2O \quad \triangle H^0 = -49kJ/mol, \triangle G^0 = 3kJ/mol$$
$$CO_2 + H_2 \longrightarrow CO + H_2O \quad \triangle H^0 = 41kJ/mol, \triangle G^0 = 29kJ/mol$$

用于二氧化碳加氢合成甲醇的催化剂体系大致可以分为三类：①铜基催化剂。铜基催化剂综合性能最好。通过各种金属氧化物载体对 Cu 催化剂活性影响的研究发现，Cu-Zn 系催化剂是合成甲醇的高效催化剂。②以贵金属为主要活性组分的负载型催化剂。如 PtW/SiO_2 有较高的甲醇选择性，在 $473K$、$3MPa$、$CO_2/H_2 = 1/3$ 的条件下，转化率为 2.6%，甲醇的选择性为 92.2%。③其他催化剂，如碳化物催化剂。Mo_2C 和 Fe_3C 的催化性能较好，在 $220℃$ 下，二氧化碳转化率分别为 4.6% 和 2.8%，甲醇选择性分别为 17.7% 和 24.3%。

(2) 合成烃

① 合成甲烷。以 CO_2 为原料合成甲烷不仅减少了温室气体的排放，而且是开发新能源的重要途径之一，因此具有环保意义和战略意义，目前该技术处于实验室研究阶段。

反应机理：$CO_2 + 4H_2 \longrightarrow CH_4 + 2H_2O$

该反应是个强放热过程，尽管反应温度变化对反应热（$\triangle H$）影响不大，但是显著影响 $\triangle G^0$ 及 $\lg K_p$，低温有利于向生成甲烷的方向进行。随着温度的升高，平衡常数逐渐减小，当温度在 $899K$ 附近时，$\triangle G^0$ 趋于零，且过高的温度会导致催化剂的失活。CO_2 加氢甲烷化反应与原料气组成也有一定的关系，较高的 H_2/CO_2 比例有利于提高甲烷的产率。当温度大于 $698K$ 时，较高的压力可使反应在较低的 H_2/CO_2 比例下进行而不发生催化剂表面积炭。因此 CO_2 甲烷化反应适宜在较低的温度、较高的 H_2/CO_2 比例下进行。

CO_2 加氢甲烷化反应多为以负载的过渡金属为催化剂的多相反应，经大量的研究发现，Al_2O_3，SiO_2，TiO_2 和 MgO 等负载的过渡金属 Ru，Rh，Ni 和 Pd 等催化剂都有良好的催化活性。经计算，Ru，Rh，Ni 催化的 CO_2 甲烷化反应活化能分别为 $69.5J/mol$，$73.7J/mol$，$83.5J/mol$，因此 Ru 是 CO_2 甲烷化反应中最具低温催化活性的金属。TiO_2 被认为是 Ru 催化剂的最佳载体。

② 合成低碳烯烃（$C_2^= \sim C_4^=$）。CO_2 加氢直接合成低碳烯烃，无论在经济效益还是社会效益上都具有重大意义，如果以 CO_2 为原料合成乙烯等低碳烯烃实现大规模工业化生产，即使在石油枯竭的情况下，仍然可以沿着现有的石油化工体系继续按乙烯路线生产各种有机化工产品，因此该技术路线具有极大的战略意义。

一般认为反应的第一步为可逆的水煤气转化反应：

$$CO_2 + H_2 \Longleftrightarrow CO + H_2O$$

生成的 CO 将在具有较高的 F-T 合成低碳烯烃性能的催化剂上加氢生成低碳烯烃：

$$nCO + 2nH_2 \longrightarrow C_nH_{2n} + nH_2O$$

因此当 H_2 浓度偏低时，CO_2 加氢将主要生成 CO，不利于生成烃类，只有存在足够的 H_2 时，反应生成的 CO 将进一步反应生成烃类，从而促进水煤气反应向 CO 生成方向偏移，

有利于提高 CO_2 转化率。CO_2+H_2 合成低碳烯烃的反应是物质的量减小的放热化学反应过程，是有利的化学过程，合成碳数越多的烯烃，反应越容易进行。

要获得高选择性的低碳烯烃，须克服 S－F 碳数分布，使碳链集中在 $C_2\sim C_4$ 范围内，抑制甲烷生成及阻止生成的烯烃发生二次反应。为此，所选用的催化剂及反应条件要有利于 C—O 链断裂以产生烃类，阻止碳链增长以生成 $C_2\sim C_4$ 烃，避免低碳烯烃与吸附氢的缔合产生饱和烃。目前，所用催化剂的活性组分一般为 Fe，也有用 Mn，K，Co 以及稀土元素等对 Fe 催化剂进行改性的研究。载体主要有活性炭，ZrO_2，ZSM-5，Al_2O_3，MgO 等。

(3) 与甲烷反应

甲烷与 CO_2 是两大温室气体，同时又是丰富的氢源和碳源，若能将二者同时有效地利用，不仅能缓解能源危机，还能减少温室气体的排放，起到环境保护的作用。因此，将甲烷和 CO_2 直接转化成有用的产品是当前研发的热点。目前，将甲烷和 CO_2 同时利用的研究路线主要有两条，即重整制合成气和合成醋酸。

① 制合成气。主反应：

$$CO_2+CH_4\longrightarrow 2H_2+2CO \quad \triangle H^0=247kJ/mol, \triangle G^0=171kJ/mol$$

一般认为，甲烷首先在还原态金属上发生吸附活化和解离，但 CO_2 是否在催化剂上发生解离吸附则存在分歧。一种观点认为，CO_2 不在催化剂表面上发生吸附活化和解离，而是以气相直接与甲烷分解产生的 H_2 反应生成水，然后甲烷与水蒸气反应得到合成气。另一种观点则认为，CO_2 在催化剂表面上发生解离吸附，生成的氧物种可消除甲烷分解产生的表面碳物种，生成目的产物 H_2 和 CO。

甲烷和 CO_2 重整制合成气反应是一个可逆的强吸热反应，反应发生的最低温度为 640℃，高温对反应有利。但是过高的温度不仅会造成高能耗，而且对反应材质的要求也更高，又由于反应中无水蒸气，故积炭更严重。因此，研制适宜的催化剂，减少积炭，降低反应的苛刻度，减少能耗是该反应获得成功的关键。目前，对贵金属催化剂的研究较多，但考虑到贵金属资源有限、价格昂贵、成本高且需要回收，国内的研究则主要集中在非贵金属催化剂上，特别是负载型 Ni 基催化剂和 Co 基催化剂，以提高抗积炭能力和催化性能。

② 合成醋酸。CO_2 与甲烷合成醋酸的反应：

$$CO_2+CH_4\longrightarrow CH_3—C=O—OH$$

采用最小自由能法，对上式 5% 甲烷和 95% CO_2 混合物进行反应的热力学分析表明，在较高的温度和压力下，醋酸的平衡收率有所增加。但是在 1000K 和 15MPa 条件下，甲烷的转化率只有 1.6×10^{-6}，这意味着在工业化条件下，该反应受到严重的热力学限制。因此，近期侧重于对二次反应的研究。二次反应系统中的热力学和动力学适宜，生成的醋酸可以连续地从二次反应系统中脱除，于是平衡向直接生成醋酸转移。第二个反应生成乙酸甲酯，见反应式：

$$CO_2+CH_4+CH_3OH\longrightarrow CH_3COOCH_3+H_2O$$

两个反应同时存在时，甲烷的转化率增加到 200×10^{-6}，但仍然偏低，这表明反应仍受到大的限制。因此又将下式作为二次反应进行研究：

$$CO_2+CH_4+C_2H_2\longrightarrow CH_3COOC_2H_3+H_2O$$

对甲烷、CO_2 和乙炔按化学式计量进行的计算表明，在较低温度和较高压力下，甲烷转化率增加。在 300K 和 15MPa 以及 300K 和 0.5MPa 下，甲烷转化率分别为 0.983 和 0.971。但是甲烷只有在液相条件下才具有很高的转化率；在气相反应条件下，甲烷转化率迅速降低，当温度为 305K、压力为 0.5MPa 时，甲烷转化率仅为 0.0025。

目前有关催化剂研制和反应机理研究方面的工作仍在积极进行中。总的来说，反应已经由传统的非均相系统转为均相系统；过渡金属盐及其配位化合物、光催化剂、酶催化剂等催化剂受到更多的关注。

（4）其他反应

① 合成胺

$$CO_2 + 3H_2 + NH_3 \longrightarrow CH_3-NH_2 + 2H_2O$$

② 水解及光催化反应

$$CO_2 + 2H_2O \longrightarrow CH_3OH + O_2$$
$$CO_2 + H_2O \longrightarrow HC=O-OH + 1/2O_2$$
$$CO_2 + 2H_2O \longrightarrow CH_4 + 2O_2$$

③ 其他反应

$$CO_2 + 乙苯 \longrightarrow 苯乙烯$$
$$CO_2 + C_3H_8 \longrightarrow C_3H_6 + H_2 + CO$$
$$CO_2 + CH_4 \longrightarrow 2CO + 2H_2$$

综上所述，随着世界能源的转换和环境保护的需要，将 CO$_2$ 作为 C$_1$ 化工的原料是当前 CO$_2$ 最主要的化工利用开拓方向，若开发成功，必然会对世界 CO$_2$ 工业造成革命性的影响，具有战略意义和环保意义。CO$_2$ 的回收利用，不仅能变废为宝，而且能缓解温室效应，减少环境污染，提供丰富的碳源，为人类造福。相信在不久的将来，随着科学技术的进步与发展，特别是化工合成新工艺、新型高效催化剂等领域取得成功，将使 CO$_2$ 工业得到飞速发展，为人类带来巨大的社会效益和经济效益。

9.4　小　结

为了应对温室效应对人类生存环境所造成的灾难性影响和碳资源的短缺，CO$_2$ 的控制排放和资源化利用具有重要的意义，这应该首先从源头开始，进行能源技术创新，提高能源利用效率，减少碳以 CO$_2$ 形式排放；对于必须排放的 CO$_2$，需要采用合理的分离技术进行高效捕集；收集的 CO$_2$ 必须依赖催化新工艺，转化为能源燃料或其他高附加值化工产品，成为补充或替代石油的碳资源。由于 CO$_2$ 的排放量如此巨大，除资源化利用外，另外一种合理处置 CO$_2$ 的路线是进行海洋或陆地封存，这与能源化工领域相关性较小，在本章没有介绍，感兴趣的读者可以阅读相关文献。

本章思考题

［1］二氧化碳捕集的方法、特点及适用范围是什么？

［2］CO$_2$ 资源化利用的途径是什么？

［3］CO$_2$ 出发制备燃料的途径是什么？

参考文献

［1］　靳治良，钱玲，吕功煊. 二氧化碳化学-现状及展望. 化学进展，2010，22（6）：1103-1115.

[2] Olah G A，Prakash G K S，Goeppert A. Anthropogenic chemical carbon cycle for a sustainable future. Journal of the American Chemical Society，2011，133（33）：12881-12898.

[3] 王献红. 二氧化碳捕集和利用. 北京：化学工业出版社，2016.

[4] 董秀成，高建，张海霞. 能源战略与政策. 北京：科学出版社，2020.

[5] Oschatz M，Antonietti M. A search for selectivity to enable CO_2 capture with porous adsorbents. Energy Environmental Science，2018，11：57-70.

[6] Lu A H，Hao G P. Porous materials for carbon dioxide capture. Annual Reports on the Progress of Chemistry，Section A：Inorganic Chemistry，2013，109：484-503.

[7] Singh G，Lee J，Karakoti A，et al. Emerging trends in porous materials for CO_2 capture and conversion. Chemical Society Reviews，2020，49：4360-4404.

[8] Hao G P，Li W C，Lu A H. Novel porous solids for carbon dioxide capture. Journal of Materials Chemistry，2011，21（18）：6447-6451.

[9] Duan J G，Jin W Q，Kitagawa S. Water-resistant porous coordination polymers for gas separation. Coordination Chemistry Reviews，2017，332：48-74.

[10] Shen W，Zhang S，He Y，et al. Hierarchical porous polyacrylonitrile-based activated carbon fibers for CO_2 capture. Journal of Materials Chemistry，2011，21（36）：14036-14040.

[11] Kim C，Cho H S，Chang S，et al. An ethylenediamine-grafted Y zeolite：a highly regenerable carbon dioxide adsorbent via temperature swing adsorption without urea formation. Energy Environmental Science，2016，9：1803-1811.

[12] Plaza M G，Rubiera F，Pis J J，et al. Ammoxidation of carbon materials for CO_2 capture. Applied Surface Science，2010，256（22）：6843-6849.

[13] Yang F Q，Deng S G. Synthesis of porous carbons with high N-content from shrimp shells for efficient CO_2-capture and gas separation. ACS Sustainable Chemistry & Engineering，2018，6：15550-15559.

[14] Liang W，Bhatt P M，Shkurenko A，et al. A tailor-made interpenetrated MOF with exceptional carbon-capture performance from flue gas. Chem，2019，5：950-963.

[15] Silvestre-Albero J，Wahby A，Sepúlveda-Escribano A，et al. Ultrahigh CO_2 adsorption capacity on carbon molecular sieves at room temperature. Chemical Communications，2011，47（24）：6840-6842.

[16] Wahby A，Ramos-Fernández J M，Martínez-Escandell M，et al. High-surface-area carbon molecular sieves for selective CO_2 adsorption. Chem Sus Chem，2010，3（8）：974-981.

[17] Choi S，Drese J H，Jones C W. Adsorbent materials for carbon dioxide capture from large anthropogenic point sources. Chem Sus Chem，2009，2（9）：796-854.

[18] Wang Q，Luo J，Zhong Z，et al. CO_2 capture by solid adsorbents and their applications：current status and new trends. Energy Environmental Science，2011，4（1）：42-55.

[19] 郝广平，李文翠，陆安慧. 纳米结构多孔固体在二氧化碳吸附分离中的应用. 化工进展，2012，31（11）：2493-2510.

[20] Gutierrez M C，Carriazo D，Ania C O，et al. Deep eutectic solvents as both precursors and structure directing agents in the synthesis of nitrogen doped hierarchical carbons highly suitable for CO_2 capture. Energy Environmental Science，2011，4（9）：3535-3544.

[21] Hao G P，Li W C，Qian D，et al. Rapid synthesis of nitrogen-doped porous carbon monolith for CO_2 capture. Advanced Materials，2010，2（7）：853-857.

[22] Saha D，Deng S. Adsorption equilibrium and kinetics of CO_2，CH_4，N_2O，and NH_3 on ordered mesoporous carbon. Journal of Colloid and Interface Science，2010，345（2）：402-409.

[23] Hao G P，Li W C，Qian D，et al. Structurally designed synthesis of mechanically stable poly（benzoxazine-co-resol）-based porous carbon monoliths and their application as high-performance CO_2 capture sorbents. Journal of the American Chemical Society，2011，133（29）：11378-11388.

[24] Guo L P，Hu Q T，Zhang P，et al. Polyacrylonitrile-derived sponge-like micro/macroporous carbon for selective CO_2 separation，Chemistry-A European Journal，2018，24：8369-8374.

[25] Zhang L H，Li W C，Liu H，et al. Thermoregulated phase-transition synthesis of two-dimensional carbon nanoplates rich in sp^2 carbon and unimodal ultramicropores for kinetic gas separation. Angewandte Chemie-International Edition，2018，57：1632-1635.

［26］　Du J，Li W C，Ren Z X，et al. Synthesis of mechanically robust porous carbon monoliths for CO₂ adsorption and separation. Journal of Energy Chemistry，2020，42：56-61.

［27］　Mishra A K，Ramaprabhu S. Nano magnetite decorated multiwalled carbon nanotubes：a robust nanomaterial for enhanced carbon dioxide adsorption. Energy Environmental Science，2011，4（3）：889-895.

［28］　Plaza M G，Pevida C，Arenillas A，et al. CO₂ capture by adsorption with nitrogen enriched carbons. Fuel，2007，86（14）：2204-2212.

［29］　Xie Z K，Su B L. Crystalline porous materials：from zeolites to metal-organic frameworks（MOFs）. Frontiers of Chemical Science and Engineering，2020，14：123-126.

［30］　Builes S，Roussel T，Ghimbeu C M，et al. Microporous carbon adsorbents with high CO₂ capacities for industrial applications. Physical Chemistry Chemical Physics，2011，13（35）：16063-16070.

［31］　Chen C，Kim J，Ahn W S. Efficient carbon dioxide capture over a nitrogen-rich carbon having a hierarchical micro-mesopore structure. Fuel，2012，95：360-364.

［32］　Wang L，Yang R T. Significantly increased CO₂ adsorption performance of nanostructured templated carbon by tuning surface area and nitrogen doping. The Journal of Physical Chemistry C，2012，116（1）：1099-1106.

［33］　Wang B，Côté A P，Furukawa H，et al. Colossal cages in zeolitic imidazolate frameworks as selective carbon dioxide reservoirs. Nature，2008，453：207-211.

［34］　Presser V，McDonough J，Yeon S H，et al. Effect of pore size on carbon dioxide sorption by carbide derived carbon. Energy Environmental Science，2011，4（8）：3059-3066.

［35］　Bourrelly S，Llewellyn P L，Serre C，et al. Different adsorption behaviors of methane and carbon dioxide in the isotypic nanoporous metal terephthalates MIL-53 and MIL-47. Journal of the American Chemical Society，2005，127（39）：13519-13521.

［36］　彭斯震，张九天，李小春，魏伟. 中国二氧化碳利用技术评估报告. 北京：科学出版社，2017.

［37］　何良年. 二氧化碳化学. 北京：科学出版社，1970.

［38］　Alessandro D M D，Smit B，Long J R. Carbon dioxide capture：prospects for new materials. Angewandte Chemie-International Edition，2010，49（35）：2-27.

［39］　Britt D，Furukawa H，Wang B，et al. Highly efficient separation of carbon dioxide by a metal-organic framework replete with open metal sites. Proceedings of the National Academy of Sciences of the United States of America，2009，106（49）：20637-20640.

［40］　Eddaoudi M，Li H，Yaghi O M. Highly porous and stable metal-organic frameworks：structure design and sorption properties. Journal of the American Chemical Society，2000，122（35）：1391-1397.

［41］　Krause S，Hosono N，Kitagawa S. Chemistry of soft porous crystals：structural dynamics and gas adsorption properties. Angewandte Chemie-International Edition，2020，59：15325-15341.

［42］　Li Y，Wang K，Zhou W，et al. Cryo-EM structures of atomic surfaces and host-guest chemistry in metal-organic frameworks. Matter，2019，1：428-438.

［43］　Xia Y，Mokaya R，Walker G S，et al. Superior CO₂ adsorption capacity on n-doped，high surface area，microporous carbons templated from zeolite. Advanced Energy Materials，2011，1（4）：678-683.

［44］　Datta S J，Khumnoon C，Lee Z H，et al. CO₂ capture from humid flue gases and humid atmosphere using a microporous coppersilicate. Science，2015，350（6258）：302-306.

［45］　Jensen N K，Rufford T E，Watson G，et al. Screening zeolites for gas separation applications involving methane，nitrogen，and carbon dioxide. Journal of Chemical & Engineering Data，2012，57（1）：106-113.

［46］　Ben T，Ren H，Ma S，et al. Targeted synthesis of a porous aromatic framework with high stability and exceptionally high surface area. Angewandte Chemie-International Edition，2009，48（50）：9457-9460.

［47］　Férey G，Serre C. Large breathing effects in three-dimensional porous hybrid matter：facts，analyses，rules and consequences. Chemical Society Reviews，2009，38（5）：1380-1399.